石油开采中微生物的研究与应用

研究与应用

Research and Application of
Microorganisms in
Oil Exploitation

任国领 胡 敏 卞立红

———————— 等 著

化学工业出版社

·北京·

内 容 简 介

本书主要介绍微生物采油技术类型及其机理、采油微生物分子生物学、微生物采油技术在水驱油藏中的应用、微生物采油技术在聚驱后油藏中的应用、微生物采油技术在复合驱后油藏中的应用，以及微生物在含聚污水处理中的应用、在油藏腐蚀中的作用与防腐中的应用、在含油污泥和含油废水处理中的应用、在油藏硫化氢产生中的作用和聚合物黏损中的作用等石油开采其他领域的应用等。

本书可供微生物学、分子生物学、油藏工程、环境科学与工程等学科专业的师生和科研工作者及其他相关专业人员参考。

图书在版编目（CIP）数据

石油开采中微生物的研究与应用/任国领等著. —
北京：化学工业出版社，2023.8
ISBN 978-7-122-44140-9

Ⅰ．①石… Ⅱ．①任… Ⅲ．①石油微生物-研究
Ⅳ．①Q939

中国国家版本馆CIP数据核字（2023）第168739号

责任编辑：彭爱铭
责任校对：边　涛　　　　　　　　　　装帧设计：刘丽华

出版发行：化学工业出版社（北京市东城区青年湖南街 13 号　邮政编码 100011）
印　　装：涿州市般润文化传播有限公司
710mm×1000mm　1/16　印张 16　字数 340 千字　2024 年 2 月北京第 1 版第 1 次印刷

购书咨询：010-64518888　　　　　　　售后服务：010-64518899
网　　址：http://www.cip.com.cn
凡购买本书，如有缺损质量问题，本社销售中心负责调换。

定　　价：98.00元　　　　　　　　　　版权所有　违者必究

微生物采油技术是继热力驱、化学驱等方法之后利用微生物及其代谢产物提高石油采收率的一种技术。微生物采油技术具有成本低、施工方便、安全环保等特点，国内包括大庆油田在内的几个大型油田已开展的矿场试验中均取得了一定的效果，显示出较好的应用前景。微生物采油技术的开发和应用必须充分认知和解析油藏微生物群落的结构组成和功能特性，通过对油藏微生物群落进行定向调控以达到提高采收率的目的。微生物采油分子生物学技术是利用分子生物学技术解析油藏微生物的种群组成，确定油藏微生物菌群结构，从而指导微生物采油技术。微生物采油分子生物学技术主要包括聚合酶链式反应 – 变性梯度凝胶电泳（PCR–DGGE 技术）、基因克隆文库技术、荧光原位杂交（FISH）技术、16S rDNA 高通量测序技术、宏基因组测序技术、宏转录组测序技术和实时定量荧光 PCR 技术等。

本书以著者十多年来的学术研究成果为基础，主要介绍微生物采油分子生物学技术的研究意义、研究现状、在油藏开发中的实践应用及发展前景，并创新性地提出了许多新观点和新理论。本书共分五章，包括绪论、微生物采油分子生物学技术在水驱油藏中的应用、微生物采油分子生物学技术在聚驱后油藏中的应用、微生物采油分子生物学技术在复合驱后油藏中的应用、微生物在石油开采其他领域的应用。

撰写的分工如下：任国领负责撰写第一章、第二章及统稿；邵小强负责撰写第三章；胡敏负责撰写第四章；卞立红负责撰写第五章。

本书是一部关于石油开采中微生物的研究与应用的专著。著者从 2005 年开始进行系统研究，受到国家自然科学基金（31340063）、黑龙江省自然科学基金（C201227、QC2011C094 和 C201401、LH2020C070）、大庆油田有限责任公司科研项目（dq–2016–sc–ky–001 和 dq–2018–sc–ky–001）等基金资助。本书是在上述基金研究成果基础上编写而成的，并受到大庆师范学院学术著作基金资助。编写过程中得到大庆师范学院生物工程学院和科研处的大力支持以及大庆师范学院生物工程学院曲丽娜博士、王金龙博士、徐晶雪老师、郎亚军博士、张奕婷老师、殷亚杰博士、丁海燕博士、李玥博士等的帮助，在此深表感谢。

本书可供微生物学、分子生物学、油藏工程、环境科学与工程等学科专业的师生和科研工作者及其他相关专业人员参考。

由于著者水平有限，书中难免有不足之处，欢迎读者提出宝贵意见。

著者

2023 年 2 月

第一章
绪论 / 001

第四章
微生物采油分子生物学技术在复合驱后油藏中的应用 / 110

第五章
微生物在石油开采其他领域的应用 / 134

第一章

绪论

第一节　微生物与石油工业

微生物与石油工业紧密相连，在石油形成和石油资源的勘探、开采、集输、炼化和污水处理等流程，微生物技术都发挥着重要的作用。随着微生物技术的突飞猛进和石油资源的逐渐短缺、枯竭及开采难度的逐渐增大，科研人员及石油工作者需要更多关注微生物技术在石油工业中的应用。

一、微生物与石油成因

油藏是指原油在单一圈闭中具有同一压力系统的基本聚集，按成因分为构造油藏、地层油藏和岩性油藏三类[1]。构造油藏为油聚集在由于构造运动而使地层变形（褶曲）或移位（断层）所形成圈闭中而形成的油藏，常见的有背斜油藏、断层油藏。地层油藏为油聚集在由于地层超覆或不整合覆盖形成的圈闭中而形成的油藏，常见的有潜山油藏。岩性油藏为油聚集在由于沉积条件的改变导致储集层岩性发生横向变化形成的岩性尖灭和砂岩透镜体圈闭中而形成的油藏，常见的有砂岩透镜体、岩性尖灭和生物礁油藏。油藏的温度、压力和矿化度比较高，温度一般在40～180℃，压力在几兆帕到数十兆帕，矿化度可达20%以上；油藏基质为结构尺寸变化多样的孔隙介质，孔隙介质中充满着油、气和水，随沉积不同，油、气和水的性质差异很大。油藏开发之前为封闭系统，开发之后变为开放系统。在油藏开发之前和油藏开发第一阶段，油藏为一高度还原的环境；至开发第二阶段，注水开发使油藏环境发生了变化，注入水将溶解氧和生活在地表的微生物源源不断地带入地层。因此，处于注水开发阶段的油藏系统的特点是，在注水井及近井地带存在一定范围的有氧环境，沿注水井向油藏深部至采油井的方向溶解氧含量迅速降低。各种各样的油藏环境培育了复杂多样的油藏微生物[2]。

石油的成因理论一般认为是先由成油母质运移和聚集至圈闭中，然后再在低温下转化成油。有机物质在沉积阶段时已有10%～80%被微生物所改造。然而更重要的是有机物质在成岩阶段继续处于不断地被微生物改造的状况下。微生物的作用不仅在于促使有机质转化为烃类以及微生物本身可在体内直接合成烃类，更重要的是微生物本身就是成油母质。在地质环境中，细菌在死亡后，细胞的溶解作用进行得很快，菌溶作用产物可被其他细菌利用作为养料，最后剩下的只是那些最稳定的部分——脂类，因为脂类最稳定，而细菌脂类的95%左右集中在胞壁和胞膜中。数百米深处，细菌残余物比活的细菌多得多。石油主要与这些细菌残余物有关。

除了细菌之外，沉积有机质在经历了细菌改造之后还剩下一些残余物质，其中有一些含脂类，如藻类残余物和动植物的蜡等，它们也可作为成油母质。原油中含有烃，而苯环结构是细菌无法合成的，应与真核藻类、真菌、原生动物等真核生物有关，它们绝大多数是需氧的。陆相原油含有较多的 $C_{25}\sim C_{35}$ 奇数正构烷，它们是动植物蜡的特征的反映。这一类在沉积物表层即已存在的耐细菌腐蚀的成油母质，在数量上远不如细菌残余物那么多，并且不如细菌残余物那么容易运移。它们是次要的成油母质，但在原油和油源岩的对比研究中具有重要意义。此外，细菌在其生命活动中也可直接合成少量烃类，主要是无特定奇偶优势的 $C_{15}\sim C_{35}$。正构烷、姥鲛烷、植烷、角鲨烯的质量占细胞干重的万分之几到2.7%[3-4]。

二、微生物与石油勘探

油气微生物勘探（MPOG）技术作为一种新的地表油气勘探方法，以其直接、有效、多解性小且经济环保等优势日益受到全球油气勘探界的重视[5-7]，尤其是对预测非常规油气藏、确定地质构造的含油级别和油气分布、指明油气藏泄油位置均具有重要意义。

油气微生物勘探技术的原理是在油气藏压力的驱动下，油气藏的轻烃气体持续地向地表垂直扩散和运移，土壤中的专性微生物以轻烃气作为唯一的能量来源，专性微生物在油藏正上方的地表土壤中非常发育并形成微生物异常。利用现代生物技术，分离、培养和检测专性微生物异常，结合工区地质、钻井、试油等资料，可以进行含油气区预测、油气前景分级评价、油气成藏主控因素分析、剩余油气分布预测、单井钻前快速评价、储层预测和井位部署。

油气微生物勘探技术具备以下特点。

（1）灵敏度高。只要在一定的地层压力驱动下，油气藏向上方保持恒定微弱的烃通量，即可被专性微生物作为唯一的能量来源加以利用。一般情况下轻烃以微泡的形式向上浮动，即使一般仪器无法检测，专性微生物仍然能够有效地加以利用并得以繁殖。

（2）稳定性好。常温常压下，在半个月的时间内将样品送往实验室进行专性微生物分析，其分析结果表现为良好的稳定性。同时，微生物休眠激活方便，在适宜的温度下冷藏后再激活时，异常水平值亦较稳定。

（3）可将异常指数级放大。微生物繁殖在一定条件下呈指数级增长，控制实验条件可将微弱异常放大，使之易于分析检测，可以充分利用该特点有效地反映地下页岩的含气性。

（4）微生物单解性强。微生物依赖微弱恒定的烃通量即可生存繁殖，在油气藏正上方地表土壤中形成微生物异常，因而具有较强的单解性。

（5）油气可区分性强。甲烷氧化菌指示天然气藏，烃氧化菌指示油藏，可以通过二者直接表征地下的含油气性，为天然气、页岩气、煤层气的勘探提供有效的技术。

（6）分析便捷迅速。取样和分析迅速快捷，周期短，安全环保，不仅容易在油气主控因素、运移规律、前景分级评价等方面产生新的认识，而且极易工业化。

油气微生物勘探技术的发展趋势如下。

1. 建立经济有效的油气微生物勘探技术体系

从石油地质学和油气勘探学角度来看规模相对较小的、非构造型和隐蔽的油气藏成了勘探的主要对象。数字地震、三维地震、地震地层学的发展为油气勘查做出了重大的贡献。但随之而来的是勘探成本的大幅度增高，勘探活动的条件也变得更加复杂。因此建立一套经济而有效的油气微生物勘探技术体系迫在眉睫。

2. 油气微生物勘探技术的突破点

随着微生物勘探技术实践经验的积累、分析技术的完善，微生物勘探技术有望在以下几方面取得突破：①查明与构造圈闭形态不一致的油气分布对那些宏观受构造控制、储集空间极不规则的油气藏可大大提高勘探成功率。②发现更多的非构造圈闭油气藏，并使老油气区出现新的勘探高潮。③从定性描述发展到定量计算，为估算资源量和储量提供有效的依据和参数。

3. 加强微生物勘探技术与地震勘探法的结合

随着现代生物技术的发展，微生物勘探技术正走向成熟，成为一项经济有效的直接找油方法。地震勘探法能揭示地下构造的位置和大小，微生物勘探法能比较准确地直接查明这些构造中有无油藏、油藏位置和油藏性质。这两种技术的有效结合，将会降低探井的风险，因而产生巨大的经济效益。目前，国内外有关学者对该技术给予高度重视，加强石油微生物的基础理论研究，全面深入地研究地表土壤中的甲烷氧化指示菌及烃氧化指示菌。发展成套地质生物技术将成为今后的努力方向。

近几年来，油气微生物勘探技术先后在中国中扬子地区松滋油田，鄂尔多斯盆地长庆桥区块、西峰董志塬区块、呼和坳陷区块，松辽盆地大庆卫星油田、滨北地区、齐家北油田、徐家围子，环渤海湾大港油田港西构造、乌马营地区、胜利油田惠民凹陷、八面河地区 12 个油气田进行了生产应用，取得了较好的效果[8-9]。

三、微生物与石油开采

在世界范围内，经过一次采油、二次采油两次常规采油之后的总采收率一般只能占地下原油的 30% ～ 40%，遗留在地层的残余油仍然占 60% ～ 70%，故如何提高采收率，从地下采出更多原油，一直是世界上许多国家不断研究的课题。从 1926 年 Beekman 提出细菌能采油至今，微生物清蜡和降低重油黏度、微生物选择性封堵地层、微生物吞吐、微生物强化水驱等已成为一项成熟的提高采收率技术，并形成了继传统的热力驱、化学驱、气驱之后的第四种提高采收率的方法——微生物强化采油（microbial enhanced oil recovery，MEOR）[10]。

微生物强化采油技术也称为微生物采油技术，是一项利用微生物自身活动（降解作用）和代谢产物（表面活性剂等）来提高油井产量或原油采收率的综合性技术[11]。具体来说，它是指将地面分离、筛选、培养的微生物菌液和营养液注入油层，或单纯注入营养液激活油层内微生物，使其在油层内生长繁殖，经微生物的生物活动或代谢产物的某些特性作用于原油，改变原油的某些物化特性，如裂解重质烃类和石蜡，使原油黏度、凝固点降低，从而降低原油的流动阻力，改善原油的流动性能，提高原油产量和采收率。

根据油层中微生物的分布及其地球化学活动的分析，以及实验室内微生物学的研究和石油降解的模拟研究，可将注水油层中的微生物转化石油并产生甲烷和硫化氢的过程表示为图 1-1[12]。细菌在含油层中产生 CO_2、CH_4、表面活性剂、多糖和有机溶剂等石油释放剂，从而形成了细菌采油的作用机理。

微生物可降低原油的黏度，可使原油分解及使之轻质化。微生物的代谢产物可与碳酸盐反应并改变结构，产生的 CO_2 可溶于原油且易于膨胀，其与表面活性剂作用可降低表面张力，降低水相的流动性，形成的气泡可使流动均匀化，提高油层压力。酸类可溶解碳酸盐，增加含油层的渗透率。菌体可选择性地堵塞油层，调整水剖面，改变和扩大注入水的含油面积。图 1-2 表示了微生物和它们参与的石油驱替过程[13]。图 1-3 表示了内源微生物采油驱替的机理[14]。

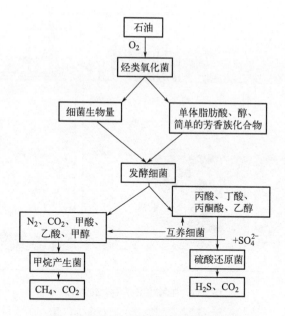

图1-1　激活后的内源微生物代谢活动示意图

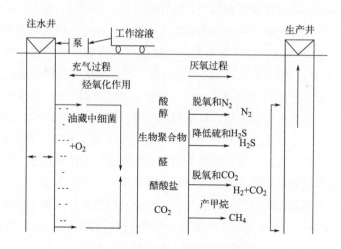

图1-2　微生物和它们参与的石油驱替过程

　　微生物可以通过如下几种机理增加原油采收率：①酸化地层、溶解围岩和增加它的孔隙度和渗透率；②地层的气体引起石油黏度降低、岩层压力增加及基岩溶解；③地层的溶剂或直接或作为辅助表面活性剂降低界面张力和增加石油流度；④地层的表面活性剂、生物聚合物等对于石油释放微生物的代谢产物和它的变体是非常有用的。

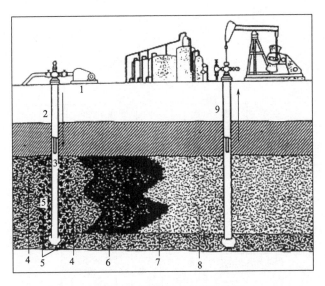

图1-3 内源微生物采油驱替的机理

1—注水泵；2—注水井；3—富含营养剂的水体；4—残余油带；5—地层微生物活动带；
6—微生物代谢产物；7—油层前缘；8—含油岩石；9—生产井

外源微生物的采油技术作用机理与内源微生物十分相似，它主要是利用好氧和厌氧微生物以原油及中间代谢产物为碳源生长繁殖，以外加磷源和营养物质进行微生物自身的生长代谢活性，产生有利于增油的代谢产物（如气体 CO_2、CH_4、H_2、H_2S 等），能够提高油层压力，增加地层能量，还可以溶解地层中的灰质矿物和胶结物，增加岩石的孔隙度和渗透率；低分子量溶剂（丙醇、正/异丁醇、酮类、醛类）能够溶解石油中的蜡及胶质，降低原油黏度，提高原油流动性；生物表面活性剂可以降低油-水界面张力，提高驱油效率，改变岩石润湿性，使岩石更加水湿；短链有机酸（甲酸、丙酸、异丁酸等）溶解石灰岩及岩石的灰质胶结物，从而增加岩石的渗透率和孔隙度；生物多糖可以堵塞大孔道，迫使注入水产生分流作用，提高注入水的波及系数，同时生物聚合物可以增加水相黏度，改善水驱流度比。它们作用于油藏残余油，并通过对原油岩石/水界面性质的作用，改善原油的流动性，增加低渗透带的渗透率，达到改善油藏、提高原油采收率的目的。

与其他三次采油技术相比，微生物采油技术具有适用范围广、工艺简单、成本低廉、经济效益好、无污染等特点，可以大大延长油井的开采周期，提高原油尤其是稠油的采收率，是一种最有前途的采油方法[15-16]。其主要优点如下。

（1）适用范围广。MEOR 技术可开采各种类型的原油（轻油、中质原油、重油），尤其适合开采重油；可解决油井生产中的多种问题，如降黏、防蜡、防垢、防腐、解堵、调剖等。

（2）工艺简单。MEOR 技术利用常规注入设备即可实施，不需要对管线进行改造和增添专用井场注入设备；通过油井现有注水管线或油套环形空间就可以将菌液直接注入油层，通过停止注入营养液就可以终止微生物的活动。与其他采油技术相比，MEOR 工艺操作简单、实施方便、易于控制。

（3）成本低。微生物采油菌以水为生长介质，其主要营养源是地层中的原油，辅助注入适量质量较次的糖蜜、无机物质等，降低了注入营养成本；注入的微生物菌液、营养液及培养基原料在自然界中来源广泛，容易获取，且能在同一井中重复使用；根据油藏具体特点，还可以灵活调整微生物配方，其经济实惠性更大。

（4）经济效益好。微生物采油菌具有细胞小、繁殖力旺盛、运动性及适应性强、作用效果持续时间长等优点，故能随地下流体自主进入其他驱油工艺难以作业的盲区（如死油区或裂缝），使得有效驱油面范围增大，还尤其有利于提高边际油田的采收率；微生物只在有油的地层繁殖并产生代谢产物，避免了类似表面活性剂注入或降黏剂段塞的盲目性操作后果，提高了作用效率。大量矿场试验表明，微生物采油投入产出比经济效率佳，试验中有的油田可取得投入与产出比为 1∶5 的良好效果。

（5）无污染。微生物在自然界中无处不在，从水体、土壤到空气都留下它们活动的踪迹。较之其他的采油方法而言（如添加污染环境的化学试剂等），微生物采油无污染，其产物易于生物降解，不损害地层，也不会造成环境污染，具有良好的生态特征，是一种真正意义上的绿色采油技术。

微生物调剖（microbial profile modification）是二十世纪九十年代末发展起来的一项技术。微生物用于注水井调剖最早始于美国，把能够产生生物聚合物的细菌注入地层，在地层中游离的细菌被吸附在岩石孔道表面后，开始形成附着的菌群；随着营养液的输入，细菌细胞在高渗透条带大量繁殖，繁殖的菌体细胞及细菌产生的生物聚合物等黏附在孔隙岩石表面，形成较大体积的菌团或菌醭；后续有机和无机营养物的充足供给，使细菌及其代谢产出的生物聚合物急剧扩张，孔隙越大细菌和营养物积聚滞留量越多，形成的生物团块越大。细菌的大量增殖及其代谢产出的生物聚合物在大孔道滞留部位的迅速聚集，对高渗透条带起到较好的选择性封堵、降低吸水量的作用，从而扩大波及区域、提高原油采收率[17]。

随着微生物采油技术的不断发展，把经过筛选的细菌或培养的菌液通过注水井注入地层，通常加入大量的营养液，有的连续注入，有的阶段性注入，注水正常进行，无须关井，微生物随注入水进入地层生长，通过细菌细胞的增加和细菌产生的多糖类代谢产物堵塞油藏高渗透区孔隙，阻止水流，改变原来注入水的走向，扩大注水波及体积，从而使常规水驱不能涉及的油藏部分发生水驱。微生物由于自身能够在油层内大量繁殖，并且具有运动的特征，有助于到达一般化学调剖剂无法涉及的地层深部，微生物调剖菌液培养发酵的成本远远低于聚合物的成本，生产菌液的注入也可以直接从注水管线注入，不改变工作制度，不需要添加额外的设备；微生物在营养缺乏后即死亡并被采出，不污染地层，不污染环境。因此微生物调剖是一种既有效又经济的调剖方法。

微生物驱法是通过微生物作用于整个油藏，提高产量和采收率。在注水站的储水罐中加入微生物，无论是连续注入还是阶段注入，微生物都能通过注水系统以正常速度注入地层。该项操作几乎无须改动现有的注水流程，且常规注水制度不必中断。微生物驱油是从注水井注入微生物，处理对象是大面积地层，对微生物的要求与单井吞吐相同，只是微生物及营养物的用量都比单井吞吐大得多。这是微生物采油技术发展的主要方向，能真正提高采收率。如图 1-4 所示，将微生物发酵液和营养物随同注水过程一起注入到油层，使微生物在油层中生长繁殖。代谢作用及产物通过物理化学作用将岩石表面黏附的原油和岩石孔隙中的原油释放出来，使原来不能流动的原油以油水乳状液的形式随水驱输送到采油井中，达到增产的目的。微生物驱能够通过注采井网的布局实现对整个油层的处理，有效地启动残余油。

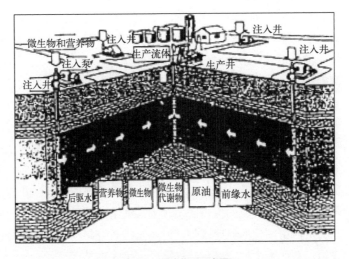

图 1-4　微生物驱示意图

如图 1-5 所示，微生物单井处理是将微生物发酵液和营养物注入到油井内，关井一段时间，使其在井筒周围及近井地带发酵并与原油和地层作用，然后再开井生产，周而复始。所以该方法亦被称为"周期性处理"或"吞吐"法[18]。

微生物清防蜡技术是利用微生物菌体及其代谢产物，依靠微生物自身的趋向性，将原油中的部分饱和碳氢化合物、胶质沥青质降解；同时菌体及其代谢产生的

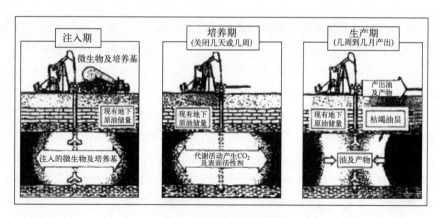

图1-5　微生物周期性处理示意图

生物表面活性剂等可以吸附在金属表面（如井壁、抽油杆）并润湿金属表面，使其成为极性表面，改变井筒及油管表面性质，使非极性的蜡晶难以在井壁、抽油杆及金属表面吸附与沉积，从而实现微生物清防蜡。该技术克服了传统清防蜡技术的缺点，不会造成地层伤害，不会产生油井急产，不会污染环境，可广泛应用于各种含蜡油井，是一种新型、经济、环保的油井清防蜡技术，因此越来越受到石油工业的重视。

　　微生物清防蜡技术主要是利用微生物自身作用、微生物对原油中石蜡的降解作用和微生物代谢产物的作用等机理实现对油井的清防蜡。微生物清防蜡剂是由多种厌氧及兼性厌氧菌组成的石油烃降解菌混合菌。石油烃降解菌混合菌分离自高含蜡油井采出液，其以原油中的蜡质成分作为唯一碳源进行新陈代谢。微生物个体微小，细胞壁具有特殊结构，有的表面具有鞭毛，具有很强的黏附性，且生长繁殖快。微生物附着在金属或黏土矿物等润湿物体表面生长繁殖，形成一层薄而致密的亲水疏油的微生物保护膜，具有屏蔽晶核、阻止蜡结晶的作用，进而起到清防蜡作用。微生物清防蜡剂中的微生物能在油井井筒降解原油中的长碳链烃，使之转化为短碳链烃，从而使原油中的长碳链烃含量减少、短碳链烃含量增加，最终使原油的凝固点下降，从而有效防止结蜡的发生。原油中正构烷烃在微生物的作用下生成脂肪酸、糖脂、类脂体、二氧化碳、甲烷气体和有机溶剂等。上述代谢产物具有以下作用：脂肪酸、糖脂、类脂体等生物表面活性剂作用于蜡晶，使蜡晶畸化并阻止蜡晶体进一步生长，从而有效防止蜡、沥青质、胶质等重质组分的沉积，并对石蜡具有分散乳化作用；有机酸等能促使石蜡溶解，从而提高原油的流动性；二氧化碳、甲烷能降低原油的黏度，也可改善原油的流动性。

四、微生物与石油集输

石油由油井开采到地面并被集中起来进行油、水、气分离，再初步加工成为合格的原油，分别储存起来或者输送到炼油厂的过程，通常被称为油田集输技术。研究发现，石油集输系统中存在的微生物种类中，数量最多、危害最大的包括硫酸盐还原菌（sulfate-reducing bacteria，SRB）、铁细菌、腐生菌和硫细菌等。其中，硫酸盐还原菌占绝对的优势。它们在生长、繁殖及代谢过程中会引起微生物腐蚀，所谓微生物腐蚀是指微生物生理、生命活动引起的腐蚀。据报道，金属和建筑材料腐蚀破坏中的20%来自微生物腐蚀，石油工业中75%以上的油井腐蚀及50%的埋地管道腐蚀是由微生物腐蚀造成的[19]。全世界每年因微生物腐蚀造成的损失为300亿～500亿美元。仅英国每年用于杀菌剂抑制微生物腐蚀的费用高达上亿美元。中国石油天然气集团有限公司的统计显示：每年腐蚀给油田造成的损失约为2亿元，且呈现逐年上升趋势，其中相当一部分来自微生物腐蚀。

现已证实SRB腐蚀是微生物腐蚀及环境污染的主要因素之一。在美国，油井的腐蚀77%以上由SRB造成，其特征是点蚀。有关试验表明，当SRB在最佳生长条件下，能将0.4mm厚的不锈钢试片在60～90天内腐蚀穿孔，能腐蚀碳钢、铜、铝、镍和不锈钢。有关试验证明，大量滋生的SRB也能将合金钢腐蚀穿孔，腐蚀速率达2mm/a。微生物腐蚀的产物主要为硫化亚铁和氢氧化亚铁，菌体本身和腐蚀产物被油污包裹可造成管线和地层堵塞，造成注水量下降，直接影响原油产量，造成巨大经济损失。微生物在设备、管线中大量繁殖而产生的腐蚀产物悬浮在油水界面，在油田联合站脱水系统中形成黑色过渡层，主要成分为胶态硫化物（包括硫化亚铁颗粒），随着黑色过渡层厚度积累，可导致电脱水器运行不稳、跳闸或直接造成电脱水器极板击穿的事故，给油田安全生产造成威胁。腐生菌产生的黏液与铁细菌、藻类等一起附着在管线和设备上，形成生物垢，造成注水井和过滤器堵塞。

对于硫酸盐还原菌的腐蚀机理，人们研究较早也较多，但至今仍没有统一观点，主要腐蚀机理有以下几种[20]：①阴极去极化理论。1934年荷兰科学家Kuhr提出了硫酸盐还原菌腐蚀的去极化理论，在缺氧环境下，SRB将氢原子氧化，从金属表面去除，使腐蚀过程进行下去。他认为阴极的去极化作用是腐蚀过程得以进行的关键。②浓差电池理论。浓差电池理论是由Starkey于1958年提出的，他认为金属表面有腐蚀产物或者垢覆盖时便会形成浓差电池，又由于这种类型的腐蚀在金属表面往往形成适合硫酸盐还原菌生成的厌氧区，造成厌氧腐蚀，从而加速了腐蚀的进行。③代谢产物腐蚀理论。硫酸盐还原菌生长代谢过程中可以产生H_2S等硫化物，由于硫化物而导致了金属的腐蚀。④酸腐蚀理论。酸腐蚀理论主要的依据是大多数微生物腐蚀的最终产物是低碳链的脂肪酸，如乙酸是最常见的，酸在沉积物下对金属有很强的腐蚀性。此外，在含氧环境中，沉积物周围会发生氧的阴极还原反应，使金属在阳极区腐蚀形成金属离子。脂肪酸在油藏中十分常见，SRB 可以利用脂肪酸进行生长、繁殖，产生大量的 H_2S 气体，从而加速输油管线的腐蚀。⑤局部电池理论。1971 年，King 提出了硫酸盐还原菌腐蚀的局部电池理论，认为 SRB 产生的 S^{2-} 与 Fe^{2+} 作用生成的 FeS 为局部电池的负极，金属铁为阳极，形成局部电池，使金属发生腐蚀。对于油田污水，在高含盐的作用下，更加剧了局部电池作用，使金属管材腐蚀更加严重。⑥阳极区固定理论。该理论认为，微生物在金属表面形成内部环境相对稳定的垢壳，这种稳定的微生物菌落为相对固定的阳极，金属为阴极，形成了金属的点蚀。铁细菌腐蚀机理主要是铁细菌腐蚀离不开氧的作用，铁细菌主要通过缝隙腐蚀机理发生腐蚀，作用范围为高氧区和金属表面阳极点及大范围的阴极区。腐蚀系统中，并不是一种细菌单独作用，而是几种或多种细菌共同作用，互相促进。铁细菌产生含铁丰富的局部厌氧环境，使得硫酸盐还原菌大量增殖，二者共同作用，大大加速了金属的微生物腐蚀。腐生菌腐蚀机理是通过产生黏性物质并与其他细菌及代谢产物积累形成沉淀污垢，附着在管壁及设备上，形成氧浓差电池腐蚀金属设备，还能堵塞管道及过滤器等。腐生菌不但能为厌氧菌创造局部厌氧环境，促进其生长、繁殖，加速微生物腐蚀速率，还能增加水体黏度、恶化水质等。

微生物腐蚀防护技术主要包括物理法、化学法和生物法等防护技术。其中，物理法主要有利用电离辐射及超声波杀菌、改变介质环境、实施阴极防护、采用耐腐蚀材料等方法；化学法主要是指采用向油田回注水中投加杀菌剂的方法，这一方法因操作简单，效果较好，因而被广泛使用。采用杀菌剂方法主要存在以下方面的弊端：一是长时间地使用某一杀菌剂，细菌易产生抗药性，致使杀菌效果降低，不得不更换杀菌剂。二是大量使用杀菌剂成本较高，增加经济负担。三是杀菌剂对很多细菌都有广泛的毒性，能将许多有益菌杀死，如对油藏驱油效果较好的产甲烷菌也会被回注水中的杀菌剂杀死，对微生物驱油不利。四是大量地向水环境中投加各类杀菌剂，会污染水体，危害生态环境。新型微生物防护技术是通过微生物之间的竞争、共生、拮抗关系，利用相似生活习性的微生物之间竞争营养条件和生存空间，抑制有害微生物的生长繁殖，或者利用某些细菌分泌对腐蚀微生物有害的物质，将其杀死等，这一方法也称为生物竞争方法。微生物防腐机理目前主要有三种：一是利用与 SRB 生活习性近似的特定细菌，它们不引起腐蚀，并且在和 SRB 争夺食物和空间中占优势，进而能抑制 SRB 的活性；二是某些特定细菌可以将 SRB 代谢产物如 H_2S 等进行消耗或者转化为不造成腐蚀的其他产物，如硫化细菌能将 H_2S 消耗掉；三是一些细菌能分泌对 SRB 有害的物质，这些物质或可以杀死 SRB

或能抑制其活性，降低微生物腐蚀。例如芽孢杆菌的一种分泌物对 SRB 就有杀灭功能[21]。

五、微生物与石油炼化

原油的结构组成复杂，存在像钒和镍这样一些金属络合所形成的有机金属化合物和一些含氮/硫化合物，以及一些降低油品且污染环境、难以降解的重质组分。对此通常采用物理分馏或化学方法对原油进行加工炼制以及防污处理，但这类方法成本相对较高，且容易造成二次污染。不过，随着生物技术的飞速发展和不断深入，目前已广泛开展了以微生物及微生物酶对原油进行加工处理的相关研究，诸如微生物脱硫、微生物吸氧脱氮、微生物除金属杂质、微生物稠油降黏等。在不久的将来，生物技术将延伸至油气开发的其他领域，例如烃裂解、聚合作用、生物催化烷基化等。

微生物脱硫主要是利用微生物的新陈代谢过程及其酶的作用来脱除石油中的含硫化合物，达到除硫保烃、降低原油加工成本的目的。目前，国内外学者已经对微生物脱硫技术进行了大量基础性和应用性试验，并在脱硫机理、菌种筛选等方面取得了进展[22-23]。微生物脱硫技术具有耗能低、反应条件温和、操作简单、污染少、投资和运行成本较低等特点。传统的工业脱硫主要是脱除无机硫和简单的有机硫化合物，而很难对含硫杂环化合物中的硫进行脱除，目前新的生物脱硫技术可以去除杂环化合物中的有机硫，因此受到国内外学者的广泛关注。进行微生物脱硫反应的相关设备主要有乳化液相接触反应器、搅拌式反应器及气升式反应器。由于原油料和生物催化剂在生物反应器中要求能悬浮于水相之上且形成连续相以保证充分的接触，在反应起始阶段，不同类型的环流生物反应器需尽量避免由于机械搅拌和剪切作用而导致微生物细胞结构发生破坏。目前针对该情况使用较广的是多级气升式反应器，该反应器能有效减少混合成本，具备较强的反应动力且能获得更高的氧气利用率，在同一体系中能保证生物催化剂的持续增长和再生。此外，利用纳米材料的包覆作用使酶/微生物菌的抗机械剪切提升也是一种较为前沿的改进方式，并已逐步展开了相应的实验研究。

原油中的含氮化合物是由吡咯类、吲哚类和咔唑组成。其中咔唑不仅有毒且致癌，而且是加氢脱硫（HDS）过程中的引发抑制剂。其转化为碱性衍生物后会吸附于裂解酶的催化活性中心，毒害催化剂，同时所产生的含氮化合物对环境也会造成一定污染。常用的除氮微生物菌种有产碱杆菌、芽孢杆菌、拜叶林克氏菌、伯克氏菌、丛毛单胞菌、分枝杆菌、假单胞菌、沙雷氏菌以及黄单胞菌等，这些菌种主要针对吲哚、吡啶、喹啉以及咔唑化合物的处理，其中吡咯和吲哚能够被轻易降解，但咔唑对微生物降解作用则表现出一定的抗性。目前也有研究证实假单胞菌属中含有可降解咔唑的相关基因，或可通过克隆的手段以产生能够转化芳香族化合物（如咔唑、二苯并呋喃、二苯并噻吩、芴、萘、菲、蒽和荧蒽）的重组菌株，也可使假单胞菌通过双重氧化、裂解以及水解作用将咔唑降解为邻氨基苯甲酸和 2- 羟基 -2，4- 戊二烯酸。

利用微生物的催化作用生产化工产品，具有产品纯度高、无二次污染等优点。如利用红球菌 J-1 菌株、绿针假单胞菌 B23 菌株含有的高活性和高热稳定性的腈水合酶生产丙烯酰胺，就是一个成功的实例[24]。生物法制取丙烯酰胺，系将丙烯腈、原料水和固定化生物催化剂调配成水合溶液，催化反应后分离出废催化剂就可得到丙烯酰胺产品。其特点是：在常温常压下反应，设备简单，操作安全；单程转化率极高，无须分离回收未反应丙烯腈；酶的特异性能使选择性极高，无副反应。

含油污泥是石油化学工业的主要污染物之一，我国每年产生近百万吨的含油污泥，含油污泥成分复杂，含有大量有机物以及重金属物质等有害物质，已经被列入国家危险废物名单中，若将其随意处置不但违法，而且会严重危害周围环境。生物法是指石油降解菌以石油烃类为碳源进行生物代谢，并将石油烃类转化为水和二氧化碳等无机物的过程。生物法节约能源，运行费用低，作用持久，具有广阔的应用前景。生物处理是一种有效的含油污泥处理技术，也是今后含油污泥处理的发展方向之一。生物处理含油污泥的主要原理是微生物利用石油烃类作为碳源进行同化降解，使其最终完全矿化，转变为无害的无机物质（CO_2 和 H_2O）的过程。含油污泥微生物降解按过程机理分为两个方向：一是向油污染点投加具有高效油污降解能力的细菌、营养物质和一些生物吸附剂；二是曝气，向油污染点投加含氮磷的营养物质，增强污染点微生物群的活性[25]。生物处理法的优点在于：一是对环境影响小，生物处理是自然过程的强化，其最终产物是二氧化碳、水和脂肪酸等，不会形成二次污染或导致污染物转移；二是费用相对较低，约为焚烧处理费用的 1/4 ~ 1/3；三是处理效果好，经过生化处理，污染物残留量可以大幅度降低[26]。

六、微生物与油田采出水处理

在油气田勘探开发过程中，随着原油和天然气的采出，通常会产生大量的含油污水。这部分污水国外统称为油气田采出水（produced water），国内则称之为油气田污水，或油气田含油污水，或油气田采出水。目前，常用于污水治理的方法可归纳为物理法、化学法、生物法。物理法常作为一种预处理的手段应用于废水处理；化学法是指向废水中加入化学药剂如明矾等，使其与污染物发生化学反应而生成无害物的过程，这种方法也常常作为预处理方法使用；而生物法则作为末端处理装置广泛应用于各行业的废水处理中。

油田开发方式从水驱到聚驱及三元复合驱开发，注入介质的多元性导致采出水的成分复杂。随着三次采油的开发，采出水包括聚合物、三元剂、聚表剂，以及低温集输进站污水、洗井水、注水管线冲洗水、落地油处理污水，采出水水质越来越复杂，处理难度加大。综合作用的结果是原油、悬浮固体乳化严重，形成稳定的胶体体系，导致沉降除油效率低，以及后续过滤段的滤罐滤料表层常有一层薄厚不等的黑色黏稠物，滤料也具有黏性而相互黏结。

随着油田三次采油开发的力度加大，高浓度、三元复合驱等开发模式使得目前原水水质成分复杂而难以处理，水驱含聚浓度逐渐越来越高，这一原水水质的变化给油田含油污水处理系统造成了巨大的冲击。采出水中聚合物浓度高，黏度大，原油乳化严重，导致油水分离和悬浮物去除的难度增加，已建聚驱污水处理系统工艺难以适应[27]。喇萨杏油田开发区块由 1996 年开始的葡一组注普通聚驱转为"十一五"及"十二五"期间的二类油层高浓度聚驱，产能建设区块内聚合物驱开发的注入浓度由 1000 ～ 1200mg/L 上升为 1800 ～ 2300mg/L，使得采出水的含聚浓度由 200 ～ 450mg/L 上升为 800 ～ 1000mg/L，聚合物返出浓度是常规聚合物驱的1.8 倍。导致以下一些情况发生：①沉降时间延长，规模扩大。三次采油开发的采出水中含有聚合物、表面活性剂等化学物质后，水相黏度增加，油水乳化严重，导致油水分离时间延长。目前污水站设计时污水沉降时间由水驱的 6h 增加到三元复合驱的 18h，沉降时间的延长直接导致污水站沉降罐体积增加，占地面积加大。②滤速下降，滤罐数量增加。含油污水处理的过滤罐滤速设计参数，在经历了从水驱到聚驱原水水质不断的变化后，从早期的纯水驱的（16/8）m/h，到二十世纪九十年代后期原水逐步见聚后调整为（12/8）m/h。2005 年为更好地保证水质，减少对地层的伤害，滤速再次调整为（10/6）m/h。2008 年考虑到原水中见聚浓度可能达到 350mg/L，为保障出水水质，设计滤速再次降低为（8/4）m/h。到 2009 年由于滤速降低带来的占地大、工程投资高等问题，设计滤罐恢复到（12/8）m/h，但建设规模考虑 20% 的富余水量，三次采油的三元污水站及高浓度污水站的设计滤速为（7/5）m/h。设计滤速的降低导致污水站内滤罐数量增加，占地面积大、投资高，同时运行费用高，而且污水的达标处理不能仅依靠降低滤速来解决，还需要寻找到一种高效的处理工艺。③加药量上升，运行成本增加。三次采油注入的化学药剂增多，采出水中所含的化学成分也更复杂，为使处理后水质达标，污水处理所投加的化学药剂种类也更多。根据目前三元复合驱污水处理工艺要求，需投加的药剂除常规的混凝剂、杀菌剂、助洗剂外，还需要投加清水剂、pH 值调节剂等，而且药剂投加浓度很高，达到 4000mg/L 以上，药剂成本超过 10 元 /t 水，直接导致运行成本升高。

无论是水驱、聚合物驱还是三元复合驱，注水保持压力开采都是油田开发的基本措施，是保持油田长期稳产的根本。因此，除油田自然条件外，注水效果是油田开发效果的控制性因素。随着油田的开发，接替产能开发的层位物性逐渐变差，由中高渗透率底层开发逐渐转向低渗透层和特低渗透层。长期的油田注水实践说明，作为注水源头的注水水质是实现油田高效开发的关键。注入水质不但对水驱油藏的开发效果有着重要的影响，而且对地面工程设备、设施的功能发挥、使用寿命等带来后续效应，在很大程度上制约着地面工程系统的运行质量与效益，这些都将最终体现在注水开发效益上。

微生物处理技术的原理是借助微生物的特点利用组合菌群对油田污水进行净化处理，实现污水的二次利用，具体而言，就是利用组合菌群的作用，建立一个能够快速降解污水中有机物的生物群、有效降解烃类和脂类等有机污染物的生物群，对废水中各种复杂的脂肪烃和芳香烃进行生物降解，同时可强化对烃类、蜡类以及酚、萘、胺、苯等物质的降解。与其他油田水处理技术相比，微生物处理技术具有安全环保、高效优质、经济实用、适用性强、与其他工艺匹配性高等特点，不会产生二次污染，这是物理、化学等处理技术所不可比拟的优势。由于我国还未完全掌握微生物处理的应用关键技术，难以将微生物处理技术更好地应用于油田水处理过程中，因此应该加大对微生物处理技术的研究力度，深度挖掘微生物处理技术的价值潜力，不断提升微生物处理技术的应用性能，进一步提高油田水处理效果。

微生物处理技术从微生物对氧的需求上可分为好氧微生物处理技术与厌氧微生物处理技术两大类型，其中好氧微生物处理技术又包括氧化塘处理技术、活性污泥处理技术、生物膜处理技术等，而厌氧微生物处理技术包括厌氧生物转盘处理技术、升流式厌氧污泥床处理技术以及厌氧接触处理技术等。每种微生物处理技术应用性能各不相同，因此油田只有根据自身油田污水实际情况，选择最适宜的污水处理技术，才能取得最佳的污水处理效果。氧化塘处理技术主要利用池塘中的微生物、藻类等水生植物对污水或有机废水进行好氧生物处理。在该技术处理过程中，池塘中的微生物通过对污水中的有机物进行有效分解而产生大量的二氧化碳、碳酸盐、铵盐等物质供藻类等水生植物生长。而藻类等水生植物借助光合反应产生的氧气又为微生物生长提供有力的支持，同时藻类蛋白还能够为池塘中的鱼、鸟等生物提供必要的营养。氧化塘处理技术不仅能够有效处理污水中的有害物质，还能够充分利用污水处理过程中产生的各种物质，具有良好的处理效果。现阶段，氧化塘技术在油田污水处理中取得了良好的应用成果。活性污泥处理技术是指按照固定比例，将具有特定降解性能的细菌菌液投放到生化池中用来增强混合液中特定细菌的活性，并完善曝气池中的细菌种类[28]。同时能够在流入污水水质稳定的情况下，充分发挥微生物的氧化作用；即便污水水质或生存环境发生改变，微生物也能够保持一定的活性，不断加强曝气池的抗冲击负荷能力，保证污水处理质量。将活性污泥处理技术与固定化微生物技术进行有机结合，将选定的优势菌固定在载体上，不仅能够有效增加浓度，还能够延长停留时间，进一步提高污水处理效率与质量。生物膜处理技术主要是利用生物膜的吸附作用，对海上油田污水中的有机物进行有效吸附，促进污水处理工作顺利地开展。微生物和其聚合物是生物膜的重要组成成分，利用生物膜处理技术进行油田污水处理，不仅能够有效节约污水处理时间与成本，还能够为微生物创造良好的生长繁殖环境，同样该技术也具有良好的污水净化处理效果，也是当前油田企业广泛采用的一种污水处理技术。

总之，微生物在石油形成、石油资源的勘探、开采、集输、炼化和污水处理等过程中发挥着重要的作用。

第二节　微生物采油分子生物学技术及应用

微生物包括细菌、古菌、真菌等，是生态系统的重要组成部分，几乎存在于所有已知的环境中，在生态系统中起着非常重要的作用，如维持生态系统功能，直接参与碳、氮、硫、磷和一些金属的生物地球化学循环，加快污染环境修复进程等。此外，微生物在生态系统对环境变化的响应方面也起着重要作用[29]。基于微生物在生态系统中所发挥的重要作用，各种环境和生态学研究的学者对生态系统中微生物的动态变化及生态功能的重视程度日渐增加。因此，目前环境微生物生态学的研究主要集中在确定所研究的环境中有哪些微生物存在和分析微生物在所研究的环境中起什么样的作用或执行哪个生态功能[4]两个方面，此外，微生物之间以及微生物与环境因子之间的相互作用受到越来越多的关注。

微生物个体小，肉眼不可见且未知，人们对于维持这种平衡的微生物生态系统的构造和动力学参数知之甚少。其中最大的原因就是：传统的研究方法是通过纯培养获得菌株后才能对其特性进行描述。然而在自然环境中能够纯培养的微生物菌株的数量还不到自然界微生物总数的1%[30]。传统的微生物特征是通过其表型特征、细胞的性质（形态学、生理生化反应和细胞组成成分结构）的观察收集得到的。纯培养是检测这些微生物性质的前提，因此这一限制使得自然界的大多数微生物特征很难被具体描述。此外，这些性状分析为微生物进化关系的研究提供的信息很有限，而微生物进化研究的匮乏使得很难对微生物进行精确分类并构造系统发生树。DNA杂交技术和微生物分子系统学的发展使得我们可以摆脱纯培养条件的束缚，开辟了一条更客观地探索环境中微生物多样性的新思路。

与传统分离培养方法不同,现代分子生物学技术直接以从环境样品中提取的核酸(DNA 和 RNA)为分析对象,以特定的核酸片段为生物标志物,分析该环境中微生物的组成和多样性,即将所提取的 DNA 进行目标片段的 PCR 扩增,得到的 PCR 产物通过多种技术来鉴定其组成的多态性,如群落结构分析的指纹图谱、微阵列和高通量测序等。微生物多样性分析的研究中,PCR 扩增的目标片段可以选择微生物的一段相对保守而又足以区分不同类群的基因区域,如细菌和古菌常用的 16S rRNA、真菌的 18S rRNA 或 ITS(内转录间隔区)等;同时,一些微生物的功能基因也可用于分析功能微生物的多样性,如氨氧化细菌的氨单加氧酶 *amoA* 基因。微生物功能基因及差异表达和代谢通路的研究主要依赖于微生物宏基因组和宏转录组学技术。

微生物采油分子生物学技术主要包括基因克隆文库技术、PCR-DGGE 技术、荧光原位杂交技术、高通量测序技术、宏基因组测序技术、宏转录组学测序技术、实时荧光定量 PCR 技术(real time-qPCR)以及单细胞测序技术等。其中,在油藏环境微生物研究中已经广泛应用的技术包括基因克隆文库技术、PCR-DGGE 技术、荧光原位杂交技术、高通量测序技术等,而宏基因组测序技术、宏转录组测序技术、实时荧光定量 PCR 技术以及单细胞测序技术在油藏环境微生物的研究中还有待进一步完善。

一、基因克隆文库技术

环境(包括油藏环境)基因组总 DNA 是环境中各种微生物基因组的混合物,虽然它包括了环境当中微生物组成的信息,但是由于基因组 DNA 过于复杂,不方便直接进行研究,因此实际上通常是通过研究基因组中的"生物标记(biomarker)"来研究环境中微生物的多样性的。16S rDNA 是目前微生物生态学研究中已经广泛使用的"biomarker",大小约 1.5kb。其种类少,含量大(约占细菌 DNA 含量的80%),分子大小适中,存在于所有的生物中,特别是其进化具有良好的时钟性质,在结构与功能上具有高度的保守性,素有"细菌化石"之称。16S rDNA 既能体现不同菌属之间的差异,又能利用测序技术较容易地得到其序列,故被细菌学家及分类学家所接受。所以细菌系统分类学研究特设委员会建议依据系统发育关系分类。细菌的 16S rDNA 可变区序列因不同细菌而异,恒定区序列基本保守,所以可以利用恒定区序列设计引物将 16S rDNA 片段扩增出来,利用可变区序列的差异来对不同菌属、菌种的细菌进行分类鉴定。并可通过对其序列的分析,判定不同菌属、菌种间遗传关系的远近。对不同细菌的 16S rDNA 序列进行同源性比较分析是推断细菌的系统发育及进化关系的一个重要方法。

用 PCR 的方法把油藏环境中所有的 16S rDNA 基因收集到一起，然后用克隆建库的方法把每一个 16S rDNA 基因分子放到文库中的每一个克隆里，再通过测序技术进行比对，就可以知道每一个克隆中带有 16S rDNA 基因分子属于哪一种微生物，整个文库测序比对得到的结果就反映了环境中微生物的组成。

万真真[31]利用细菌 16S rDNA 克隆文库法对大港油田油藏内源微生物群落结构进行系统分析。文库构建结果表明，油藏细菌由 8 类构成，分别为 α- 变形菌（Alphaproteobacteria，46%）、β- 变形菌（Betaproteobacteria，35%）、厚壁菌门（Firmicutes，8%）、硝化螺旋菌门（Nitrospirae，2%）、互养菌门（Synergistetes，1%）、网团菌门（Dictyoglomi，1%）、脱铁杆菌门（Deferribacteres，1%）、γ- 变形菌（Gammaproteobacteria，1%）以及未培养菌（unclassified bacteria）。其中，存在如鞘胺醇单胞菌（*Sphingomonas*）、代尔夫特菌（*Delftia*）等大量具有石油烃降解功能的细菌的种属。任国领等[32]利用 16S rDNA 基因克隆文库技术对大庆油田内源微生物激活前后的微生物细菌群落结构进行分析，结果表明，注入营养剂后，具有硫化物氧化和硝酸盐还原功能的弓形杆菌属、具有脱氮和降解芳香族化合物等功能的陶厄氏菌属、具有石油烃降解和产生物表面活性剂功能的不动杆菌属、具有产氢和产小分子有机酸及其他小分子有机物功能的梭菌属，以及大庆油田聚驱后油藏中未培养的菌属 DQB-T13 被激活，所占比例分别为 66%、18%、12%、3% 和 1%。内源菌的激活效果表明，弓形杆菌属是油藏中微生物生长和氮、硫元素代谢的主要参与者，起到维持油藏环境适宜细菌生长的作用。陶厄氏菌属作为重要的脱氮和降解芳香族化合物细菌使原油中的氮脱出，降低油水界面张力，改善原油的流动性。不动杆菌属可以降解石油烃和产生生物表面活性剂物质，从而降低界面张力。梭菌属产生的小分子有机酸及其他小分子有机物，可以被其他细菌或产甲烷古菌作为代谢底物而利用；也可以降低油水界面张力，降低原油黏度，从而提高原油采收率；梭菌属的产氢也可刺激产甲烷菌生长。

二、PCR-DGGE 技术

聚合酶链反应 - 变性梯度凝胶电泳（polymerase chain reaction-denaturing gradient gel electrophoresis，PCR-DGGE）技术是利用 DNA 在不同浓度的变性剂中解链行为的不同而导致电泳迁移率发生变化，从而将片段大小相同而碱基组成不同的 DNA 片段分开。这种方法利用了 DNA 分子从双螺旋型变成局部变性型时电泳迁移率会下降的原理。不同的 DNA 片段发生这种变化所需梯度不同，DGGE 的凝胶中沿电场方向变性剂（甲醛和尿素）含量递增，当 DNA 片段通过这种变性剂递增的凝胶时，不同分子的电泳迁移率在不同区域会发生降低。这就可使核苷酸顺序不同的 DNA 片段分开。许多研究表明变性梯度凝胶电泳分离能力很强，它可以把相差仅 1bp 的 DNA 片段分开。

DGGE 技术具有以下优点：①分辨率高，能够检测出只存在单碱基差异的突变个体；②加样量小，1～5μg 的 DNA 或 RNA 加样量就可达到清晰的电泳分离效果；③重复性好，电泳条件如温度、时间等易于控制，可保证电泳的重现性和结果的重复性；④操作简便、快速，可以同时检测多个样品。尽管 DGGE 技术在研究群落动态和多样性方面存在很多优势，但是必须与其他技术相结合才能弥补不足。通过 16S rRNA 或基因文库也是分析不同种群的相对数量的一种方法。利用 Real-time PCR 扩增特异种属的 16S rRNA 或功能基因，可以对群落的细菌数量和基因表达水平进行定量。因此，与其他分子生物学技术结合后，可以进一步发挥 DGGE 技术的效能，更好地为微生物群落结构和功能分析服务。

张虹等[33]利用 PCR-DGGE 技术研究了大庆油田聚驱后油藏微生物调剖过程中细菌群落结构变化规律。PCR-DGGE 结果显示，大庆油田采油三厂北 -2-4-P49 油井主要的优势种群为假单胞菌属（*Pseudomonas* sp.）、不动杆菌属（*Acinetobacter* sp.）、梭菌属（*Clostridia* sp.）、热微菌属（*Thermomicrobium* sp.）和一些未知菌属。细菌多样性丰富，群落结构变化较大。

三、荧光原位杂交技术

荧光原位杂交（fluorescence in situ hybridization，FISH）技术是将细胞原位杂交技术和荧光技术有机结合而形成的新技术。其原理是基于碱基互补的原则，用荧光素标记的已知外源 DNA 或 RNA 作探针，与载玻片上的组织切片、细胞涂片、染色体制片等杂交，与待测核酸的靶序列专一性结合，通过检测杂交位点荧光来显示特定核苷酸序列的存在、数目和定位。

目前，荧光原位杂交技术在微生物系统发育、微生物诊断和环境微生物生态学研究中应用较多。由于微生物的 16S rDNA、23S rDNA 以及它们的间隔区的核苷酸序列具有稳定的种属特异性，通常以它们特定的核苷酸序列为模板，设计互补的寡核苷酸探针，通过与微生物细胞杂交，鉴定微生物的种类、数目以及空间分布等。利用对 rRNA（主要是 16S rRNA 和 23S rRNA）序列专一的探针进行杂交已经成为微生物鉴定的标准方法。近几年，已对 2500 多种细菌的 16S rRNA 进行了测序，在系统发育水平上得到了大量的有用的信息。荧光原位杂交技术具有很多优点，如快速、准确、原位等，因而目前在微生物生态学各个领域研究中已成为强有力的工具。

王文星等[34]用荧光原位杂交技术调查了我国主要油页岩矿区（辽宁抚顺、吉林桦甸和广东茂名）中砂土、新鲜油页岩和风化油页岩或砂砾岩样品的细菌和古细菌相对丰度。结果显示，各类型样品中，细菌相对丰度均在 50% 以上，古细菌相对丰度均在 5% 以下，在新鲜油页岩中细菌和古细菌的相对丰度最高。抚顺矿细菌相对丰度最低，其次是茂名矿和桦甸矿；而抚顺矿古细菌相对丰度最高，其次是茂名矿和桦甸矿。张君等[35]应用 FISH 法分析模拟油藏条件下产甲烷菌变化规律。结合产甲烷菌、低分子有机酸和甲烷气体含量的变化，更加准确地分析模拟油藏条件下微生物群落的动态演化过程。研究表明：在模拟油藏条件下，培养 30 天后，产甲烷菌的含量逐渐升高，前期由其他微生物代谢产生的乙酸等产物作为产甲烷菌所需的代谢底物被消耗，培养 50 天后，产甲烷菌的生长又促进了其他微生物的生长，总菌数增加。

四、16S rDNA 高通量测序技术

16S rDNA 高通量测序技术是通过提取微生物菌群的 DNA，选择可变区的特定区段进行 PCR 扩增，再通过高通量测序的方法，帮助研究人员分析特定环境中微生物群体基因组成及功能、微生物群体的多样性与丰度，进而分析微生物与环境、微生物与宿主之间的关系，发现具有特定功能的基因。16S rDNA 是编码 16S rRNA 的 DNA 序列，存在于所有细菌基因组中，一般由 9 个保守区和 10 个可变区组成。保守区在细菌间无显著差异，可用于构建所有生命的统一进化树。可变区在不同细菌中存在一定差异，对 16S rDNA 可变区进行测序，可将菌群鉴定精确到分类学上属甚至种的级别。

16S rDNA 高通量测序技术一般的流程是环境微生物基因组 DNA 提取、16S rDNA 可变区扩增与目的基因片段的回收、文库的制备与检测、高通量测序、测序数据的生物信息分析。其中，文库构建的目的是在 16S rDNA 目的基因两端加上测序相关的接头 P5 和 P7，用于后续测序使用。高通量测序则通常采用 Illumina 公司的测序技术进行。而测序数据的生物信息分析首先对原始数据进行去接头和低质量过滤处理，然后去除嵌合体序列，得到有效序列后进行聚类分析，每一个聚类称为一个操作分类单元（operational taxonomic units，OTU），对 OTU 的代表序列作分类学分析，得到各样品的物种分布信息。基于 OTU 分析结果，可以对各个样品进行多种 α 多样性指数分析，得到各样品物种丰富度和均匀度信息等；基于分类学信息，可以在各个分类水平上进行群落结构的统计分析；通过计算 Unifrac 距离、构建 UPGMA 样品聚类树、绘制 PCoA 图等，可以直观展示不同样品或分组之间群落结构差异。在上述分析的基础上，还可以进行一系列深入挖掘，通过多种统计分

析方法分析分组样品间的群落结构差异性等。

许颖等[36]利用 16S rDNA 高通量测序技术分析了吉林油田 FY 区块 D1、D2 和 D3 三口采油井中的微生物群落构成。根据序列相似性进行聚类分析，得到 139 个 OUT。基于 OTU 的物种分类分析，发现 3 个样本中的细菌种类覆盖 20 个门 29 个纲 91 个属，其中包括多种采油有益菌。分别对各个样本的菌种组成和相对丰度进行分析，发现不同采油井的主要菌种组成和优势类群呈现出差异性。D1 中以 γ- 变形菌（52%）和 ε- 变形菌（39%）为主，优势属为假单胞菌（*Pseudomonas*，51%）和弓形杆菌（*Arcobacter*，38%）；D2 中以 ε- 变形菌（88%）为主，优势属为 *Arcobacter*（88%）；D3 中以 α- 变形菌（55%）、ε- 变形菌（20%）和 β- 变形菌（19%）为主，优势属为根瘤菌（*Rhizobium*，36%）和 *Arcobacter*（20%）。

五、宏基因组高通量测序技术

宏基因组高通量测序技术是以生态环境中全部微生物基因组 DNA 作为研究对象，它不是采用传统的培养微生物的基因组，包含了可培养和不可培养的微生物的基因，通过克隆、异源表达来筛选有用基因及其产物，研究其功能和彼此之间的关系和相互作用，揭示其规律。

宏基因组高通量测序技术主要包括：基因组 DNA 提取；片段化处理；宏基因组文库构建与测序；生物信息分析。

1. 基因组 DNA 提取

基因组 DNA 提取是针对不同的环境微生物采取优化的基因组 DNA 提取方案，使之达到克隆建库的标准。

2. 片段化处理

片段化处理是运用物理方法将基因组 DNA 随机打断为 200 ~ 500bp 的片段，然后进行测序文库的构建和制备。比如有的公司使用 Covaris M220 聚焦超声波发生器进行 DNA 片段化处理，该仪器是专为需要高质量 DNA 片段化用于文库制备的新一代测序应用而设计。Covaris M220 聚焦超声波发生器可有效地将小量的能量直接集中到样品中，从而控制将核酸分解为所选大小的剪切力。该过程是等温的，因此碎片是无偏的，样品没有损坏，产量很高。

3. 宏基因组文库构建与测序

以 Illumina 平台为代表的第二代测序技术实现了高通量测序，有了革命性进展，使得大规模并行测序成为现实，极大推动了生命科学领域基因组学的发展。第二代测序技术目前仍是主流的测序技术，第二代测序技术平台主要包括罗氏公司（Roche）的 454 测序仪（Roche/454 GS FLX Sequencer）、Illumina 公司的 Solexa 基因组分析仪（Illumina/Solexa Genome Analyzer）和 ABI 的 SOLiD 测序仪（ABI SOLID Sequencer）。以上技术平台所运用的测序原理均为循环微阵列法。

目前，应用较为广泛的是 Roche/454 GS FLX 和 Illumina/Solexa Genome Analyzer 平台。

下面就两个平台做以下对比。

（1）Roche/454 GS FLX 平台　是最早上市的循环微阵列法平台，使用的是边合成边测序（sequencing by synthesis，SBS）技术，避免了 Sanger 法存在的宿主菌克隆问题。主要操作步骤如下。

① 首先将待测的目的 DNA 分子打断成 300～800bp 的片段，然后在 DNA 片段的 5′端加上一个磷酸基团，3′变成平端，在两端分别加上 44bp 的 A、B 两个衔接子，组成目的 DNA 的样品文库。加上 A、B 两个衔接子是为了其在生物素和链霉亲和素的作用下，同含有过量链霉亲和素的磁珠特异性结合。

② 目的 DNA 片段固定到一个磁珠上之后，将磁珠包被在单个油水混合小滴（乳滴）中，在这个乳滴里进行独立的扩增，而没有其他的竞争性或者污染性序列的影响，从而实现了所有目的 DNA 片段进行平行扩增乳滴 PCR（emulsion PCR，emPCR），经过富集之后，每个磁珠上都有约 10^7 个克隆的 DNA 片段。

③ 随后将这些 DNA 片段放入 PTP（Pico Titer Plate）反应板中进行后继测序。PTP 平板含有 160 多万个由光纤组成的孔，孔中载有化学发光反应所需的各种酶和底物。

④ 测序开始时，放置在四个单独的试剂瓶里的四种碱基依照 T、A、C、G 的顺序依次循环进入 PTP 板，每次只进入一个碱基。如果发生碱基配对，就会释放一个无机焦磷酸盐（inorganic pyrophosphate，PPi）分子。PPi 在 ATP 硫酸化酶的催化下与腺苷酰硫酸反应生成 ATP，ATP 与虫萤光素反应发光，光信号的最大波长约为 560nm。

⑤ 此反应释放出的光信号实时被仪器配置的高灵敏度电荷耦合器件（CCD）捕获到。有一个碱基和测序模板进行配对，就会捕获到一个光信号，由此一一对应，就可以准确、快速地确定待测模板的碱基序列，读长可达到近 500bp。

（2）Illumina/Solexa Genome Analyzer 平台　Solexa 分析仪通常也被称为 Illumina 测序仪，所使用的方法是克隆单分子阵列技术。主要操作步骤如下。

① 将目的 DNA 分子打断成 100～200bp 的片段，随机连接到固相基质上，经过 Bst 聚合酶延伸和甲酰胺变性的桥 PCR 循环，生成大量的 DNA 簇（DNA cluster），每个 DNA 簇中约有 1000 个相同序列的 DNA 片段。

② 之后的反应与 Sanger 法类似，加入用 4 种不同荧光标记并结合了可逆终止

剂的 dNTP。固相基质上每个孔有八道独立检测的位点，所以一次可以并行八个独立文库，可容纳数百万的模板克隆，可把多个样品混合在一起检测，每个固相基质上一次可读取 10 亿个碱基。

③ DNA 簇与单链扩增产物的通用序列杂交，由于终止剂的作用，DNA 聚合酶每次循环只延伸一个 dNTP。每次延伸所产生的光信号被标准的微阵列光学检测系统分析测序，下一次循环中把终止剂和荧光标记基团裂解掉，然后继续延伸 dNTP，实现了边合成边测序技术。

与 Roche 测序相比，Illumina 测序具有以下优势：

① 制备文库的 DNA 起始量可低至 50ng，尤其适用于复杂油藏环境的微生物 DNA 文库的制备；

② 全自动的工作流程，簇生成和测序都在 MiSeq 上完成，在内置的仪器计算机上开展数据分析；

③ 测序价格低，测序长度长约 500bp，数据质量精准。

4. 生物信息分析

高通量宏基因组文库测序完成后，需要完成对测序数据的一系列生物信息数据分析，主要包括以下步骤。

① 质控分析　使用软件 fastp 去除测序接头序列、低质量碱基。

② 拼接组装与功能注释　使用 Megahit 拼装策略，使用 MetaGen 对拼接结果中的 contigs 进行 ORF 预测。选择核酸长度大于等于 100bp 的基因，并将其翻译为氨基酸序列，获得各样本的基因预测结果统计表。

③ 基因集构建与丰度计算　非冗余基因集构建用 CD-HIT 软件进行聚类；使用 SOAPaligner 软件，分别将每个样品的高质量读长（reads）与非冗余基因集进行比对，统计基因在对应样品中的丰度信息。

④ 物种与功能注释　NR 物种注释：在 domain（域）、kingdom（界）、phylum（门）、class（纲）、order（目）、family（科）、genus（属）、species（种）各个分类学水平上统计物种在各个样品中的丰度。COG 功能注释：直系同源蛋白簇，使用 COG 对应的基因丰度总和计算该 COG 的丰度。KEGG 功能注释：是系统分析基因功能、联系基因组和功能信息的大型知识库。

⑤ 其他生物信息分析　物种与功能组成、比较、差异以及与环境因子关联等的分析。

宏基因组高通量测序技术已经广泛应用到土壤、肠道、油藏、咽部、瘤胃、淤泥、水体等不同生境中的微生物群落结构解析、功能基因注释和环境因子关联分析等。

薄明森[37]研究了石油污染土壤中芳香烃双加氧酶基因多态性以及利用宏基因

组测序技术研究了石油污染对土壤宏基因组变化的影响，探讨了石油污染对土壤菌群结构及宏基因组随时间变化的规律。随着石油污染时间的增加，物种数目、基因数目和代谢途径数目均增加。得到的 14 条石油有机污染物降解通路中，除多环芳烃降解途径基因丰度随污染时间增加而降低外，大多数低分子量芳香烃化合物降解途径（如苯甲酸降解途径）代谢相关基因丰度随污染时间增加而增加，说明石油污染 5 年的土壤中能利用芳香烃类化合物的微生物群落、功能基因具有极大的丰富度。RNA 加工修正和细胞骨架功能基因丰度随污染时间增加而减少，碳水化合物运输代谢和真核生物细胞外结构功能基因丰度随石油污染时间增加而增加，其余20 类 COG 功能基因丰度在降解 5 年时均不同程度增加。

六、宏转录组测序技术

宏转录组学（metatranscriptomics）是指从整体水平上研究某一特定环境、特定时期群体生命全部基因组转录情况以及转录调控规律的学科，它以生态环境中的全部 RNA 为研究对象，避免了微生物分离培养困难的问题，能有效地扩展微生物资源的利用空间。相较于宏基因组，宏转录组能从转录水平研究复杂微生物群落变化，能更好地挖掘潜在的新基因。宏转录组测序可原位研究特定生境、特定时空下微生物群落中活跃菌种的组成以及活性基因的表达情况，结合理化因素的检测，宏转录组可研究多样本间时空上不同微生物群落间活跃成分组成的差异分析。微生物宏转录组测序技术主要包括：①微生物 RNA 提取技术；②环境样品 RNA 中 rRNA 的去除；③宏转录组文库构建与测序技术；④生物信息分析技术。

目前，宏转录组高通量测序技术的实验难度较大，由于原核生物的转录和翻译同时进行，原核微生物 mRNA 几乎没有被修饰，稳定性差，降解速度快（以秒计）；且一般来说原核生物的 rRNA 占总 RNA 的比例高（70% ~ 90%），而 mRNA 比例仅为 5% 左右，因此通常在制备样品时需要去掉 rRNA，以降低测序成本和测序准确度，如何有效去除 rRNA 也是一个技术难题。因此，与宏基因组相比，宏转录组操作复杂，技术要求高。因此，宏基因组高通量测序技术报道的文献数量远远高于宏转录组高通量测序技术报道的文献数量。韩玉姣[38]利用宏基因组技术加上高通量测序技术研究凡口铅锌尾矿酸性矿山废水的微生物群落，重新构建了群落中的 11 个物种的基因组草图，包括 7 种细菌，分别为一种 β 变形杆菌纲铁卵形菌属（*Ferrovum*）微生物、一种 α 变形杆菌纲 *Acidiphilium* 属微生物、两种 γ 变形杆菌纲嗜酸硫杆菌属（*Acidithiobacillus*）微生物、一种厚壁菌门芽孢杆菌属以及两种硝化螺旋菌门钩端螺旋菌属（*Leptospirillum*）微生物；4 种古菌，一种属于泉古菌门，一种属于广古菌门以及两种属于纳古菌门。其中绝大多数为未培养菌，这些组分基本覆盖了该生境全部的物种组成。结合宏转录组技术研究微生物的原位表达能力，发现整个群落主要在基础代谢如氨基酸代谢、碳代谢、核苷酸代谢以及能量代谢中具有相对较高的表达活性，这主要由于在酸性矿井排水（AMD）寡营养的生态系统中，微生物必须通过有限的代谢途径不断合成有机物质、各种功能蛋白以及进行铁硫氧化获得能量来维持细胞的活性。另外，根据基因组注释结果发现群落中存在一系列抵抗重金属胁迫、酸胁迫以及胞内氧化胁迫的相关基因，这些特殊功能基因的存在使得微生物具有抵抗代谢活动中外界极端条件胁迫的能力，保证了微生物的存活。根据宏转录组比较发现古菌与其他细菌的差异在于基础代谢表达不显著，仅在一些遗传信息处理过程以及一些氨基酸代谢方面表达显著，而在与氢离子胁迫的相关基因上与其他种群相比却具有较高的表达，说明古菌在低 pH 胁迫下有更好的适应性，可能原因在于古菌在进化过程中保留了最原始条件下抵抗氢离子胁迫的基因。最后基于功能注释，以其中丰度最高属于 β 变形杆菌纲铁卵形菌属的一个未培养菌为对象，成功预测并构建了以碳氮硫等关键代谢途径为主的代谢网络；并提出其在 AMD 持续酸化过程中主要作用可能在于通过铁硫氧化降解矿物获得能量，导致 pH 持续降低，到一定阈值时，由于其抗酸基因表达并不强势，导致优势地位可能逐步减弱的假设。

七、实时荧光定量 PCR 技术

实时荧光定量 PCR（real-time fluorescent quantitative PCR，RT-qPCR）技术，是一种在 PCR 反应体系中加入荧光基团，利用荧光信号的积累实时监测整个 PCR 进程，最后通过 C_t 值和标准曲线对样品中 DNA（或 cDNA）起始浓度进行定量的研究方法，可分为绝对定量和相对定量。根据加入荧光基团的不同，可分为非特异的嵌入荧光染料（如 SYBR green Ⅰ）和特异性荧光探针（如 TaqMan、molecular beacon 等）两大类型，前者只能反映 PCR 反应体系中总的核酸量，后者由于增加了特异性的探针，专一性更高。

常规 PCR 方法只能在扩增结束后用电泳方法分析，费时费力，且溴化乙锭（EB）有致癌作用，对人体有害，同时也无法对起始模板准确定量。实时荧光定量 PCR 已成为目前确定样品中 DNA（或 cDNA）拷贝数最敏感、最准确的方法。实时荧光定量 PCR 技术已被广泛应用于基础科学研究、临床诊断、疾病研究以及药物研发等领域。其中最主要的应用集中在 DNA 或 RNA 的绝对定量分析、基因表达分析、基因分型等方面。近年来，国内外正逐步将荧光定量 PCR 技术用于环境中微生物的检测和定量等方面的研究。

该技术方法体系主要包括基于 RNA 高通量测序获得的功能基因序列设计特异

引物，提取总 DNA 或总 RNA 进行实时荧光定量 PCR 反应，采集反应过程中荧光信号推算样本中各功能微生物及功能基因的初始浓度，分析功能基因表达量的变化，从而快速、准确、定量地跟踪监测不同实验过程中功能微生物及功能基因的变化情况。王红波等[39]利用实时定量荧光 PCR 技术对克拉玛依油田七中区微生物驱微生物功能基因与采油效果的关系进行研究。对克拉玛依油田七中区 3 类典型采油井微生物驱产出液中的采油功能菌烃氧化菌（HOB）、硝酸盐还原菌（NRB）和硫酸盐还原菌（SRB）的功能基因 alkB、napA 和 dsrB 进行了动态跟踪监测，并与同期采油井的生产开发状况（日产液、产油和含水）结合，分析三类采油功能微生物类群与油井增油降水间的相关性。结果表明，微生物驱后，各试验井有益的 HOB 增幅较大，其丰度和含量与增油量存在一定的对应关系；NRB 丰度显著提高，同时有害菌 SRB 得到有效抑制。实时荧光定量 PCR 检测技术可替代传统测试瓶分析技术，实现采油功能菌的快速跟踪监测。邵明瑞等[40]建立了三种油气指示菌定量方法，并探讨了该方法在油气田土壤中的初步应用。利用建立的 pmoA、bmoX 和 alkB 的定量 PCR 方法分别研究了油田区和气田区土壤中甲烷氧化菌、丁烷氧化菌和中链烷烃氧化菌的数量丰度，并以背景区土壤作为对照。pmoA 和 alkB 的数量均随着采样深度的增加而降低了 1 ～ 2 个数量级。手工法提取油气田土壤 DNA 进行油气指示菌基因定量的结果显示，油田区和气田区土壤中 pmoA 和 alkB 丰度略高于背景区样品。气田区样品的 bmoX 丰度为 $2.75×10^5$ 拷贝数 /g，高于背景区和油田区土壤样品 0.5 ～ 1 个数量级。试剂盒提取的土壤 DNA 的基因定量结果表明，油田区样品 pmoA 和 alkB 丰度分别为 $3.09×10^4$ 拷贝数 /g 和 $2.56×10^6$ 拷贝数 /g，高于气田区和背景区土壤样品，且气田区样品 bmoX 丰度分别高于背景区和油田区样品 1 个数量级和 0.5 个数量级。结果表明 3 种油气指示菌的定量 PCR 技术的建立可为油气微生物勘探提供新的检测手段。

八、单细胞测序技术

单细胞测序技术是指在单细胞水平上，通过全基因组或转录组扩增，对核酸分子进行高通量测序的技术。该技术能够揭示单个细胞的基因结构和基因表达水平，反映细胞间的异质性，剖析单个细胞对生态系统或有机体的贡献。发展至今，单细胞测序技术在神经生物学、微生物学、胚胎发育、器官发生和免疫学研究中取得了广泛应用，临床上也已用于辅助生殖和肿瘤的诊断与治疗。

相比扩增子测序和宏基因组测序，单细胞扩增和测序技术有其独特的不可替代的优点。扩增子测序是指对微生物的特定基因进行测序[40]，传统针对 16S rDNA、18S rDNA 或 ITS 基因进行的扩增子测序虽然可以满足检测微生物群落多样性的需求，但这种方法很难准确鉴定到属以下的分类等级，也无法深入探究物种的功能信息。宏基因组测序又称环境基因组测序或群落基因组测序，直接对样本中所有微生物的全基因组进行测序，可以同时对物种和功能基因做出鉴定，也有助于发掘潜在代谢途径。然而该方法容易忽视某些稀有种，且测序结果的组装也始终是一大难题。如果说宏基因组数据集是捕获整个群落信息的一张巨网，那么单细胞测序方法则是分离目标基因组的"手术刀"和深入探究目标群落的"放大镜"，能不断细化、深化对微生物群落的认识。

单细胞测序的完整流程通常包括样品保存与制备、单细胞分离、细胞裂解、全基因组扩增（whole genome amplification，WGA）与产物的系统发育筛选、文库制备与测序、测序结果的质量控制，其中单细胞分离与全基因组扩增是最为关键的步骤，诸多技术已被开发并应用于微生物的相关领域，而如何根据科学问题对分离和扩增的方法进行选择或改进对科学研究具有重大意义。常用的细胞分离技术包括有限稀释法（limited dilution）、显微操作法（micromanipulation）、激光捕获显微分离技术（laser capture microdissection）、拉曼镊子（raman tweezers）、涡旋与相分隔（vortex and phase separation）、荧光激活细胞分选技术（fluorescence activated cell sorting，FACS）和微流控技术（microfluidics）。其中微流控技术因其较低的成本、较高的通量和理想的分离效果在近 10 年发展迅速，成为细胞分离技术的主流方向。单细胞基因扩增常用的方法包括简并寡核苷酸引物 PCR、多重置换扩增技术、多次退火环状循环扩增技术、Tn5 转座酶技术，以及新兴的细胞内融合基因技术（如 emulsion，paired isolation and concatenation PCR，epicPCR）。目前单细胞基因组最常使用的测序技术为第二代 Illumina 测序技术，该测序技术对样品 DNA 的质量和数量要求相对宽泛，且具有价格低廉、通量高和错误率低的优点。对微生物单细胞基因组测序结果的数据处理包括数据过滤、序列拼装、基因注释、基因功能注释和比较基因组分析等常规步骤，并根据具体研究目的对数据进行进一步的信息发掘[41]。

目前，微生物单细胞全基因组扩增面临的主要挑战包括定向单细胞获取技术的效率不够高，难以实现大规模定向筛选目标微生物；全基因组扩增试剂盒费用昂贵，扩增过程易于污染（对于环境微生物细胞的扩增来说，该问题尤为严重）；扩增存在偏好性和错误（如扩增的不均一，等位基因缺失等），导致扩增覆盖率及准确性不理想；二代测序技术片段读长较短，对测序片段的拼接算法要求高，而第三代测序技术虽然读长长，但对测序的 DNA 样品质量要求较苛刻，且测序费用昂贵。Woyke 等[42] 使用 Bigelow 研究所的单细胞基因组中心（single cell genomic center，SCGC）的单细胞平台研究了美国缅因州海湾水体样品中的微生物细胞，从中获得了 2 株未培养微生物以及它们的全基因组序列。经过序列比对，他们发现与培养过的同类型微生物相比，这2株未培养微生物的基因组较小，具有较少的非编码核苷酸和共生同源基因，这些缺失的基因可能影响它们在海洋特殊区域的丰度，并且导致它们难以培养。

九、应用

以现代分子生物学技术方法为手段，建立油藏微生物采油分子生物学技术监测体系，分析油藏各种环境和现场开发过程中的微生物种群组成，确定各种环境下的优势菌种，构建基因工程菌，为油藏采油工程提供技术支持。其应用主要体现在以下四个方面。

1. 成为油田微生物监测技术中的关键技术

随着分子生物分析技术的发展，利用基因分析技术提取微生物的 DNA，对油藏中细菌及其比例进行分析，可准确掌握地层中菌群的分布状态。这一技术的完成，改变了以前科研人员先对微生物进行培养，然后分析找出适用菌种的落后方法，该方法分辨率低，油藏中 95% 的细菌无法通过这种方法培养，脱离了油藏的环境很多细菌就无法生长。随着研究的深入，微生物的分辨速度提高了，费用降低了，将大大满足现场需要。当前攻关的难点在于菌群只分析到属，对于菌群在油藏环境中的作用机理还不完全清楚，需要把功能菌从菌群中有效地分离、提纯出来，研究各自作用机理。因此，需要基因分析技术助推油田微生物监测技术的发展。

2. 应用于油藏相关机理基础理论研究

近 20 年来，分子生物学技术的快速发展使油藏微生物研究进入了分子水平，利用分子生物学技术可以详细调查油层地层中存在的微生物群落，查清并有效利用具有微生物采油作用的菌种，同时对有害菌进行有效防治；深化菌种的油藏环境适应性、微生物提高采收率、水处理、管道腐蚀、油泥处理等机理的认识，进而系统探究微生物增产机理并形成新的油藏开发、水处理、腐蚀、油泥处理等理论，从而为增产工艺调整、设计方案优化、实验进程把控提供可靠的指导依据。

3. 构建基因工程菌用于油藏各环节

自 1990 年起，微生物采油技术全面步入技术发展新阶段，国内外科技攻关团队均将培养较强竞争力的基因工程菌列为现代微生物采油技术攻关课题。美国应用现代生物技术重组微生物菌体，构建基因工程菌，使微生物菌种具有更高的性能。由于基因工程菌是面向油藏环境，自然成为采油微生物技术发展的主要方向。

4. 开展功能基因、代谢通路等机理研究

微生物功能基因的研究已经起步，但在微生物作用过程中以功能基因为研究对

象的宏组学高通量测序技术还未研究得很深入。基于 RNA-Seq 技术的环境微生物转录组学在水体、土壤、淤泥、沉积物、动物肠道等多种环境中的研究近年来已成为转录组学的研究热点。RNA-Seq 技术是在组学水平上对基因表达差异进行研究，具有定量更准确、可重复性更高、检测范围更广、分析更可靠、数据信息更全面等特点。

宏组学技术具有以下几个作用。

（1）可以开发大量的功能未知的新基因。例如，在对太平洋表层海水样品进行微生物转录组学分析后，发现高达 50% 的基因为新基因；Gilbert 等在挪威海岸一个人工模拟海洋生态系统中进行的微生物转录组学分析显示，RNA-Seq 技术在环境微生物新基因的发现上具有强大的能力，在一些高度表达的大基因家族中，约 91% 的基因是新成员。

（2）可以实现微生物代谢活性的调控。通过比较微生物在不同环境条件下的高通量转录组数据，结合宏基因组及定量 PCR 等其他研究手段，有助于探索微生物与环境之间的响应模式，实现对微生物代谢活性的调控[43]。如 Hewson 等比较了全球开阔大洋中 8 个不同采样点的微生物转录组数据，发现不同位点的微生物基因表达差异主要集中在几个关键的基因表达路径上，包括光系统Ⅰ、Ⅱ和氨吸收，原因可能是海洋表层水中的优势微生物为光能自养的原绿球藻，不同采样点微生物转录组的差异主要来源于这种蓝细菌光营养代谢的差异。例如，通过分析加入菲的土壤样品中的微生物转录组数据，发现涉及芳香族化合物代谢及胁迫应答的转录子显著增加，可以获知多环芳烃（PAH）这类有毒污染物对土壤微生物活性的影响以及土壤微生物对 PAH 胁迫的应答模式。

（3）可以推测微生物发挥某种功能的代谢途径[44]。如 Vila-Costa 等在海水中添加二甲基巯基丙酸内盐（DMSP）进行了富集实验，研究了与 DMSP 降解相关的微生物及其基因和代谢途径。Mc Carren 等通过高分子量溶解性有机质（HMWDOM）的短期添加实验，揭示了与海洋中有机碳循环相关的微生物及代谢途径：HMWDOM 的降解过程伴随着微生物的演替过程，降解初期主要参与微生物包括海源菌属（*Idiomarina*）和交替单胞菌属（*Alteromonass*）两个属，高度表达的转录子包括 Ton B- 关联的转运蛋白、氮同化关联基因、脂肪酸分解代谢相关基因及三羧酸循环相关酶；随着 HMWDOM 的不断降解，微生物群体组成及转录活性也在发生变化，到实验后期，优势微生物为噬甲基菌属（*Methylophaga*），高度表达的基因涉及一碳化合物的同化和异化路径的多个步骤。

参考文献

[1] 张义纲. 石油的成因与微生物 [J]. 石油实验地质, 1979, (1): 53-63.

[2] 刘金峰, 牟伯中. 油藏极端环境中的微生物 [J]. 微生物学杂志, 2004, (4): 31-34.

[3] 尚慧芸. 陆相原油和生油岩特征生物标记物 [J]. 石油与天然气地质, 1986, (3): 236-240.

[4] Tatsuhiko H, Hideyuki D, Go-Ichiro U, et al. Global diversity of microbial communities in marine sediment [J]. Proc Natl Acad Sci USA, 2020, (44): 27587-27597.

[5] 孙宏亮, 袁志华, 朱卫平, 等. 新庄油田油气微生物勘探研究 [J]. 天然气勘探与开发, 2014, 37 (2): 24-28.

[6] 黄曼, 刘倩倩. 微生物在采矿及石油开采中的应用 [J]. 科技资讯, 2011, (22): 99+101.

[7] 黄世伟, 张廷山, 霍进, 等. 新疆油田稠油微生物开采矿场试验研究 [J]. 天然气地球科学, 2005, (6): 776-780.

[8] 袁志华, 张玉清, 赵青, 等. 中国油气微生物勘探技术新进展——以大庆卫星油田为例 [J]. 中国科学 (D辑: 地球科学), 2008, (S2): 139-145.

[9] 张才利, 刘新社, 杨亚娟, 等. 鄂尔多斯盆地长庆油田油气勘探历程与启示 [J]. 新疆石油地质, 2021, 42 (3): 253-263.

[10] 雷光伦. 微生物采油技术的研究与应用 [J]. 石油学报, 2001, (2): 56-61+122-123.

[11] 郝东辉. 采油微生物筛选、鼠李糖脂产脂性能及关键酶基因克隆与表达研究 [D]. 济南: 山东大学, 2008.

[12] 王修垣. 俄罗斯利用微生物提高石油采收率的新进展 [J]. 微生物学通报, 1995, (6): 383-384+357.

[13] 易绍金. 原油的生物降解及其对原油理化性质的影响 [J]. 江汉石油学院学报, 1992, (4): 61-66.

[14] 易绍金, 佘跃惠. 石油与环境微生物技术 [M]. 武汉: 中国地质大学出版社, 2002: 136-147.

[15] 崔君成. 微生物采油技术试验研究 [D]. 大庆: 大庆石油学院, 2005.

[16] 包木太. 微生物驱油机理研究 [D]. 青岛: 青岛海洋大学, 2001.

[17] 王靖, 阎贵文. 调剖微生物菌群的分离、鉴定和特性研究 [J]. 西安石油大学学报 (自然科学版), 2008, 23 (3): 52-56.

[18] 包木太, 牟伯中, 王修林, 等. 微生物提高石油采收率技术 [J]. 应用基础与工程科学学报, 2000, (3): 236-245.

[19] 蒋波, 杜翠薇, 李晓刚, 等. 典型微生物腐蚀的研究进展 [J]. 石油化工腐蚀与防护, 2008, (4): 1-4.

[20] 刘靖, 侯宝利, 郑家燊, 等. 硫酸盐还原菌腐蚀研究进展 [J]. 材料保护, 2001, (8): 8-11.

[21] 王蕾, 屈庆, 李蕾. 芽孢杆菌属微生物腐蚀研究进展 [J]. 全面腐蚀控制, 2013, 27 (10): 55-60.

[22] 姜成英, 李磊, 杨永谭, 等. 表面活性剂对微生物脱除柴油中有机硫的影响 [J]. 过程工程学报. 2002, 2 (2): 122-126.

[23] 李玉光, 刘平, 杨效云, 等. 微生物菌脱除煤油中含硫化合物的研究 [J]. 上海环境科学. 2004, 23 (2) 50-53.

[24] 王惠, 卢渊. 微生物技术在石油工业中的应用 [J]. 科技进步与对策, 2003, (S1): 291-292.

[25] 陈明燕, 刘政, 王晓东, 等. 含油污泥无害化及资源化处理新技术及发展方向 [J]. 石油与天然气化工, 2011, 40 (3): 313-317.

[26] 李巨峰, 操卫平, 冯玉军, 等. 含油污泥处理技术与发展方向 [J]. 石油规划设计, 2005, (5): 30-32.

[27] 国胜娟. 油田高含聚采出水水质特性及其处理技术研究 [J]. 工业用水与废水, 2014, 45 (5): 27-30.

[28] 邹红丽, 王冬石. 曝气生物滤池在大港油田污水处理中的应用 [J]. 电力科技与环保, 2010, 26 (1): 42-44.

［29］高乐. 分子生物学方法在环境微生物生态学中的应用研究进展［J］. 化工设计通讯，2020，46（12）：85-86.

［30］Schleifer K H. Microbial diversity：facts，problems and prospects［J］. Systematic and Applied Microbiology，2004，27（1）：3-9.

［31］万真真. 16S rDNA 克隆文库法分析油藏细菌群落结构多样性［J］. 安庆师范大学学报（自然科学版），2018，24（2）：63-67.

［32］任国领，张虹，乐建君，等. 大庆油田内源微生物驱油矿场试验效果［J］. 大庆石油地质与开发，2016，35（2）：97-100.

［33］张虹，任国领，曲丽娜，等. 大庆油田聚驱后油藏细菌群落演替规律研究［J］. 大庆师范学院学报，2013，33（3）：90-93.

［34］王文星，蒋绍妍，薛向欣，等. FISH 检测中国主要油页岩矿区微生物相对丰度［J］. 东北大学学报（自然科学版），2017，38（10）：1477-1481.

［35］张君，侯煜彬，李建兵，等. 应用 FISH 法分析模拟油藏条件下甲烷菌变化规律［J］. 石油化工应用，2011，30（4）：17-19.

［36］许颖，马德胜，宋文枫，等. 采用 16S rDNA 高通量测序技术分析油藏微生物多样性［J］. 应用与环境生物学报，2016，22（3）：409-414.

［37］薄明森. 石油污染土壤中芳香烃双加氧酶基因多态性及宏基因组测序［D］. 乌鲁木齐：新疆大学，2018.

［38］韩玉姣. 凡口铅锌尾矿酸性废水微生物宏基因组及宏转录组研究［D］. 广州：中山大学，2013.

［39］王红波，李明，连泽特，等. 克拉玛依油田七中区微生物驱微生物功能基因与采油效果的关系［J］. 油田化学，2016，33（4）：726-731.

［40］邵明瑞，许科伟，汤玉平，等. 三种油气指示菌定量 PCR 方法的建立及其在油气田土壤中的初步应用［J］. 生物技术通报，2013，（4）：172-178.

［41］王铱，徐鹏，戴欣. 微生物单细胞基因组技术及其在环境微生物研究中的应用［J］. 微生物学报，2016，56（11）：1691-1698.

［42］Woyke T，Xie G，Copeland A，et al. Assembling the marine metagenome，one cell at a time. PLOS One，2009，4（4）：e5299.

［43］蔡元锋，贾仲君. 基于新一代高通量测序的环境微生物转录组学研究进展［J］. 生物多样性，2013，21（4）：402-411.

［44］韩丽丽，吴娟，马燕天，等. 环境微生物转录组学研究进展［J］. 基因组学与应用生物学，2017，36（12）：5210-5216.

微生物采油分子生物学技术在水驱油藏中的应用

在大庆油田 60 多年的开发史中，水驱为油田开发立下了汗马功劳。聚合物驱和三元复合驱等三次采油已开展多年，并取得了令人瞩目的成绩，尽管水驱产量逐年递减，但水驱从未退出过大庆油田开发的舞台，即使是现在，大庆油田的年产量仍有 60% 是通过水驱完成的。

按照水驱油田的一般开发规律，可采储量采出程度超过 50% 就将进入产量递减期。而目前大庆油田的喇嘛甸、萨尔图、杏树岗等主力油田的可采储量采出度已高达 81.7%，综合含水则高达 90% 以上，且剩余油分布复杂，水驱年产量开发难度越来越大，水驱上产面临诸多挑战[1]。水驱油藏亟需新的技术来提高石油产量和采收率，微生物强化采油技术是利用微生物及其代谢产物对油藏原油、地层产生作用，提高原油的流动能力，或改变液流方向，从而提高注入水波及体积，以提高油田采收率的采油方法[2-4]。通过调控油藏中微生物和微生物群落，充分发挥其有利于采油的功能，可以很好地提高原油采收率和产量，适合于我国多数油藏，在我国具有巨大的发展潜力。2008 年，中国石油天然气集团有限公司（中石油）科技管理部组织、廊坊分院实施的 9 个油田、108 个区块的内源微生物资源油普查工作表明有 55.09 亿吨的地质储量适宜微生物采油，其中大庆油田占 78%，按提高采收率 3% 计，仅大庆油田可增加可采储量约 1.29 亿吨。大庆油田这项重要的接替技术，将在不适合化学驱油技术油藏及化学驱后油藏的开发中发挥不可替代的作用[5]。

大庆油田部分区块已经进行了微生物采油分子生物学技术研究，但是系统性不强，比较零散，而且不是由大庆油田高校或科研机构独立完成[6]。主要不足表现在：①没有对整个大庆油田微生物群落组成及背景有个全面的了解，特别是采油微生物种群没有详细的调查研究；②微生物采油取样地点在大庆，而实验地点较远，长时间在室内环境的滞留造成实验结果与其在油藏中的真实微生物群落有一定的差异，不能准确反应油藏的真实情况；③在微生物采油研究中，对于微生物采油前后种群的变化研究较少，而了解微生物菌剂在微生物采油过程中的变化趋势对提高采油效率具有重要的指导意义；④存在的瓶颈问题是适合大庆油田的微生物分子生态学检测方法的建立，以及如何应用微生物分子生态学的检测方法实现微生物采油过程中微生物群落结构的监测；⑤缺乏对建立的基因文库应用信息数据进行归类，以方便资料的查询和科研工作的开展，对微生物采油提供指导和借鉴意义的认识。

因此，大庆油田相关部门在大庆油田采油十厂、采油七厂、采油一厂以及庆新采油厂等典型区块先后开展了多轮次的微生物采油现场试验[7-9]。其中，大庆油田采油十厂自 2009 年 6 月至 2012 年 12 月实施了累计十轮次的微生物采油现场试验，取得了显著的提高原油采收率效果。大庆油田采油七厂 2020 年 3 月实施第一轮微生物采油现场试验，2022 年 10 月实施第二轮微生物采油现场试验。大庆油田庆新采油厂 2020 年 4 月实施第一轮微生物采油现场试验，2022 年 10 月实施第二轮微生物采油现场试验。

第一节　大庆油田采油十厂微生物采油试验

大庆油田采油十厂大庆外围油田低渗透油藏朝 50 区块，该区块含油面积为 2.25km²，地质储量为 $2.03×10^6$t，共有 9 口水井、27 口油井，平均有效厚度 9.5m，水驱控制程度 80.5%，日产液 98.3t，日产油 31.7t，含水 67.7%，采油速度 0.63%，采出程度 21.93%[10]。

2004 ～ 2006 年，朝 50 区块 2 注 9 采的微生物驱油先导试验取得了较好的增油效果，得出微生物能适应油藏环境并生存繁殖，改善原油组分，降低原油黏度，提高流动性，中高含水油井收效明显的初步认识。但是在微生物驱油特征、微生物注入参数、适用油藏条件、采收率评价等方面还需进一步研究探索，因此开展微生物驱油扩大试验，深化对微生物驱油技术的认识，为低渗透裂缝性油田高含水期开发提供技术储备。

2009 ～ 2013 年，朝 50 区块 9 注 27 采开展了微生物驱油扩大试验，注微生物2100t，注营养液 2100t，深化了对微生物驱油技术的认识，研究微生物驱适用条件、注入参数，阶段累计增油 31040t。

2009 年，在朝 50 区块开展了 9 注 27 采的微生物驱油扩大试验，研究一类区块中、高含水阶段进一步提高采收率的新技术，完善低渗透油田微生物驱配套技术。为了跟踪外围油田低渗透油藏朝 50 区块微生物驱油全过程，阐明微生物驱油过程中微生物菌群结构变化规律，揭示发挥驱油效果的微生物菌群，从而指导微生物驱油现场试验，项目组跟踪大庆外围油田低渗透油藏朝 50 区块微生物驱油过程，主要完成 1 个注入水样品和 10 个批次（采样日期分别是 2009 年 9 月 8 日、2009 年 11 月 15 日、2010 年 1 月 15 日、2010 年 3 月 24 日、2010 年 5 月 13 日、2010 年 9 月 21 日、2011 年 5 月 24 日、2012 年 10 月 12 日、2013 年 3 月 16 日、2014 年 2 月 17 日）的混合样品微生物基因克隆文库的构建工作。注入水样品是大庆油田勘探开发研究院和采油十厂试验前准备的注入水，混合样品来自大庆油田外围油田微生物采油区块，13 口油井包括 10C60-128、10C61-Y121、10C61-Y125、10C61-Y127、10C62-124、10C64-124、10C65-Y123、10C66-124、10C67-Y123、10C70-122、10C62-126、10C58-126、10C72-120；8 口水井包括朝 61-杨 123、朝 60-126、朝 64-122、朝 64-126、朝 66-122、朝 67-杨 125、朝 69-杨 123、朝 68-122。全部采出液分别取样，提取样品基因组总 DNA，然后进行 DNA 的混合，构建细菌 16S rDNA 克隆文库。

16S rDNA 保守区序列反映了物种间的亲缘关系，可变区序列则能体现物种间的差异。通过在保守区设计引物，利用 PCR 反应扩增出高变区序列，然后通过一代测序技术得到高变区序列信息，再将其与数据库中已经存在的菌种对应区间的序列信息进行比对分析，来进行菌种分类。

一般情况下，在细菌的分类学中，普遍的共识是序列相似度在 97% 以上的，可以认为目标菌种与数据库序列所属的菌种为同一个属；序列相似度在 99% 以上的，可以认为目标菌种与数据库序列所属的菌种为同一个种。

与传统生理生化方法进行细菌分类相比，16S rDNA 具有以下优势。

（1）可检测范围更广。即使无法通过培养得到纯菌落，只要能够提取得到微量的 16S rDNA 就可以通过分子生物学的方法进行测序。

（2）结果重复性更好。细菌的 DNA 序列在通常情况下都是稳定的，不会因为菌群的生长周期而发生变化。因此，在菌群生长的任何时期进行基因序列分析，得到的结果都是一致的。即便是死菌，只要 DNA 未被降解也可以进行。

（3）结果一致性高。序列比对通过特定的算法由计算机自动分析生成，不像传统生化方法一样需要人工对结果进行判读。

（4）结果数字化，方便存储和溯源调查。基因型得到的是碱基排布序列信息，在进行溯源调查或者室间比对时，可以通过直接比对序列相似度来判断两个样本是否为同一个菌种。

（5）数据库范围更广。与传统生化方法相比，细菌基因型的数据库所收录的菌种数量更多（为生化数据库的 5 ～ 10 倍）。同时，随着研究的进一步深入，每年都有大量新的菌种基因信息被收录进数据库中。

用 PCR 的方法把环境中所有的 16S rDNA 收集到一起，然后用克隆建库的方法把每一个 16S rDNA 分子放到文库中的每一个克隆里，再通过测序比对，就可以知道每一个克隆中带有 16S rDNA 分子属于哪一种微生物，整个文库测序比对得到的结果就反映了环境中微生物的组成。

构建 16S rDNA 克隆文库的一般步骤是：基因组总 DNA 提取；16S rDNA PCR 扩增及纯化；纯化后的 16S rDNA 的混合物与载体连接、转化；阳性克隆鉴定、测序及序列分析。

油藏环境比较复杂，微生物的数量及分布与其他环境不同，一般的实验方案不适合大庆油田油藏微生物 16S rDNA 基因克隆文库的构建。因此，研究者需要从样品的收集、基因组 DNA 的提取、16S rDNA PCR 扩增及纯化、克隆载体的连接及转化、阳性克隆的鉴定及克隆测序分析等方面进行微生物采油分子生物学 16S rDNA 基因克隆文库构建体系研究[10]。

一、注入水样品克隆文库分析

提取注入水样品基因组总 DNA，进行细菌 16S rDNA 克隆文库的构建。

从文库中随机挑选 100 个克隆进行测序，测序结果进行 NCBI 数据库比对分析。获得 11 个操作分类单位（operational taxonomic unit，OTU），7 个 OUT 是优势类群（含 5 个克隆以上），其中没有只有一个克隆的 OTU。克隆文库的库容 C（coverage）值的计算公式为 $C = [1 - (n_1/N)] \times 100\%$，代表样品中微生物种类的多样性，其中 N 代表文库的总克隆数，n_1 代表在文库中仅出现一次的 OTU，文库的库容 C（coverage）值为 100%，文库的覆盖程度较高。

对注入水克隆的样品 16S rDNA 基因序列进行测序以及 NCBI 网上比对，获得序列如表 2-1 所示。

◆ 表 2-1　低渗透油藏注入水细菌 16S rDNA 基因文库分析

编号	百分比 /%	NCBI 最相近种属英文名称	NCBI 最相近种属中文名称	相似度	Genebank 登录号
W1	21	Uncultured *Sphingobacterium* sp. clone BF 034	未培养鞘脂杆菌属 BF 034	99%	KC994714
W2	16	Uncultured *Flavobacterium* sp. clone ARTE4_245	未培养黄杆菌属 ARTE4_245	93%	GU230410
W3	15	Synthetic construct clone G1 from *Pseudomonas* sp. II-35	假单胞菌属合成构建体克隆 II-35	100%	DQ977671
W4	12	Uncultured *Pseudomonas* sp. clone 5-D	未培养假单胞菌属 5-D	100%	EU305599

编号	百分比 /%	NCBI 最相近种属英文名称	NCBI 最相近种中文名称	相似度	Genebank 登录号
W5	10	Uncultured *Bacillus* sp. clone bsc12	未培养芽孢杆菌属 bsc12	96%	KC011111
W6	7	Uncultured Bacteroidetes bacterium clone H2-OTU24	未培养拟杆菌纲 H2-OTU24	97%	KM016266
W7	6	Uncultured *Methylocella* sp. clone MWM1-39	未培养甲烷氧化菌属 MWM1-39	96%	HQ674799
W8	4	*Rhodopseudomonas palustris*	沼泽红假单胞菌属	100%	AB498821
W9	4	Uncultured bacterium clone 300A-D04	未培养细菌 300A-D04	100%	AY662022
W10	3	Uncultured *Sulfuricella* sp. clone ST2	未培养硫化杆菌属 ST2	98%	JQ723648
W11	2	*Brevundimonas* sp. R-37014	短波单胞菌属 R-37014	99%	FR691411

　　油藏中绝大部分克隆的序列在数据库中比对结果表明，主要的优势菌属如图 2-1 所示，假单胞菌属占 27%，芽孢杆菌属占 10%，鞘脂杆菌属占 21%，黄杆菌属占 16%，甲烷氧化菌属占 6%。所得到的 100 个序列中有 32 个和 GenBank 中已有的 16S rDNA 序列同源性小于 97 %，说明该系统中微生物资源比较新颖，属于新种的可能性相当大。

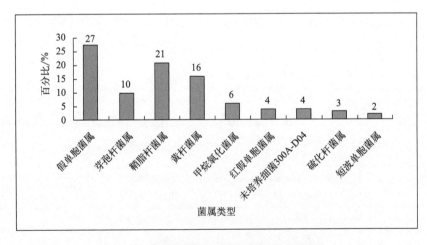

图 2-1　低渗透油藏注入水细菌种属结构特征图示

二、采出液样品克隆文库分析

对外围油田低渗透油藏朝 50 区块微生物驱油过程中 1～10 批采出液微生物进行 16S rDNA 基因克隆文库分析。

提取 1～10 批采出液样品基因组总 DNA，进行细菌 16S rDNA 基因克隆文库的构建。对采出液样品细菌 16S rDNA 基因克隆文库序列进行测序以及 NCBI 网上比对，获得序列如表 2-2 至表 2-11 所示。

◆ 表 2-2　低渗透油藏第 1 批采出液样品细菌 16S rDNA 基因文库

编号	百分比 /%	NCBI 最相近种属英文名称	NCBI 最相近种属中文名称	相似度	Genebank 登录号
W1	66	Uncultured *Arcobacter* sp. clone I 56	未培养弓形杆菌属 I 56	99%	AY692044
W2	20	*Pseudomonas* sp. WS15	假单胞菌属 WS15	99%	AJ704793
W3	3	*Bacillus* sp. 01082	芽孢杆菌属 01082	99%	EU520309
W4	2	Bacillaceae bacterium NA5	芽孢杆菌科 NA5	90%	JN585708
W5	2	Uncultured Beta proteobacterium clone SM1E01	未培养 β- 变形菌纲 SM1E01	97%	AF445679
W6	2	Uncultured *Flavobacterium* sp. clone ARTE4_245	未培养黄杆菌属 ARTE4_245	93%	GU230410
W7	2	Uncultured bacterium clone Nit2Au0637_111	未培养细菌 Nit2Au0637_111	92%	EU570840
W8	2	Uncultured *Thauera* sp. clone 42SN	未培养陶厄氏菌属 42SN	99%	EU887799
W9	1	Uncultured bacterium clone AK1AB1_02F	未培养细菌 AK1AB1_02F	99%	GQ396808

◆ 表 2-3　低渗透油藏第 2 批采出液样品细菌 16S rDNA 基因文库

编号	百分比 /%	NCBI 最相近种属英文名称	NCBI 最相近种属中文名称	相似度	Genebank 登录号
W1	58	*Pseudomonas* sp. CC-G9A	假单胞菌属 CC-G9A	99%	JQ864237
W2	21	Uncultured Firmicutes bacterium clone NRB25	未培养厚壁菌门 NRB25	98%	HM041942
W3	10	Uncultured *Bacillus* sp. clone bsc12	未培养芽孢杆菌属 bsc12	94%	KC011111

编号	百分比 /%	NCBI 最相近种属英文名称	NCBI 最相近种属中文名称	相似度	Genebank 登录号
W4	4	Uncultured Sphingomonadaceae bacterium clone 2C11	未培养鞘脂杆菌科 2C11	99%	HM438376
W5	4	Uncultured Bacilli bacterium clone 1_18_24	未培养芽孢杆菌纲 1_18_24	88%	KJ650707
W6	2	Uncultured *Thauera* sp. clone 42SN	未培养陶厄氏菌属 42SN	99%	EU887799
W7	1	*Pelotomaculum thermopropionicum* strain SI	嗜热丙酸氧化菌 SI	91%	NR_074685

◆ 表 2-4　低渗透油藏第 3 批采出液样品细菌 16S rDNA 基因文库

编号	百分比 /%	NCBI 最相近种属英文名称	NCBI 最相近种属中文名称	相似度	Genebank 登录号
W1	58	*Pseudomonas* sp. IM4	假单胞菌属 IM4	99%	FJ211165
W2	40	*Pseudomonas putida* strain CDd-9	恶臭假单胞菌 CDd-9	99%	GU248219
W3	1	*Aeromonas punctata* strain 159	产气单胞菌 159	99%	GQ259885
W4	1	*Pseudomonas stutzeri* strain N3-3	施氏假单胞菌 N3-3	99%	JF834284

◆ 表 2-5　低渗透油藏第 4 批采出液样品细菌 16S rDNA 基因文库

编号	百分比 /%	NCBI 最相近种属英文名称	NCBI 最相近种属中文名称	相似度	Genebank 登录号
W1	49	*Acidovorax* sp. Asd MW-A3	食酸菌属 MW-A3	99%	FM955883
W2	25	*Pseudomonas* sp. WS14	假单胞菌属 WS14	98%	AJ704794
W3	22	*Acinetobacter* sp. An9	不动杆菌属 An9	99%	AJ551148
W4	3	Uncultured Bacteroidetes bacterium clone UMAB-cl-136	未培养拟杆菌门 UMAB-cl-136	99%	FR749761
W5	1	*Flavobacterium* sp.KJF5-13	黄杆菌属 KJF5-13	97%	JQ800090
W6	1	*Pseudomonas stutzeri* strain N3-3	施氏假单胞菌 N3-3	99%	JF834284

◆ 表 2-6 低渗透油藏第 5 批采出液样品细菌 16S rDNA 基因文库

编号	百分比 /%	NCBI 最相近种属英文名称	NCBI 最相近种属中文名称	相似度	Genebank 登录号
W1	52	*Acinetobacter* sp. An9	不动杆菌属 An9	97%	AJ551148
W2	26	*Psychrobacter* sp. 269	冷杆菌属 269	100%	AM409200
W3	20	*Pseudomonas* sp. Hyss58	假单胞菌属 Hyss58	96%	FJ613311
W4	2	*Flavobacterium* sp. KJF5-13	黄杆菌属 KJF5-13	97%	JQ800090

◆ 表 2-7 低渗透油藏第 6 批采出液样品细菌 16S rDNA 基因文库

编号	百分比 /%	NCBI 最相近种属英文名称	NCBI 最相近种属中文名称	相似度	Genebank 登录号
W1	42	Uncultured bacterium clone MO32	未培养细菌 MO32	99%	EU037218
W2	28	Uncultured *Bacillus* sp. clone 77	未培养芽孢杆菌属 77	99%	EU250964
W3	8	Uncultured bacterium clone bac65	未培养细菌 bac65	100%	HM184962
W4	6	Uncultured *Thauera* sp. clone 42SN	未培养陶厄氏菌属 42SN	99%	EU887799
W5	6	*Wolinella succinogenes* strain ATCC 29543	产琥珀酸沃林氏菌 ATCC 29543	99%	NR_025942
W6	5	Uncultured bacterium clone Z-25	未培养细菌 Z-25	100%	FJ901127
W7	3	Uncultured *Geobacter* sp. clone SFeT52	未培养地杆菌属 SFeT52	99%	JQ723609
W8	2	Uncultured *Pseudomonas* sp. clone EUB74	未培养假单胞菌属 EUB74	91%	AY693823

◆ 表 2-8 低渗透油藏第 7 批采出液样品细菌 16S rDNA 基因文库

编号	百分比 /%	NCBI 最相近种属英文名称	NCBI 最相近种属中文名称	相似度	Genebank 登录号
W1	36	Uncultured *Acinetobacter* sp. clone DQ311-68	未培养不动杆菌属 DQ311-68	99%	EU050693
W2	22	Uncultured bacterium clone MO32	未培养细菌 MO32	99%	EU037218
W3	16	*Pseudomonas* sp. WS15	假单胞菌属 WS15	99%	AJ704793
W4	12	Uncultured *Bacillus* sp. clone 77	未培养芽孢杆菌属 77	99%	EU250964

编号	百分比 /%	NCBI 最相近种属英文名称	NCBI 最相近种属中文名称	相似度	Genebank 登录号
W5	9	Uncultured *Thauera* sp. clone 42SN	未培养陶厄氏菌属 42SN	99%	EU887799
W6	3	Uncultured *Geobacter* sp. clone SFeT52	未培养地杆菌属 SFeT52	99%	JQ723609
W7	2	*Pseudomonas stutzeri* strain N3-3	施氏假单胞菌 N3-3	99%	JF834284

◆ 表 2-9　低渗透油藏第 8 批采出液样品细菌 16S rDNA 基因文库

编号	百分比 /%	NCBI 最相近种属英文名称	NCBI 最相近种属中文名称	相似度	Genebank 登录号
W1	38	Uncultured *Acinetobacter* sp. clone DQ311-68	未培养不动杆菌属 DQ311-68	99%	EU050693
W2	23	*Pseudomonas* sp. WS15	假单胞菌属 WS15	99%	AJ704793
W3	16	Uncultured *Bacillus* sp. clone 77	未培养芽孢杆菌属 77	99%	EU250964
W4	8	Uncultured *Clostridia* bacterium clone Pad-159	未培养梭菌属 Pad-159	97%	JX505406
W5	6	Uncultured *Thauera* sp. clone 42SN	未培养陶厄氏菌属 42SN	99%	EU887799
W6	4	Uncultured *Geobacter* sp. clone SFeT52	未培养地杆菌属 SFeT52	99%	JQ723609
W7	3	*Flavobacterium* sp. KJF5-13	黄杆菌属 KJF5-13	97%	JQ800090
W8	2	Uncultured bacterium clone bac65	未培养细菌 bac65	100%	HM184962

◆ 表 2-10　低渗透油藏第 9 批采出液样品细菌 16S rDNA 基因文库

编号	百分比 /%	NCBI 最相近种属英文名称	NCBI 最相近种属中文名称	相似度	Genebank 登录号
W1	42	Uncultured *Acinetobacter* sp. clone DQ311-68	未培养不动杆菌属 DQ311-68	99%	EU050693
W2	21	Uncultured *Clostridia* bacterium clone Pad-159	未培养梭菌属 Pad-159	97%	JX505406
W3	11	*Bacillus* sp. W1	芽孢杆菌属 W1	85%	EU740977
W4	9	*Ochrobactrum* sp. 1605	苍白杆菌属 1605	99%	DQ989292
W5	6	Uncultured *Arcobacter* sp. clone I 62	未培养弓形杆菌属 I 62	87%	AY692045

编号	百分比 /%	NCBI 最相近种属英文名称	NCBI 最相近种属中文名称	相似度	Genebank 登录号
W6	5	*Pseudomonas* sp. WS15	假单胞菌属 WS15	99%	AJ704793
W7	4	Uncultured *Geobacter* sp. clone MFCBog2-47	未培养地杆菌属 MFCBog2-47	99%	JQ723609
W8	2	Uncultured *Klebsiella* sp. clone IITR RCP25	未培养克雷伯氏菌属 IITR RCP25	93%	FJ268986

◆ 表 2-11   低渗透油藏第 10 批采出液样品细菌 16S rDNA 基因文库

编号	百分比 /%	NCBI 最相近种属英文名称	NCBI 最相近种属中文名称	相似度	Genebank 登录号
W1	30	*Thermoanaerobacter* sp. X514	热厌氧菌属 X514	97%	NR_074779
W2	28	*Acinetobacter* sp. B2070	不动杆菌属 B2070	100%	JX266367
W3	19	*Bacillus* sp. W1	芽孢杆菌属 W1	85%	EU740977
W4	8	Candidate division OP11 clone	待定菌群 OP11	100%	AF047563
W5	6	*Calditerrivibrio nitroreducens* strain DSM 19672	硝化脱铁杆菌属 DSM 19672	98%	NR_074851
W6	4	*Desulfotomaculum* sp. DSM 7474	脱硫肠状菌属 DSM 7474	100%	Y11577
W7	3	*Syntrophus* sp. clone B2	互营菌属 B2	100%	AJ133796
W8	2	*Pseudomonas stutzeri* strain N3-3	施氏假单胞菌 N3-3	99%	JF834284

微生物驱油过程中采出液主要的优势菌属在各批次分布规律如下所示。

第 1 批优势菌属分别是弓形杆菌属 66%，假单胞菌属 20%，芽孢杆菌 5%，未培养细菌 5%；

第 2 批优势菌属分别是假单胞菌属 58%，芽孢杆菌属 14%，未培养细菌 21%，鞘脂杆菌属 5%；

第 3 批优势菌属为假单胞菌属 99%；

第 4 批优势菌属分别是食酸菌属 49%，不动杆菌属 22%，假单胞菌属 25%；

第 5 批优势菌属分别是不动杆菌属 52%，冷杆菌属 26%，假单胞菌属 20%；

第 6 批优势菌属分别是未培养细菌 55%，芽孢杆菌属 28%，产琥珀酸沃林氏菌属 6%；

第 7 批优势菌属分别是不动杆菌属 36%，未培养细菌 22%，假单胞菌属 18%，芽孢杆菌属 12%；

第 8 批优势菌属分别是不动杆菌属 38%，假单胞菌属 23%，芽孢杆菌属 16%，梭菌属 8%；

第 9 批优势菌属分别是不动杆菌属 42%，梭菌属 21%，芽孢杆菌属 11%，苍白杆菌属 9%，假单胞菌属 5%；

第 10 批优势菌属分别是热厌氧菌属 30%，不动杆菌属 28%，芽孢杆菌属 19%，待定菌群 8%，硝化脱铁杆菌属 6%。

三、结论

如表 2-12 所示，在微生物驱油的 3 个周期以及驱油后不同时间段微生物菌群差异显著，发挥采油功能的微生物也不同：

第一周期前期阶段（2009 年 10 月～2010 年 1 月）即实验的 1P～3P 主要发挥采油功能的细菌是假单胞菌属细菌，可能是假单胞菌属细菌对注入的微生物及营养液反应迅速；

第一周期后期阶段（2010 年 1 月～2010 年 5 月）即实验的 4P～5P 主要发挥采油功能的微生物是假单胞菌属、不动杆菌属、食酸菌属和冷杆菌属细菌，主要原因是微生物注入一段时间使微生物菌属类型增多；

第二周期（2010 年 10 月～2011 年 4 月）即实验的 7P 主要发挥采油功能的细菌是假单胞菌属、不动杆菌属、芽孢杆菌属以及未培养细菌；

第三周期（2012 年 3 月～2012 年 8 月）即实验的 8P 主要发挥采油功能的细菌菌属与微生物驱油第二周期即实验的 7P 基本一致，主要包括假单胞菌属、不动杆菌属、芽孢杆菌属以及梭菌属细菌。主要原因是经过 2 个周期的微生物注入，第二周期和第三周期油藏环境中的微生物菌群基本稳定。

第三个注入周期后的不同时间取样的 9P 实验样品和 10P 实验样品的微生物菌群差异显著，9P 实验样品微生物菌群与之前 7P、8P 变化不大，而 10P 微生物菌群变化较大，主要原因是 10P 实验时间距离注入微生物周期有较长时间，微生物驱油效果无法一直维持。

◆ 表 2-12　微生物驱油过程中 1P～10P 微生物属水平变化表

菌属名称＼批次	1P	2P	3P	4P	5P	6P	7P	8P	9P	10P
假单胞菌属	20	58	99	25	20	2	18	23	5	2
芽孢杆菌属	5	14	1	0	0	28	12	16	11	19
未培养细菌	5	21	0	3	0	55	22	2	0	8
不动杆菌属	0	0	0	22	52	0	36	38	42	28

菌属名称\批次	1P	2P	3P	4P	5P	6P	7P	8P	9P	10P
地杆菌属	0	0	0	0	0	3	3	4	6	0
梭菌属	0	0	0	0	0	0	0	8	21	0
弓形杆菌属	66	0	0	0	0	0	0	0	6	0
陶厄氏菌属	2	2	0	0	0	6	9	6	0	0
食酸菌属	0	0	0	49	0	0	0	0	0	0
冷杆菌属	0	0	0	0	26	0	0	0	0	0
鞘脂杆菌属	0	5	0	0	0	0	0	0	0	0
黄杆菌属	2	0	0	1	2	0	0	3	0	0
热厌氧菌属	0	0	0	0	0	0	0	0	0	30
硝化脱铁杆菌属	0	0	0	0	0	0	0	0	0	6
苍白杆菌属	0	0	0	0	0	0	0	0	9	0
产琥珀酸沃林氏菌属	0	0	0	0	0	6	0	0	0	0
互营菌属	0	0	0	0	0	0	0	0	0	3
脱硫肠状菌属	0	0	0	0	0	0	0	0	0	4
合计	100	100	100	100	100	100	100	100	100	100

如图 2-2 所示，微生物菌群结构变化特征（如第二和第三周期较第一周期效果明显，第三周期后又有所下降）与勘探开发研究院和采油十厂现场试验基本一致。朝 50 区块微生物驱扩大矿场试验效果显著，日产油从 32.4t 最高上升至 49.6t，含水上升趋势减缓，含水上升率为 -0.56%。

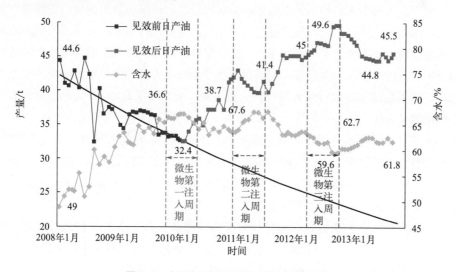

图 2-2　大庆油田朝 50 区块微生物采油曲线图

第二节　大庆油田采油七厂微生物采油试验

大庆油田采油七厂葡南油田葡南三断块位于松辽盆地中央坳陷大庆长垣二级构造带南部葡萄花三级构造向南延伸部分，为东高西低、中部高南北低的构造油藏，主要目的层为葡Ⅰ组，共划分为11个小层，埋深为950～1000m，油层为一套细砂岩与灰绿色粉砂质泥岩组合，以三角洲内前缘亚相沉积为主[11]。葡南三断块于1983年投入开发，目前已进入特高含水期开发阶段，随着水驱开发时间的不断增加，油田开发中存在的问题越来越突出，主要表现在：①剩余油在平面和纵向上高度分散，水驱油效果差异较大；②各套层系井网间的含水率基本接近，层系间注水结构调整的针对性较差；③受长期注水的影响，开发层内存在低效、无效循环，老井措施效果逐年变差；④新井措施效果变差，增加可采储量减少，储采失衡日趋严重。上述问题主要是长期注水冲刷，导致储层物性、流体性质和油藏岩石相对渗透率发生变化所致。

大庆葡南油田葡南区块存在特低渗、致密油藏储层物性差，地层压力水平低，压力补充难，单井产量低，体积压裂后常规水驱采收率低及提高采收率难度大等问题。针对大庆葡南油田特低渗、致密油藏开发过程中面临的一系列问题，提出采用内、外源复合微生物采油技术来提高目标区块特低渗、致密油藏采收率。内、外源微生物复合菌群体系是以葡南油田原生的微生物为基础，引入具有特定功能的外部微生物所组成的微生物菌群。这个体系的好处是既保留了内源微生物较好适应地层环境且激活后具有良好产气性能等优势，又发挥出外源微生物较好地乳化和降解原油的作用，实现优势互补，从而提升微生物驱替原油的能力。

葡南油田属于大庆外围低渗油田，油层物性差，油层间甚至油层内部渗透性差异大，如何避免微生物沿高渗流通道白白流失，更好发挥对中、低渗透层剩余储量的挖潜作用，还需要一个得力帮手——聚合物调剖技术。在微生物体系注入前运用聚合物调剖技术注入前置段塞，利用聚合物体系的阻力效应调整油层剖面的吸液能力。在微生物体系注入后注入聚合物后置段塞，形成"隔离墙"，给微生物创造一个封闭生长环境，不受后期注入水影响。

为了让两项技术的联合应用发挥出1+1>2的作用，在注入聚合物前置段塞时，科研人员创新采取聚合物浓度梯次调整的注入方式，逐步提高聚合物浓度，实现对不同渗透性储层分级精准调整，确保微生物体系在油层中均衡推进，真正起到了挖潜剩余油的作用，从而将"好钢用在了刀刃上"。

第一阶段注入结束时，试验区注入压力较注前上升1.2MPa，吸液层比例增加9.3个百分点，吸液变好层数比例达60%，油层动用程度提高4.0个百分点以上，地层条件得到明显改善，为微生物发挥作用创造了良好条件。

为了分析注入微生物前后功能微生物组成及多样性的变化规律，实验采用 16S rDNA 高通量测序技术对微生物注入前后采出液微生物进行分析。

常用的 16S rDNA 序列多样性研究手段主要有两类：一类是依靠凝胶电泳将 PCR 扩增产物中的不同序列区分开，根据电泳条带多样性推断序列多样性。如限制性片段长度多态性分析（RFLP）、变性梯度凝胶电泳（DGGE）和温度梯度凝胶电泳（TGGE）等[12]。由 RFLP 衍生出末端限制性片段长度多态性（T-RFLP）技术，引入荧光物质标记取代凝胶电泳进行不同 16S rDNA 末端片段检测，也得到了较为广泛的应用[13-14]。但此类指纹图谱技术普遍存在的缺点是不能满足定量研究的需要；通过电泳条带特征进行微生物种类鉴定困难；分辨率低，只能反映高丰度优势种群的信息，并且在较低分类水平上会严重低估微生物多样性[15]。另一类是基于 DNA 测序的研究手段，极大提高了分析的精确度和可靠度。采用第一代 DNA 测序技术需要依靠克隆文库。将 PCR 扩增得到的 16S rDNA 片段插入克隆载体，带有不同片段的克隆载体分别导入工程菌中实现大规模扩增，建立起克隆文库，采用传统的 Sanger 测序法对克隆文库中的每条序列进行测定。基于克隆文库测序的多样性分析极大地推动了人们对油藏微生物多样性的认识[16-19]。但克隆测序步骤繁琐、成本较高，导致测序数据量小。由于测序深度不足，仍不能全面和准确地反映微生物多样性的真实情况。

以大规模平行测序为特征的第二代 DNA 测序技术极大地推动了基因组学的发展。二代测序摒弃了 Sanger 测序中的毛细管电泳，直接在芯片上进行，采用边合成边测序的原理，在 DNA 互补链合成过程中加入荧光标记的 dNTP 或酶促反应催化底物发出荧光，通过捕获荧光信号进行序列测定，极大地增加了测序的通量[20-21]。继 454（GS FLX）、Solexa、SOLiD 和 Polonator 之后，Illumina 公司推出了 HiSeq/MiSeq 测序平台，具有更高的通量和更低的价格。与克隆测序相比，高通量测序极大地增加了测序深度和覆盖度，能检测到丰度极低的微生物种类，基于大规模数据的分析具有更强的统计效力，能更准确地反映样本情况，这为 16S rDNA 多样性研究提供了新的发展契机。

16S rDNA 高通量测序技术是通过提取微生物菌群的 DNA，选择可变区的特定区段进行 PCR 扩增，再通过高通量测序的方法分析特定环境中微生物群体基因组成及功能、微生物群体的多样性与丰度，进而分析微生物与环境、微生物与宿主之间的关系，发现具有特定功能的基因。其过程为环境微生物基因组 DNA 提取、16S rDNA 可变区扩增与目的基因片段的回收、文库的构建与检测、Miseq 高通量测序、测序数据的生物信息分析。

一、步骤

1. 基因组总 DNA 提取

（1）离心收集菌体　在无菌条件下取 1000mL 样品，用定性滤纸过滤除去样品中的悬浮颗粒，收集滤液，离心（4℃，10000g，30min）收集菌体。最后用无菌 PBS（磷酸盐）缓冲液（pH8.0）洗涤菌体 3 次，离心后收集菌体用于基因组的提取。PBS 缓冲液（pH 8.0）配方如下：NaCl 8g，KCl 0.2g，$Na_2HPO_4 \cdot 12H_2O$ 3.63g，KH_2PO_4 0.24g，溶于 600mL 无菌水中，调 pH 值至 8.0，定容至 1L。

（2）基因组 DNA 的提取　基因组 DNA 的提取采用细菌基因组 DNA 抽提试剂盒进行，具体提取步骤按照基因组 DNA 抽提试剂盒说明书进行。

（3）基因组 DNA 的电泳检测　提取的基因组 DNA 用琼脂糖凝胶电泳方法进行检测。用 1×TAE 电泳缓冲液配制 1% 琼脂糖凝胶，每个样品基因组点样 5 ～ 10μL，在恒定电压 100V 下进行琼脂糖凝胶电泳 1h。琼脂糖凝胶电泳采用 DYY-10C 型电泳仪进行。琼脂糖凝胶电泳效果用 UVP 凝胶成像系统进行观察。其余样品放到 −20℃冰箱备用。

2. 16S rDNA 扩增及回收纯化

（1）16S rDNA 扩增　从油藏微生物基因组 DNA 扩增用于细菌克隆文库的 16S rDNA 基因的引物为大多数细菌 16S rDNA 基因 V3 ～ V4 区通用引物[22]为 338F（ACTCCTACGGGAGGCAGCAG）和 806R（GGACTACHVGGGTWTCTAAT）。

从油藏微生物基因组 DNA 扩增用于古菌克隆文库的 16S rDNA 基因的引物为大多数古菌 16S rDNA 基因 V4 ～ V6 区通用引物[23]524F10extF（TGYCAGCCGCCGCGGTAA）和 Arch958RmodR（YCCG GCGTTGAVTCCAATT）。

① 聚合酶链式反应体系[24]

5×FastPfu Buffer 4μL

2.5mmol/L dNTPs 2μL

Forward Primer（5μmol/L）.............. 0.8μL

Reverse Primer（5μmol/L）.............. 0.8μL

FastPfu Polymerase 0.4μL

BSA 0.2μL

Template DNA 10ng

补 ddH$_2$O 至 20μL

②聚合酶链式反应参数

a. 1×（3min at 95℃）

b. 循环数 ×（30s at 95℃；30s at 退火温度；45s at 72℃）

c. 10min at 72℃，10℃ until halted by user

（2）16S rDNA 扩增产物回收纯化及检测　聚合酶链式反应扩增的 16S rDNA 产物用博日科技胶回收试剂盒回收纯化，具体操作步骤按说明书进行。回收纯化后 16S rDNA 扩增产物用 UVP 凝胶成像系统进行观察。

3. 文库构建及高通量测序

文库构建的目的是在 16S rDNA 目的基因两端加上测序相关的接头 P5 和 P7，用于后续测序使用。高通量测序采用 Illumina 公司第二代测序技术进行[25]。

4. 测序序列数据分析

首先对原始数据进行去接头和低质量过滤处理，然后去除嵌合体序列，得到有效序列后进行聚类分析，通过计算 Unifrac 距离、构建 UPGMA 样品聚类树、绘制 PCoA 图等，可以直观展示不同样品或分组之间群落结构差异[26]。在上述分析的基础上，还可以进行一系列深入挖掘，通过多种统计分析方法分析分组样品间的群落结构差异性等[27]。

二、结果分析

（一）采油七厂注入前微生物群落结构分析

1. 样品基因组 DNA 提取结果

在无菌条件下取注入微生物前（2020 年 3 月取样）注入井和采出井 169_81、169_82、169_84、169_85、167_82、171_82、171_83、171_84、171_86、172_84、173_87、174_86、175_J87、175_88、167-84、171-X85、171-X86、173-86 共计 19 个样品 1000mL，分别命名 1 ~ 19。用定性滤纸过滤除去样品中的悬浮颗粒，收集滤液，离心（4℃，10000g，30min）收集菌体。最后用无菌 PBS 缓冲液（pH8.0）洗涤菌体 3 次，离心后收集菌体用于基因组的提取。基因组 DNA 的提取用基因组提取试剂盒进行。提取的基因组试剂盒用 DNA 琼脂糖凝胶电泳检测，结果如图 2-3 所示，剩余的基因组放 −20℃冰箱保存备用。结果显示，注入井和采出井采出液样品提取的基因组 DNA 条带明亮不一，但大多数条带隐约可见，通过 DNA 扩增后，判断是否能够达到后续实验要求。

2. 16S rDNA 基因的聚合酶链式反应结果

19 个样品细菌和古菌的扩增产物 16S rDNA 用 DNA 琼脂糖凝胶电泳检测，结果如图 2-4 所示。19 个样品的扩增产物 16S rDNA 电泳条带明亮，片段大小正确，回收纯化后对基因片段进行检测结果均为 A 级，16S rDNA 扩增子可以进行后续的文库构建和高通量测序。

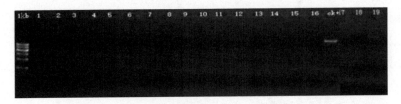

图2-3　采油七厂注入前样品基因组 DNA 琼脂糖凝胶电泳图

1~19 为样品，1kb 为 DNA Marker

图2-4　采油七厂注入前基因组 16S rDNA 聚合酶链式反应扩增电泳图

1~19 为细菌 V3~V4 基因片段; 20~38 为古菌 V4~V6 基因片段; DL2000 为 DNA Marker

3. 高通量测序数据分析

（1）细菌的高通量分析

① Alpha 多样性分析　Alpha 多样性是指一个特定区域或者生态系统内的多样性，常用的度量指标有 Chao、Shannon、Ace、Simpson、Coverage 等，在此功能模块，可以通过观察各种指数值进而得到物种的多样性等信息。Chao 是用 Chao Ⅰ 算法估计群落中含 OTU 数目的指数，常用来估计物种总数。Ace 用来估计群落中含有 OTU 数目的指数，由 Chao 提出，是生态学中估计物种总数的常用指数之一，与 Chao Ⅰ 的算法不同。Simpson 指数值越大，说明群落多样性越低。Shannon 值越大，说明群落多样性越高。丰度表示微生物种类的多样性，丰度越高，种类越多；相同丰度的情况下，均匀度越大，多样性越大。

结果如表 2-13 所示，注入水样品的丰度和多样性均较少，优势菌群占比较大；采出液中除 175_J87 的丰度和多样性均较少以及 171_84 采出井的丰度较少外，其他采出井微生物细菌的丰度和多样性均较高，说明本区块微生物细菌种类较多，多样性较大。

◆ 表2-13 采油七厂注入前不同样品细菌多样性和丰富度指数

组别	样品	Shannon	Simpson	Ace	Chao	Coverage
BID1	Injection	1.135599	0.606172	327.607803	305.625	0.998286
BID2	171_84	2.282167	0.209328	377.834053	323.785714	0.998039
	171_86	2.037672	0.234695	532.277594	388.285714	0.997776
	172_84	2.143251	0.178935	467.106177	364.8125	0.997734
BID3	171_X86	3.572777	0.060226	428.819325	420.02381	0.998305
	174_86	3.869576	0.058504	674.855217	662.079208	0.996589
	167_84	3.951925	0.040535	395.780889	404.4375	0.998699
	171_X85	3.539774	0.049237	368.090493	364.95	0.99865
	169_82	3.608128	0.047655	377.657343	366	0.997484
	169_85	2.186224	0.297887	394.034818	386.139535	0.997899
	175_88	3.635447	0.045379	417.975235	412.146341	0.99784
	175_J87	1.452736	0.539617	334.407688	286.888889	0.997829
	171_83	4.038413	0.045145	611.283426	615.671642	0.996423
	169_84	3.125251	0.113487	483.825156	410.371429	0.997644
	169_81	3.603384	0.060054	576.907942	500.317073	0.997094
	173_86	3.251108	0.096427	538.115419	522.90625	0.997945
	173_87	3.459158	0.08113	630.771997	610.0625	0.996939
	171_82	3.566929	0.052691	384.576433	389.181818	0.997645
	167_82	3.176503	0.111543	530.738336	543.32	0.996867

② 样品菌群差异比较分析　为了对比分析的需要，根据不同组之间的微生物细菌的相似性或差异性进行样品 beta 多样性分析，依据 beta 多样性将样品分成 3 个组，分别是 BID1 组 Injection（注入井）；BID2 组包括 171_86、172_84 和 171_84 采出井，BID3 组包括 171_X86、174_86、167_84、171_X85、169_82、169_85、175_88、175_J87、171_83、169_84、169_81、173_86、173_87、171_82、167_82 采出井。

如图 2-5 ～图 2-7 所示，注入井样品与其他采出井样品的物种差异较大，BID2 组 171_86、172_84 和 171_84 采出井与其他采出井存在一定的差异，聚为一个象限内。而剩余采出井基本在同一个象限内，菌群结构较为相似，命名为 BID3 组。

③ 细菌的群落结构分析　在属分类学水平上统计各样品的物种丰度，通过柱图、热图和 Circos 关系图等一系列可视化方法直观研究群落组成。从图 2-8 ～图

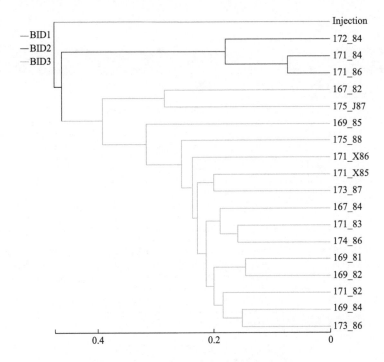

图 2-5　采油七厂注入前样品细菌群落层级分析图

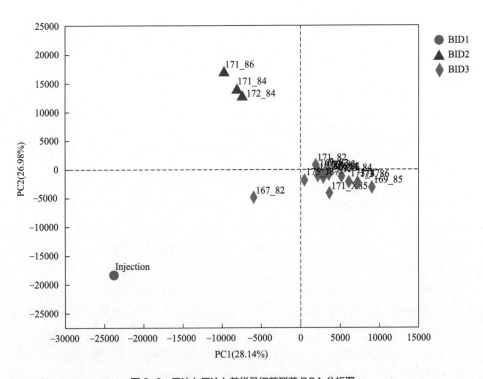

图 2-6　采油七厂注入前样品细菌群落 PCA 分析图

2-10 所示，BID1～BID3 三个组的微生物细菌类型有一定的差异，注入井 BID1 组、采出井 BID2 组与采出井 BID3 组之间的差异均较大。

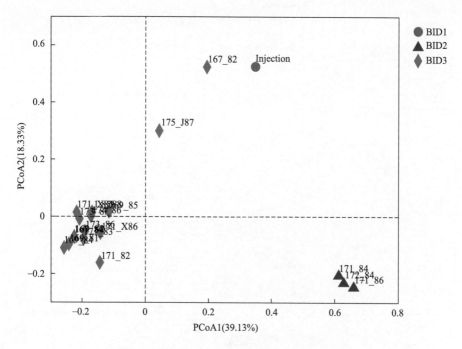

图 2-7 采油七厂注入前样品细菌群落 PCoA 分析图

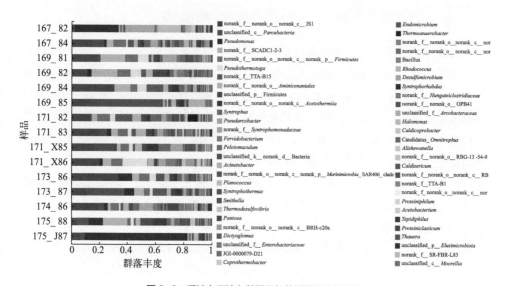

图 2-8 采油七厂注入前样品细菌群落结构柱形图

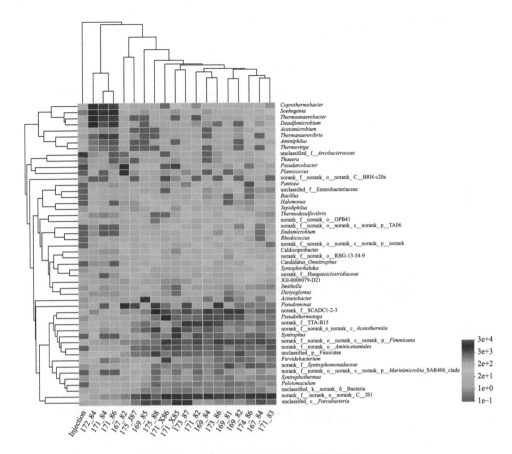

图2-9 采油七厂注入前样品细菌群落热图

通过对各组样品微生物细菌进行单独作图，结果分析如下。

如图2-11所示，BID1组注入井样品细菌主要是弓形杆菌属87.4%、陶厄氏菌属2%、索氏菌属（*Soehngenia* sp.）2%、嗜氢菌属（*Hydrogenophilus* sp.）1%等微生物细菌。其中，弓形杆菌属具有硫化物氧化和硝酸盐还原的功能，表明它们可能是油藏中氮、硫元素代谢的重要参与者，同时具有产表面活性剂的功能[28]。陶厄氏菌属是一类油田非常重要和常见的烃降解菌[29]。

BID2组主要包括171_86、172_84和171_84采出井，其主要细菌包括栖热粪杆菌属（*Coprothermobacter* sp.）（43.5%、41.6%和22.1%）、索氏菌属（*Soehngenia* sp.）（16.5%、12.9%和21.0%）、热厌氧杆菌属（*Thermoanaerobacter* sp.）（8.9%、8.4%和24.3%）、脱硫微菌属（*Desulfomicrobium* sp.）（9.2%、5.4%和18.4%）、嗜热厌氧弧菌属（*Thermanaerovibrio* sp.）（7.7%、8.7%和3.5%）（图2-12）。其中，栖热粪杆菌属是在高温油藏中常见的细菌类型，属于高温厌氧菌，主要功能是利用

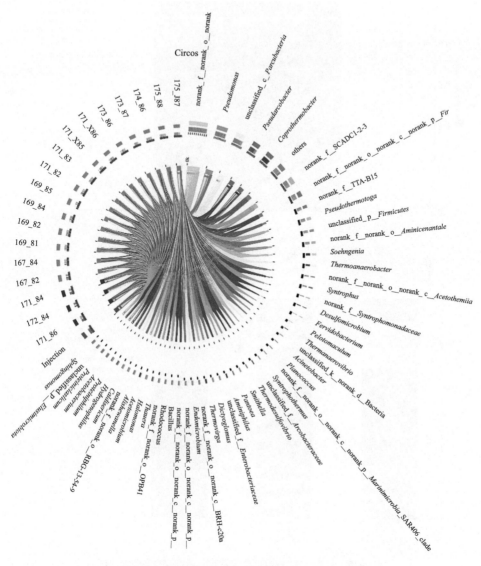

图 2-10　采油七厂注入前样品与细菌的 Circos 关系图

葡萄糖产生乙酸、H_2 和 CO_2；索氏菌属属于梭菌纲，梭菌目，梭菌科；热厌氧杆菌属是一类能利用碳水化合物的异养嗜热菌，能利用葡萄糖产生乙醇、乙酸、丙酸、H_2、CO_2 及少量的乳酸，在油藏环境中这些有机酸（醇）可有效地溶解储油岩层空隙中沉积的碳酸盐、硅酸盐等，增大油层的空隙度和渗透率，改善原油的流动环境[30]。H_2 和 CO_2 有助于克服储层对原油的束缚力，降低原油黏度，改善其流动性。脱硫微菌属在油藏中也是普遍存在的嗜热菌，嗜热菌的大量生长可能源于油藏

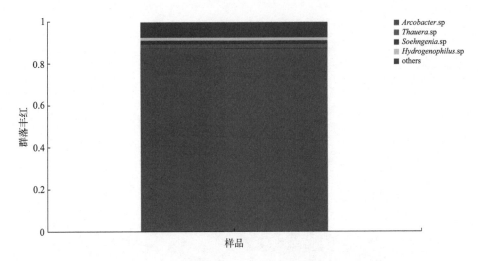

图 2-11 采油七厂注入前 BID1 组注入井样品细菌群落结构柱形图

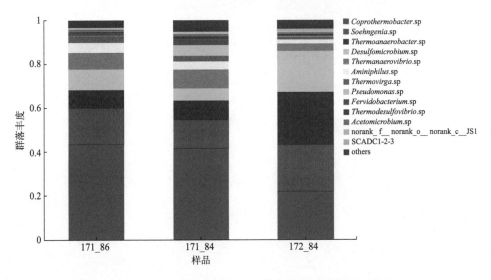

图 2-12 采油七厂注入前 BID2 组采出井样品细菌群落结构柱形图

的地层温度对本源微生物长期选择的结果。嗜热厌氧弧菌属能够起到水解酸化的作用。

如图 2-13 所示，BID3 组样品微生物细菌的类型较为相似，主要微生物类群是未培养菌 JS1 占比较大（约 10% ~ 30%），未培养菌属 SCADC1-2-3 在 169_81、169_82 和 169_84 采出井中占比 10% 以上，未培养菌属 TTA-B15 在 169_84 和 171_82 占比 10% 以上，互营菌属（*Syntrophus* sp.）和互营热菌属（*Syntrophothermus* sp.）分别占 3% ～ 8% 不等。175-J87 和 167_82 采出井中与其他采出井有一定的差异，主要微生物细菌是假单胞菌属（*Pseudomonas* sp.），分别占 73.1% 和 31.5%，在 175-J87 采出井中暗黑菌门（Atribacteria）的未培养菌属占 7.1%，梭菌纲（Clostridia）的未培养菌属占 2.6% 左右；167_82 采出井主要微生物类群还包括弓形杆菌属（*Arcobacter* sp.）占 23.3%，动性球菌属（*Planococcus* sp.）占 16.5%。其中，未培养菌属 JS1 属于暗黑菌门；未培养菌属 SCADC1-2-3 属于厚壁菌门、梭菌纲、梭菌目、蛋白胨链球菌科。未培养菌 TTA-B15 属于嗜热丝菌门；未培养菌 DTU014 属于梭菌纲，属于互营乙酸氧化菌；假单热孢菌属属于热孢菌科，具有互营乙酸氧化菌的功能，与产甲烷密切相关。互营菌属和互营热菌属是具有厌氧降解石油烃的功能，是与产甲烷菌互营代谢的微生物菌属。假单胞菌属是油藏环境中典型的常见好氧嗜中温细菌，可以降解石油烃，产生物表面活性剂，还可以降解聚丙烯酰胺，是一类很重要的微生物采油菌[31]；弓形杆菌属具有硫化物氧化和硝酸盐还原的功能，它们在油藏中的存在，表明它们可能是油藏中氮、硫元素代谢的重要参与者，同时具有产表面活性剂的功能；动性球菌属具有产蛋白酶降解原油的作用。

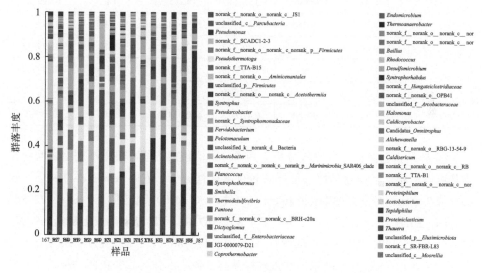

图 2-13　采油七厂注入前 BID3 组采出井样品细菌群落结构柱形图

（2）古菌的高通量分析

① Alpha 多样性分析　结果如表 2-14 所示，注入水微生物古菌的丰度和多样性均较少，优势菌群占比较大；采出液中丰度和多样性较为相似，与细菌相比，古菌丰度和多样性指标均较低，说明本区块微生物古菌种类较少，多样性较小。

◆ 表 2-14　采油七厂样品古菌多样性和丰富度指数

组别	样品	Shannon	Simpson	Ace	Chao	Coverage
BID1	Injection	0.314042	0.876317	9	9	1
BID2	171_84	0.959924	0.460797	19	17	0.999772
	171_86	1.095763	0.419773	30.296	24.5	0.99943
	172_84	0.984968	0.54718	21.210621	20.25	0.999826
BID3	171_X86	1.865768	0.189617	21.222222	19.5	0.999863
	174_86	1.123373	0.413664	18	18	1
	167_84	1.542383	0.279514	15	15	1
	171_X85	1.940247	0.199574	22.394923	19.5	0.999841
	169_82	1.508157	0.302068	16	16	1
	169_85	1.274356	0.383622	22.268519	14	0.999886
	175_88	1.66983	0.264434	18.766544	18	0.999802
	175_J87	1.55668	0.300791	26.612761	19.5	0.999774
	171_83	1.438153	0.334286	19.4682	19	0.999799
	169_84	1.345469	0.363687	19.295291	18.5	0.999767
	169_81	1.39163	0.341958	18.688272	18	0.999911
	173_86	1.523471	0.306617	30.231628	28	0.999612
	173_87	1.276563	0.455839	18.731429	17.5	0.999772
	171_82	1.31	0.369869	16	16	1
	167_82	1.33651	0.420983	20.024103	20	0.99985

② 样品古菌菌群差异比较分析　为了分析比较的方便，根据不同组之间的微生物细菌的相似性或差异性进行样品 beta 多样性分析，依据 beta 多样性将上述样品分成 3 个组，分别是 BID1 组 Injection（注入水）；BID2 组包括 171_86、172_84、171_84，BID3 组 包 括 171_X86、174_86、167_84、171_X85、169_82、169_85、175_88、175_J87、171_83、169_84、169_81、173_86、173_87、171_82、167_82。

如图 2-14 ～图 2-16 所示，注入水样品与其他采出井样品的古菌物种差异均较大，而 BID2 组（171_86、172_84、171_84 采出井）与其他采出井古菌差异较大，聚为一个象限内；而剩余采出井大多在一个象限内，菌群结构差异不大。

③ 古菌的群落结构分析　在不同分类学水平上统计各样品的物种丰度，通过柱图、热图、Circos 关系图等一系列可视化方法直观研究群落组成。从图 2-17 ～图 2-19 所示，BID1-BID4 四个组的微生物细菌类型有一定的差异，注入井 BID1、

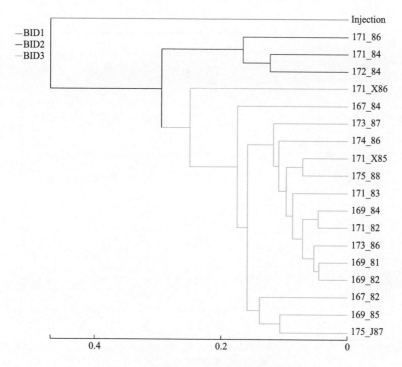

图 2-14　采油七厂注入前样品古菌层级分析图

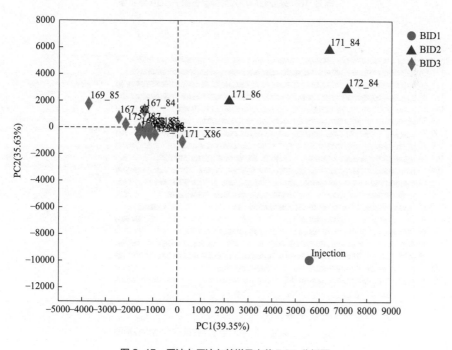

图 2-15　采油七厂注入前样品古菌 PCA 分析图

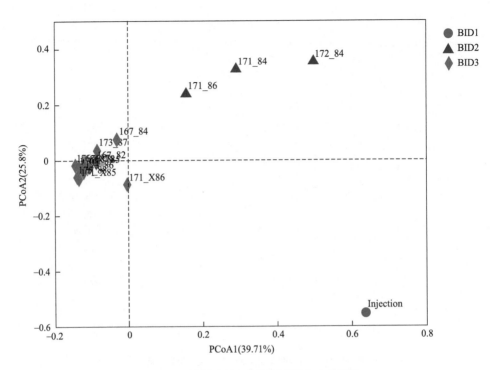

图 2-16 采油七厂注入前样品古菌 PCoA 分析图

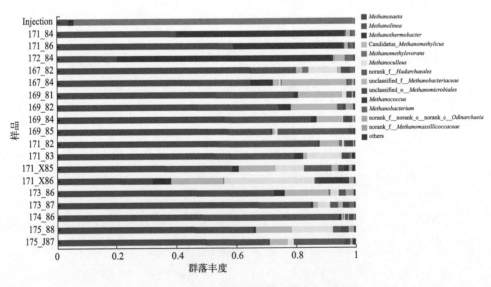

图 2-17 采油七厂注入前样品古菌群落结构柱形图

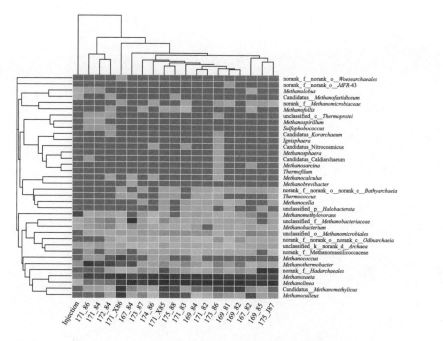

图2-18　采油七厂注入前样品古菌群落热图

BID2与BID3差异较大。

通过对各组样品微生物古菌进行单独作图，结果分析如下。

如图2-20所示，BID1组注入井样品微生物古菌主要包括甲烷食甲基菌属（*Methanomethylovorans* sp.）93.5%、甲烷鬃毛菌属（*Methanosaeta* sp.）3.9%、甲烷热杆菌属（*Methanothermobacter* sp.）1.8%。其中，甲烷食甲基菌属是嗜甲基营养型古菌，甲烷鬃毛菌属是乙酸营养型产甲烷古菌，甲烷热杆菌属是氢营养型产甲烷古菌。

如图2-21所示，BID2组微生物古菌的类型较为相似，171_86、171_84、172_84采出井中主要古菌是甲烷热杆菌属，分别为37.8%、57.1%、72.5%；甲烷鬃毛菌属，分别为54%、37.7%、15.7%，甲烷绳菌属（*Methanolinea* sp.），分别为5.0%、2.3%、4.6%。其中，甲烷热杆菌属是氢营养型产甲烷古菌；甲烷鬃毛菌属是乙酸营养型产甲烷古菌；甲烷绳菌属是氢营养型产甲烷古菌。

如图2-22所示，BID3组样品主要包括171_X86、174_86、167_84、171_X85、169_82、169_85、175_88、175_J87、171_83、169_84、169_81、173_86、173_87、171_82、167_82，主要古菌为甲烷鬃毛菌属，占50%以上，其中173_87和167_82达到70%。甲烷绳菌属占20%～30%不等。此外还有不同数量的热自养甲烷嗜热

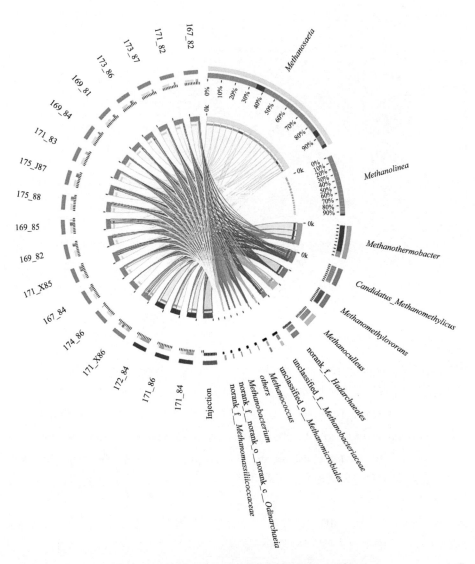

图 2-19　采油七厂注入前样品与古菌的 Circos 关系图

球菌属（*Methanomethylicus* sp.）和甲烷囊菌属（*Methanoculleus* sp.）。其中，甲烷鬃毛菌属（*Methanosaeta* sp.）为乙酸营养型产甲烷古菌，甲烷绳菌属（*Methanolinea* sp.）和甲烷囊菌属（*Methanoculleus* sp.）为氢营养型产甲烷古菌，热自养甲烷嗜热球菌属（*Methanomethylicus* sp.）可以利用 H_2/CO_2 或甲酸盐生长产甲烷。

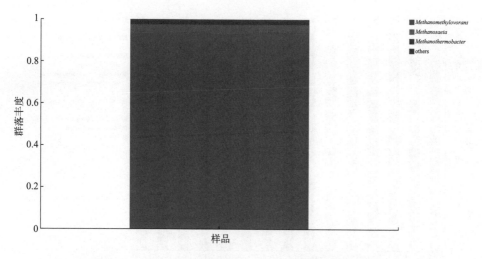

图 2-20　采油七厂注入前 BID1 组注入井样品古菌群落结构柱形图

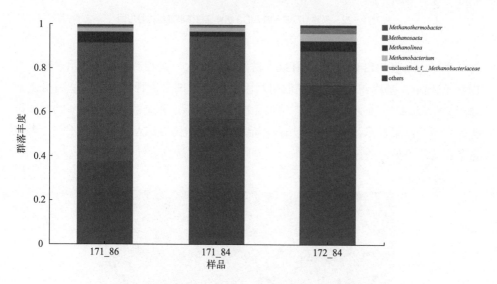

图 2-21　采油七厂注入前 BID2 组样品古菌群落结构柱形图

（二）采油七厂注入后微生物群落结构分析

1. 样品基因组 DNA 提取结果

在无菌条件下取注入微生物后（注入 40 天）采出井 D7P167_S82、D7P169_S83、D7P169_X85、D7P169_82、D7P171_82、D7P167-84、D7P169-S81、D7P169-S84、D7P164-86，共计 9 个样品 1000mL，分别命名 1 ~ 9。用定性滤纸过滤除去样品中的悬浮颗粒，收集滤液，离心（4℃，10000g，30min）收集菌

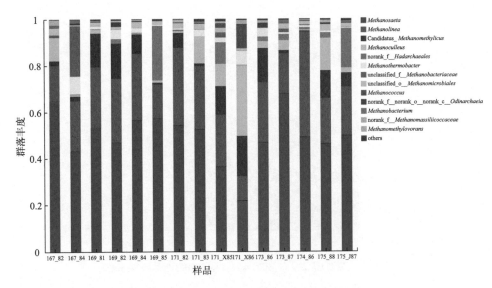

图 2-22　采油七厂注入前 BID3 组样品古菌群落结构柱形图

体。最后用无菌 PBS 缓冲液（pH8.0）洗涤菌体 3 次，离心后收集菌体用于基因组 DNA 的提取。基因组 DNA 的提取用基因组提取试剂盒进行。提取的基因组试剂盒用 DNA 琼脂糖凝胶电泳检测，结果如图 2-23 所示，剩余的基因组放 -20℃冰箱保存备用。结果显示，采出井采出液样品提取的基因组 DNA 条带明亮不一，大多数条带隐约可见，通过 DNA 扩增后，判断是否能够达到后续实验要求。

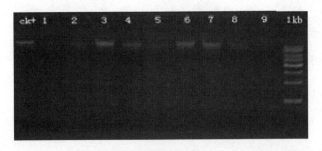

图 2-23　采油七厂注入后样品基因组 DNA 琼脂糖凝胶电泳图

1 ~ 9 为样品; ck+ 为阳性对照; 1kb 为 DNA Marker

2. 16S rDNA 基因的聚合酶链式反应结果

从油藏微生物基因组 DNA 扩增用于细菌克隆文库的 16S rDNA 基因的引物为大多数细菌 16S rDNA 基因 V3 ~ V4 区通用引物，即 338F（ACTCCTACGGGAGGCAGCAG）和 806R（GGACTACHVGGGTWTCTA AT）。从油藏微生物基因组 DNA 扩增用于古菌克隆文库的 16S rDNA 基因的引物为大多数古菌 16S rDNA 基因 V4 ～ V6 区通用引物，即 524F10extF（TGYCAGCCGCCGCGGTAA）和 Arch958RmodR（YCCGGCGTTGAVTCCAATT）。17 个样品细菌和古菌的扩增产物 16S rDNA 用 DNA 琼脂糖凝胶电泳检测，结果如图 2-24 所示。结果显示，17 个样品的扩增产物 16S rDNA 电泳条带明亮，片段大小正确，回收纯化后对基因片段进行检测结果均为 A，16S rDNA 扩增子进行后续的文库构建和高通量测序。

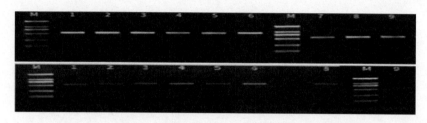

图 2-24　采油七厂注入后基因组 16S rDNA 聚合酶链式反应扩增电泳图

上排 1 ～ 9 为细菌 V3 ～ V4 基因片段; M 为 DL2000 DNA Marker
下排 1 ～ 9 为古菌 V4 ～ V6 基因片段; M 为 DL2000 DNA Marker

3. 高通量测序数据分析

（1）细菌的高通量分析

① Alpha 多样性分析　结果如表 2-15 所示，除个别油井如 D7P169_S84、D7P167_84 的细菌丰度和多样性均较大外，其他油井采出液细菌的丰度和多样性均较低，表示优势细菌占比较大，多样性较少。

◆ 表 2-15　不同样品细菌多样性和丰富度指数

组别	样品	Shannon	Simpson	Ace	Chao	Coverage
AID1	D7P169_S84	1.44263	0.369089	106.112201	96	0.999665
	D7P169_S81	1.134763	0.415552	98.481455	86.111111	0.999613
AID2	D7P169_S83	0.19041	0.951901	131.545395	95.545455	0.999135
	D7P167_84	1.627876	0.462961	128.65996	130	0.999697
	D7P164_86	1.10011	0.492907	79.949983	79.375	0.999674
	D7P169_X85	0.356838	0.883645	83.550656	73.666667	0.999336
	D7P167_S82	0.770242	0.740323	167.520901	185	0.998488
	D7P169_82	0.994135	0.651335	128.58177	131.25	0.999037
	D7P171_82	1.005575	0.524194	85.800038	81.066667	0.99943

② 样品菌群差异比较分析　为了对比分析的需要，根据不同组之间的微生物细菌的相似性或差异性进行样品 beta 多样性分析，依据 beta 多样性将样品分成 2 个组，分别是 AID1 组包括 D7P169_S84 和 D7P169_S81 两口井，AID2 组包括 D7P169_S83、D7P167_84、D7P164_86、D7P169_X85、D7P167_S82、D7P169_82、D7P171_82 共 7 口井。

如图 2-25 ～图 2-27 所示，AID1 与 AID2 采出井细菌组成和优势微生物有一定的差异。

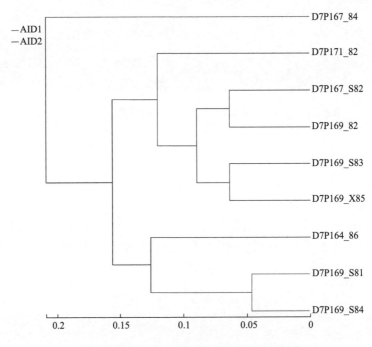

图 2-25　采油七厂注入后样品细菌群落层级分析图

③ 微生物细菌的群落结构分析　在属分类学水平上统计各样品的物种丰度，通过柱图、热图和 Circos 关系图等一系列可视化方法直观研究群落组成。从图 2-28 ～图 2-30 所示，AID1、AID2 组间的细菌类型有一定的差异。

通过对各组样品微生物细菌进行单独作图分析如下。

AID1 组包括 D7P169_S84、D7P169_S81 样品，如图 2-31 所示，主要微生物细菌较为一致，假单胞菌属（*Pseudomonas* sp.）占 50% 左右，沃林氏菌属（*Wolinella* sp.）36% ～ 50% 不等。其中，假单胞菌属是油藏环境中的典型的常见好氧嗜中温细菌，可以降解石油烃，产生物表面活性剂，还可以降解聚丙烯酰胺，是一类很重要的微生物采油菌[32]；沃林氏菌属是一类重要的铁还原菌属。

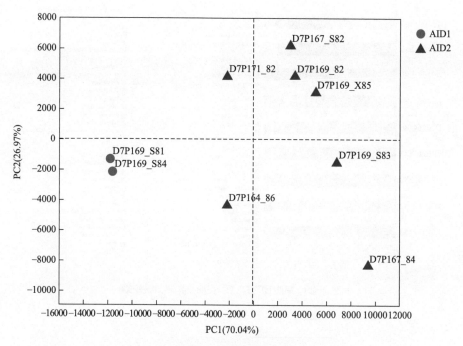

图 2-26　采油七厂注入后样品细菌群落 PCA 分析图

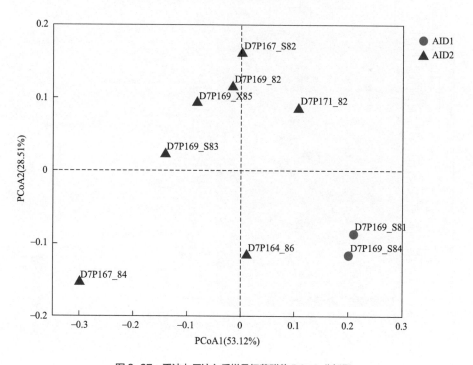

图 2-27　采油七厂注入后样品细菌群落 PCoA 分析图

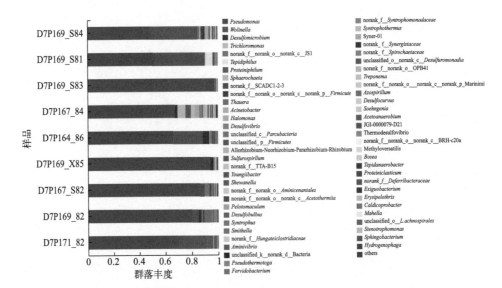

图2-28 采油七厂注入后样品细菌群落结构柱形图

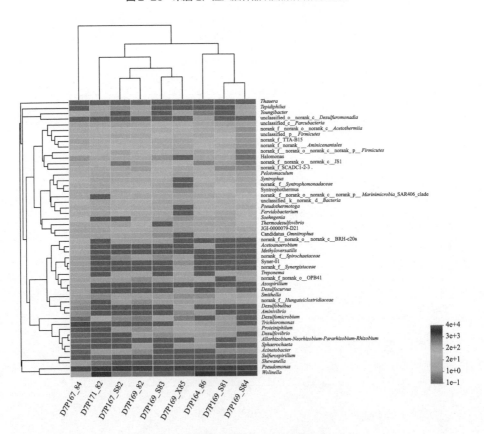

图2-29 采油七厂注入后样品细菌群落热图

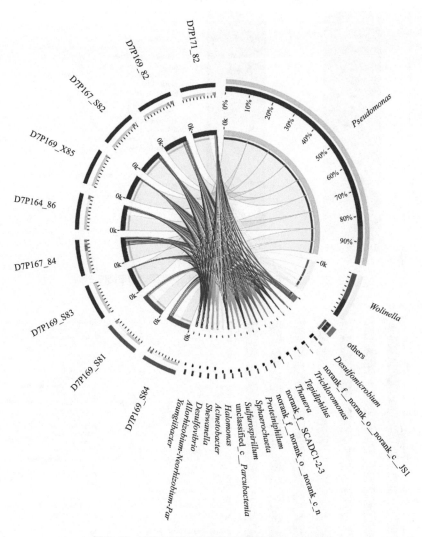

图 2-30　采油七厂注入后样品与细菌的 Circos 关系图

AID2 组 样 品 包 括 D7P169_S83、D7P167_84、D7P164_86、D7P169_X85、D7P167_S82、D7P169_82、D7P171_82 共 7 口井，主要微生物细菌包括假单胞菌属占比 65% 以上，有部分油井达到 90% 以上；沃林氏菌属在部分油井中分别占比 4% 和 20% 不等；有一部分油井出现了一定量的硫黄单胞菌属（*Sulfurospirillum* sp.）占比 1% ～ 4%（图 2-32）。硫黄单胞菌属为硝酸盐还原硫化物氧化菌，这类菌的出现可能是由于培养基中硫化物含量增加所致[33]。

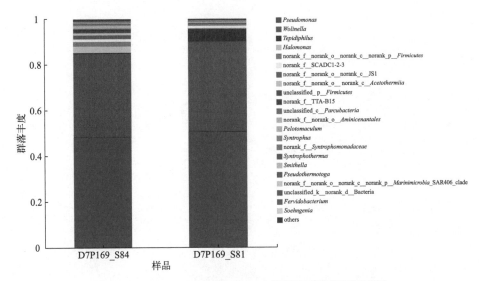

图 2-31　采油七厂注入后 AID1 组采出井样品细菌群落结构柱形图

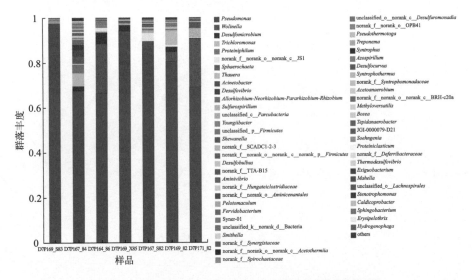

图 2-32　采油七厂注入后 AID2 组采出井样品细菌群落结构柱形图

（2）古菌的高通量分析

① Alpha 多样性分析　结果如表 2-16 所示，采出液中古菌的丰度和多样性较为相似，与细菌相比，古菌丰度和多样性均较少，与注入前基本一致，说明本区块微生物古菌种类较少，多样性较小，注入对微生物古菌的影响较小。

◆ 表 2-16　不同样品古菌多样性和丰富度指数

组别	样品	Shannon	Simpson	Ace	Chao	Coverage
AID1	D7P167_84	1.064108	0.581568	21	21	1
AID2	D7P169_S83	0.886574	0.630142	16.440881	16	0.999861
	D7P164_86	1.253108	0.413129	18.738754	16	0.999897
	D7P169_X85	1.779082	0.213717	17	17	1
	D7P167_S82	0.957171	0.554021	13.363636	13	0.999877
	D7P169_S84	1.292431	0.370038	16.481242	16	0.999956
	D7P169_82	0.980414	0.544723	20.188889	19	0.999756
	D7P169_S81	0.853749	0.582041	20.763636	21	0.999742
	D7P171_82	1.265221	0.352005	12.498873	12	0.999944

② 样品古菌菌群差异比较分析　为了分析比较的方便，根据不同组之间的微生物古菌的相似性或差异性进行样品 beta 多样性分析，依据 beta 多样性将上述样品分成 2 个组。分别是 AID1 组为 D7P167_84，其余采出井包括 D7P169_S83、D7P164_86、D7P169_X85、D7P167_S82、D7P169_S84、D7P169_82、D7P169_S81、D7P171_82 为一组，为 AID2。

如图 2-33～图 2-35 所示，D7P167_84 样品与 AID2 组采出井的物种差异较大，而 AID2 组内差异较小。

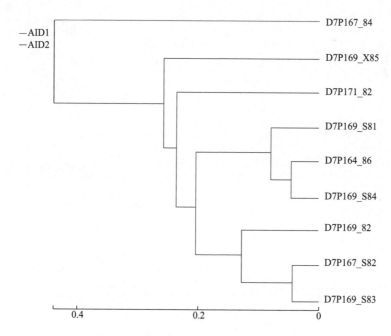

图 2-33　采油七厂注入后样品古菌群落层级分析图

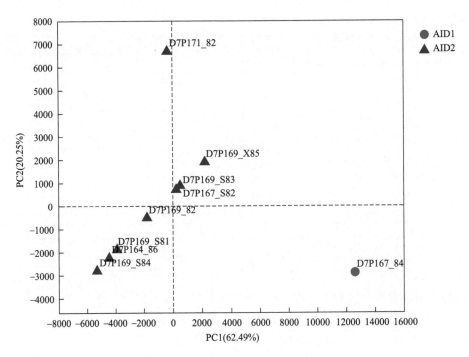

图 2-34　采油七厂注入后样品古菌群落 PCA 分析图

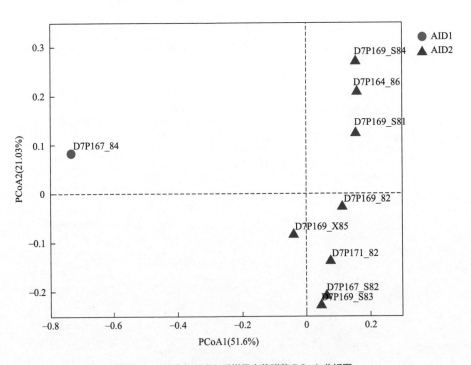

图 2-35　采油七厂注入后样品古菌群落 PCoA 分析图

③ 古菌的群落结构分析　在不同分类学水平上统计各样品的物种丰度，通过柱图、热图、Circos 关系图等一系列可视化方法直观研究群落组成。从图 2-36～图 2-38 所示，AID1、AID2 组的微生物古菌类型有较大的差异，AID2 组内差异较小。

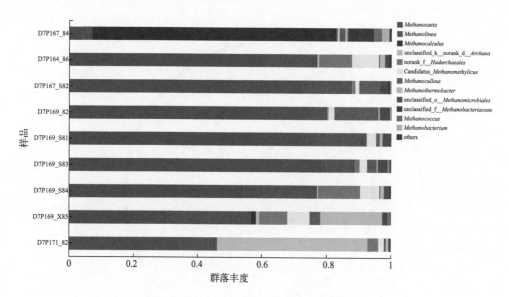

图 2-36　采油七厂注入后样品古菌群落结构柱形图

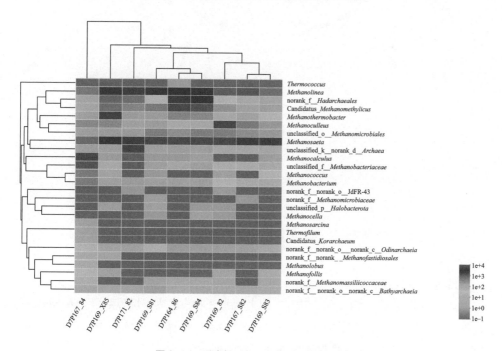

图 2-37　采油七厂注入后样品古菌群落热图

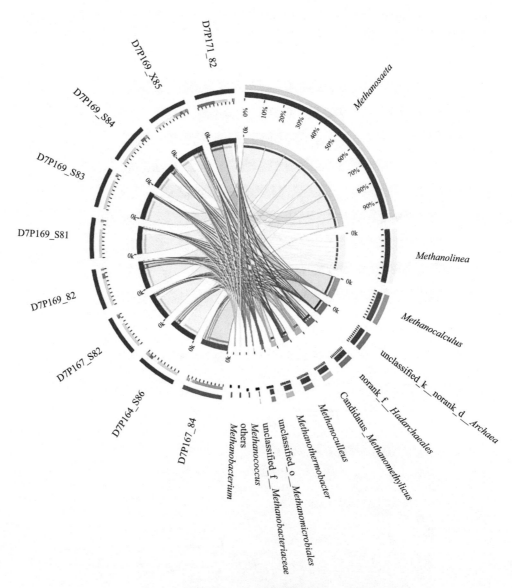

图 2-38　采油七厂注入后样品与古菌的 Circos 关系图

通过对各组样品微生物古菌进行单独作图，分析结果如下。

如图 2-39 所示，AID1 组 D7P167_84 样品微生物古菌为甲烷砾菌属（*Methanocalculus* sp.）75.6%、甲烷鬃毛菌属（*Methanosaeta* sp.）4.2%、甲烷绳菌属（*Methanolinea* sp.）3% 和甲烷囊菌属（*Methanoculleus* sp.）2%。

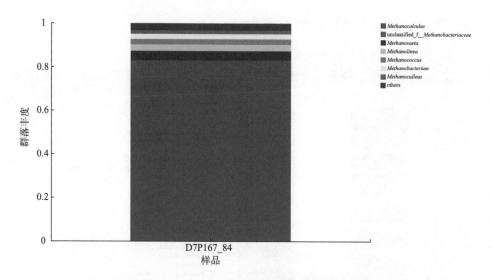

图 2-39　采油七厂注入后 AID1 组样品古菌群落结构柱形图

AID2 组包括 D7P169_S83、D7P164_86、D7P169_X85、D7P167_S82、D7P169_S84、D7P169_82、D7P169_S81、D7P171_82 共 8 个样品的微生物古菌较为相似，主要古菌包括甲烷鬃毛菌属占 30% ~ 80%，甲烷绳菌属占 5% ~ 20%，有不同数量的热自养甲烷嗜热球菌属（*Methanomethrylicus* sp.）和甲烷囊菌属（图 2-40）。其中，甲烷鬃毛菌属为乙酸营养型产甲烷古菌，甲烷绳菌属和甲烷囊菌属为氢营养型产甲烷古菌，热自养甲烷嗜热球菌属可以利用 H_2/CO_2 或甲酸盐生长产甲烷。

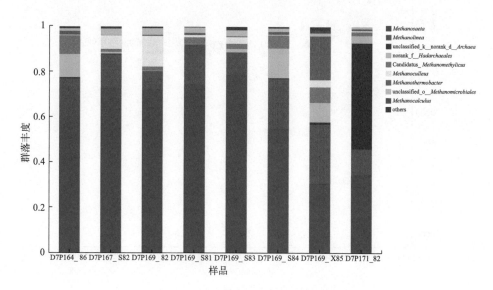

图 2-40　采油七厂注入后 AID2 组样品古菌群落结构柱形图

（三）采油七厂注入前后微生物变化规律解析

1. 采油七厂注入前后微生物细菌变化规律解析

如图 2-41～图 2-43 所示，通过对比分析采油七厂注入前 19 口油井（2020 年

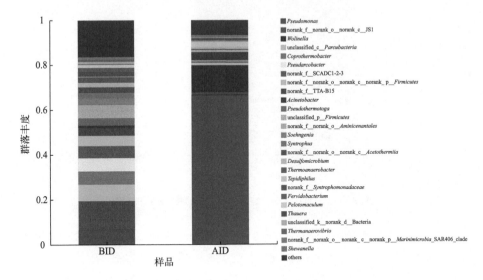

图 2-41　采油七厂注入前后样品细菌群落结构对比图

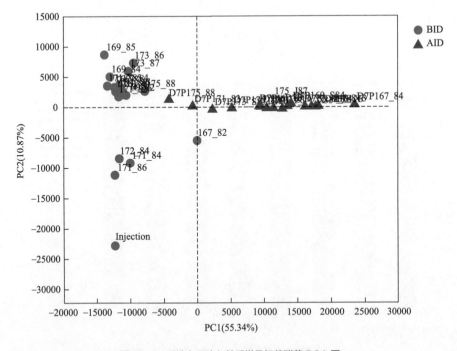

图 2-42　采油七厂注入前后样品细菌群落 PCA 图

3月取样）和注入后9口油井（注入40天）的微生物群落结构、beta多样性（PCA、PCoA）分析结果如下：

注入前细菌主要有假单胞菌属、未培养菌属JS1、未培养给菌总门（Parcubacteria）细菌、栖热粪杆菌属、弓形杆菌属、未培养菌属SCADC1-2-3以及其他菌属，种类丰富。

注入微生物后（40天）主要菌种为假单胞菌属成为优势菌属70%，沃林氏菌属12%，不动杆菌属3%和 *Tepidiphilus* 菌属3%。

注入微生物前、后样品中的微生物差异显著，注入前微生物种类和丰度较多，而注入微生物后采油七厂中细菌的多样性和丰度变少，注入后各井组间微生物菌群结构趋于一致，优势功能细菌正在形成。

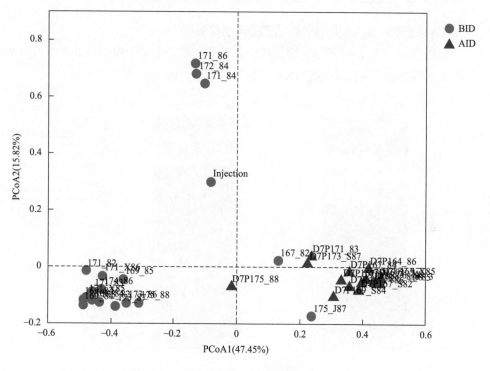

图2-43　采油七厂注入前后样品细菌群落 PCoA 图

采油七厂注入前后微生物群落比例变化见表2-17。

◆ 表 2-17　采油七厂注入前后微生物群落比例变化

菌属	注入前	注入后
假单胞菌属	7%	67%
未培养菌属 JS1	13%	1%
未培养菌属 SCADC1-2-3	5%	0.5%
未培养菌属 TTA-B15	3.5%	0.5%
栖热粪杆菌属	6%	<0.1%
假单热孢菌属	3.5%	<0.1%
陶厄氏菌属	0.2%	1.3%
不动杆菌属	1%	3%

2. 采油七厂注入前后微生物古菌变化规律解析

如图 2-44 ～图 2-46 所示，通过对比分析采油七厂注入前 19 口油井和注入后 9 口油井的微生物古菌群落结构、beta 多样性（PCA、PCoA）分析结果如下。

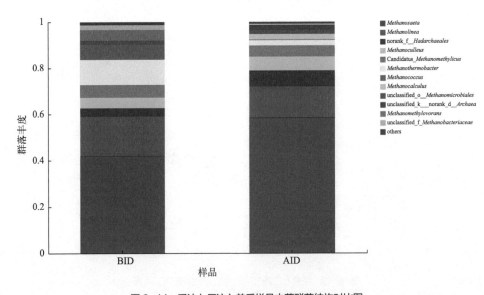

图 2-44　采油七厂注入前后样品古菌群落结构对比图

与细菌相比，古菌在激活前后变化较小，注入前后优势古菌为甲烷鬃毛菌属、甲烷绳菌属、甲烷热杆菌属、热自养甲烷嗜热球菌属和甲烷囊菌属等。

注入后（40 天）甲烷鬃毛菌属增加较多，甲烷囊菌属略有增加，甲烷绳菌属略有下降，甲烷热杆菌属下降较多（表 2-18）。

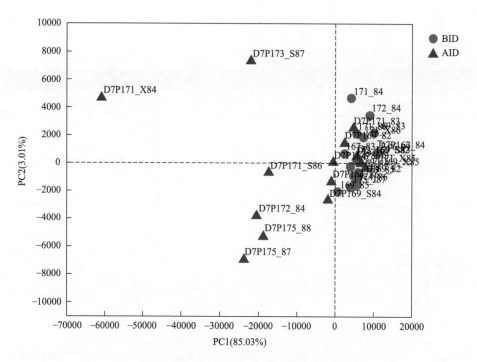

图 2-45 采油七厂注入前后样品细菌群落 PCA 图

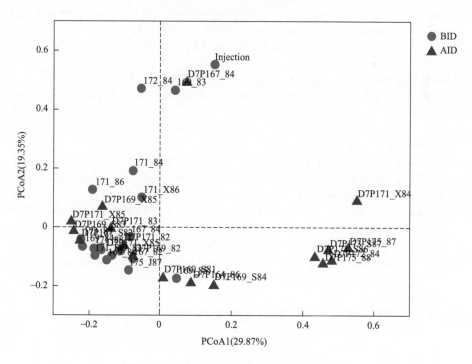

图 2-46 采油七厂注入前后样品细菌群落 PCoA 图

采油七厂注入前后古菌群落比例变化见表2-18。

◆ 表2-18　采油七厂注入前后古菌群落比例变化

古菌	注入前	注入后
甲烷鬃毛菌属	42%	58%
甲烷绳菌属	17%	14%
甲烷囊菌属	5%	6%
热自养甲烷嗜热球菌属	6%	5%
甲烷热杆菌属	11%	3%

参考文献

[1] 时光. 水驱仍是最经济的技术选择 [J]. 中国石油企业, 2018, (11): 71.

[2] 王修垣. 微生物提高石油采收率（Ⅰ）[J]. 微生物学通报, 1999, 26 (5): 384-385+383.

[3] 包木太, 牟伯中, 王修林, 等. 微生物提高石油采收率技术 [J]. 应用基础与工程科学学报, 2000, 8 (3): 236-245.

[4] Moses V, Brown J M, Burton C C, et al. Microbial enhancement of oil recovery-recent adances [A]. In: Premuzic E, Woodhead A, ed. Development in Petroleum Science [C]. 1993, 39: 207-229.

[5] 侯兆伟, 李蔚, 乐建君, 等. 大庆油田微生物采油技术研究及应用 [J]. 油气地质与采收率, 2021, 28 (2): 10-17.

[6] 柏璐璐. 微生物采油技术现状及发展探讨 [J]. 化学工程与装备, 2018, (8): 285-287.

[7] 任国领, 张虹, 乐建君, 等. 大庆油田内源微生物驱油矿场试验效果 [J]. 大庆石油地质与开发, 2016, 35 (2): 97-100.

[8] 伍晓林, 赵玲侠, 马挺, 等. 大庆油田聚驱后油藏内源微生物激活剂的筛选和效果评价 [J]. 南开大学学报（自然科学版）, 2012, 45 (4): 105-111.

[9] 张莹. 大庆油田油藏微生物分子生态学研究 [D]. 长春: 东北师范大学, 2015.

[10] 张守印, 郭学青, 李振军, 等. 16S rRNA基因克隆文库用于菌群分析的效能研究和评价 [J]. 第三军医大学学报, 2008, (16): 1549-1552.

[11] 郭万奎, 侯兆伟, 石梅, 等. 短短芽孢杆菌和蜡状芽孢杆菌采油机理及其在大庆特低渗透油藏的应用 [J]. 石油勘探与开发, 2007, 34 (1): 73-78.

[12] 李辉, 牟伯中. 油藏微生物多样性的分子生态学研究进展 [J]. 微生物学通报, 2008, 35 (5): 803-808.

[13] Liu W T, Marsh T L, Cheng H. Characterization of microbial diversity by determining terminal restriction fragment length polymorphisms of genes encoding 16S rRNA [J]. Appl Environ Microb, 1997, 63 (11): 4516-4522.

[14] 王凤兰, 王晓东. 分子微生物生态学技术在中国油田开发中的应用 [J]. 应用与环境生物学报, 2007, 13 (4): 597-600.

[15] 夏围围, 贾仲君. 高通量测序和DGGE分析土壤微生物群落的技术评价 [J]. 微生物学报, 2014, 54 (12): 1489-1499.

[16] Grabowski A，Nercessian O，Fayolle F，et al. Microbial diversity in production waters of a low-temperature biodegraded oil reservoir [J]. FEMS Microbiol Ecol，2005，54（3）：427-443.

[17] Orphan V J，Taylor L T，Hafenbradl D，et al. Culture-dependent and culture-independent characterization of microbial assemblages associated with high-temperature petroleum reservoirs [J]. Appl Environ Microb，2000，66（2）：700-711.

[18] 宋智勇，郝滨，赵凤敏，等. 胜利油田水驱油藏内源微生物群落结构及分布规律 [J]. 西安石油大学学报（自然科学版），2013，28（4）：44-50.

[19] 王兴彪，张晴，刘洋，等. 脱水原油中的微生物及其原油降解活性 [J]. 应用与环境生物学报，2013，19（3）：515-518.

[20] Shendure J，Ji H. Next-generation DNA sequencing [J]. Nat Biotechnol，2008，26（10）：1135-1145.

[21] van Dijk E L，Auger H，Jaszczyszyn Y，et al. Ten years of nextgeneration sequencing technology [J]. Trends Genet，2014，30（9）：418-426.

[22] 黄有泉，周志军，刘志军，等. 葡南三断块特高含水期油藏数值模拟精度提高方法 [J]. 油气地质与采收率，2014，21（5）：65-68.

[23] 胡婧，束青林，孙刚正，等. 油藏内源微生物演替规律及其对驱油效果的影响 [J]. 中国石油大学学报（自然科学版），2019，43（1）：108-114.

[24] 李小飞，侯立军，刘敏. 长江口潮滩沉积物古菌群落结构与多样性 [J]. 中国环境科学，2019，39（4）：1744-1752.

[25] 许颖，马德胜，宋文枫，等. 采用 16S rDNA 高通量测序技术分析油藏微生物多样性 [J]. 应用与环境生物学报，2016，22（3）：409-414.

[26] 全国生化检测标准化技术委员会. GB/T 30989−2014 高通量基因测序技术规程 [S]. 北京：中国标准出版社，2014.

[27] Bokulich N A，Subramanian S，Faith J J，et al. Quality filtering vastly improves diversity estimates from Illumina amplicon sequencing [J]. Nature Methods，2013，10（1）：57-59.

[28] White B R，Snyder A Z，Cohen A L，et al. Resting-state functional connectivity in the human brain revealed with diffuse optical tomography [J]. Neuroimage，2009，47（1）：148-156.

[29] 胡婧，曹功泽，王文杰，等. 沾 3 内源微生物驱的生物特征变化及其对驱油效果的影响 [J]. 中国石油大学学报（自然科学版），2017，41（4）：174-179.

[30] 佘跃惠. 油藏微生物资源提高原油采收率机理研究 [D]. 武汉：武汉大学，2010.

[31] 黎霞，承磊，汪卫东，等. 一株油藏嗜热厌氧杆菌的分离、鉴定及代谢产物特征 [J]. 微生物学报，2008，48（8）：995-1000.

[32] 任付平，王冠，游靖，等. 宝力格油田微生物采油过程中菌群演替规律研究 [J]. 油田化学，2017，34（2）：318-322.

[33] 艾明强，李慧，刘晓波，等. 大庆油田油藏采出水的细菌群落结构 [J]. 应用生态学报，2010，21（4）：1014-1020.

第三章

微生物采油分子生物学技术在聚驱后油藏中的应用

第一节 聚驱后油藏微生物群落结构解析研究

利用微生物分子生物学技术，对大庆油田聚驱后油藏南二区块微生物群落结构和大庆油田采油四厂聚驱后油藏微生物群落结构进行了解析研究。

一、大庆油田聚驱后油藏南二区块微生物群落结构解析研究

1. 16S rDNA 基因克隆文库构建

提取大庆油田聚驱后油藏南二区块 N2-D2-P40 井实验样品微生物基因组总DNA，如图 3-1 所示，提取的基因组条带清晰、明亮，可以用于后续的 16S rDNA PCR 扩增。用细菌 16S rDNA 通用引物 27F 和 1492R 扩增用于构建克隆文库的 16S rDNA 基因，见图 3-2，得到的 16S rDNA 基因PCR 产物条带清晰、特异性高。扩增产物经琼脂糖回收和纯化试剂盒进行回收和纯化，然后与 PMD19-T 载体连接，用热激法转化大肠埃希菌 DH5α 感受态细胞，得到样品的克隆文库（图 3-3）。

2. 微生物菌群结构分析

如表 3-1 所示，根据操作分类单元（OUT）数目，克隆文库的库容较大，文库的覆盖程度较高。

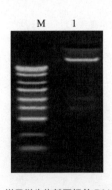

图 3-1 样品微生物基因组总 DNA 的提取

M 为 DL5000 Marker；1 为 N2-D2-P40 井样品

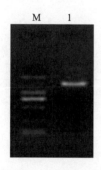

图 3-2　样品 16S rDNA 基因的 PCR 扩增

M 为 DL2000 Marker；1 为 N2-
D2-P40 井样品

图 3-3　16S rDNA 基因克隆文库的构建

◆ 表 3-1　细菌 16S rDNA 基因文库分析

样品来源	OUT 数	测序数	文库覆盖率
N2-D2-P40	7	100	98%

　　经过测序的 N2-D2-P40 样品采出液微生物 16S rDNA 基因测序结果经过拼接处理后，利用 NCBI 网站的数据库中进行比对分析（表 3-2），并对它们及其最相似序列构建系统发育树（图 3-4）。N2-D2-P40 样品细菌克隆划分为 7 个操作单位类型，陶厄氏菌属占主导地位，占总微生物的 67%，其他优势菌属是梭菌属（*Clostridium* sp.）、拟杆菌属（*Bacteroides* sp.）和假单胞菌属，分别占总微生物的 12%、10% 和 7%。其中陶厄氏菌属细菌是重要的反硝化细菌，具有脱氮、降解芳香族化合物等功能[1]；梭菌属细菌可以产氢、产小分子有机酸及其他小分子有机物，可作为产甲烷菌生长的底物[2]；假单胞菌属细菌具有石油烃降解、降解聚丙烯酰胺和产生物表面活性剂等采油功能[3]。所得到的 7 个操作单位类型中仅有 1 个与数据库中已有的 16S rDNA 序列同源性小于 97%，说明该细菌群落结构由于长期开发微生物资源比较稳定，基本适应油藏环境。

◆ 表 3-2　N2-D2-P40 样品的 16S rDNA 基因克隆文库分析表

类型	克隆数目	相似序列登录号	亲缘关系最近微生物	相似度	来源
W1	67	AM231040	*Thauera* sp. R-24450	99%	活性污泥
W2	12	KM494506	Uncultured *Clostridium* sp. clone D_33	85%	磷白膏样品
W3	10	JQ624314	Uncultured *Bacteroides* sp. clone OTU-6	97%	废水
W4	7	FJ211165	*Pseudomonas* sp. IM4	99%	土壤
W5	2	KF206381	*Tepidimonas* sp. PL17	98%	温泉

类型	克隆数目	相似序列登录号	亲缘关系最近微生物	相似度	来源
W6	1	JN944166	*Sphaerochaeta* sp. GLS2	99%	甲烷八叠球菌
W7	1	GQ259885	*Aeromonas punctata* strain 159	99%	废水

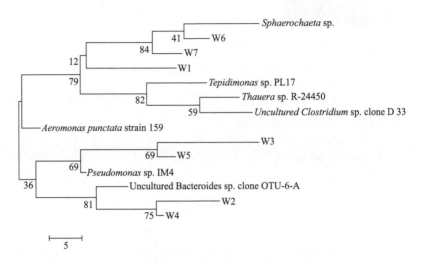

图 3-4 N2-D2-P40 样品克隆文库中的 16S rDNA 基因序列
及其在 GenBank 中最相似序列的系统进化树

二、大庆油田采油四厂聚驱后油藏微生物群落结构解析研究

1. 试验区概况

试验区为大庆油田采油四厂 A 区块 1968 年 1 月投产，2001 年 11 月开始注聚开发，综合含水率 97% 以上，属于特高含水油藏。油层原始地层压力 11.25MPa，饱和压力 8.35MPa，平均渗透率 $0.486\mu m^2$，油层温度 50℃，地层原油黏度 6.6mPa·s，适合微生物采油矿场试验。

2. 16S rDNA 基因克隆文库构建及分析

提取大庆油田聚驱后油藏采油四厂 A 区块实验样品微生物基因组总 DNA，如图 3-5（a）所示，提取的基因组 DNA 条带清晰、明亮。PCR 扩增结果如图 3-5（b）所示，得到的 16S rDNA 基因 PCR 产物条带清晰、特异性高。扩增产物经琼脂糖回收和纯化试剂盒进行回收和纯化，然后与 PMD19-T 载体连接，转化大肠杆菌 DH5α 感受态细胞，得到 16S rDNA 基因克隆文库，如图 3-5（c）所示。

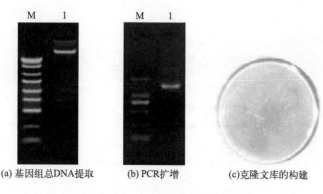

(a) 基因组总DNA提取   (b) PCR扩增   (c)克隆文库的构建

图 3-5　16S rDNA 基因克隆文库构建过程图

经过测序的样品采出液微生物 16S rDNA 基因测序结果经过拼接处理后，利用 NCBI 网站的数据库中进行比对分析（表 3-3），系统进化分析结果如图 3-6 所示。大庆油田采油四厂 A 区块样品细菌克隆划分为 8 个操作单位类型，弓形杆菌属和不动杆菌属占主导地位，占总微生物的 72%，其他优势菌属分别是未培养细菌克隆 DQB-T13、未培养厚壁菌门细菌和陶厄氏菌属，分别占总微生物的 12%、6% 和 5%。其中弓形杆菌属是油藏中微生物生长和氮、硫元素代谢的主要参与者，起到维持油藏环境适宜细菌生长的作用[4]。不动杆菌属可以降解石油烃和产生生物表面活性剂物质，从而降低界面张力。梭菌属产生的小分子有机酸及其他小分子有机物，可以为被其他细菌或产甲烷古菌作为代谢底物而利用；也可以降低油水界面张力，降低原油黏度，从而提高原油采收率。陶厄氏菌属作为重要的脱氮和降解芳香族化合物细菌使原油中的氮脱出，降低油水界面张力，改善原油的流动性。梭菌属的产氢也可刺激产甲烷菌生长。这些结果表明，该区块适合内源微生物采油矿场试验研究。

◆ 表 3-3　样品采出液中微生物的 16S rDNA 基因克隆文库

类型	克隆子数目	GenBank 序列号	系统上最相近的细菌类型	相似度 /%	来源
W1	37	AY692045	弓形杆菌属克隆 I62	99	废水处理反应器
W2	35	JX047089	不动杆菌属克隆 KSB118	94	海洋温泉
W3	12	GQ415367	未培养细菌克隆 DQB-T13	99	油藏采出液
W4	6	JF808030	未培养厚壁菌门细菌克隆 YNB-6	98	油藏采出液
W5	5	AM231040	陶厄氏菌属 R-24450	99	活性污泥
W6	2	KM494506	未培养梭菌属克隆 D_33	85	磷石膏样品
W7	2	GU080088	细菌富集培养克隆 N47	89	焦油污染沉积物
W8	1	KF206381	台湾温单胞菌属细菌 PL17	98	温泉

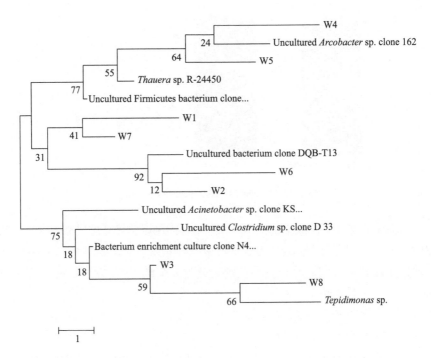

图 3-6　基于 16S rDNA 基因序列及其在 GenBank 中最相似序列构建的 NJ 系统发育进化树

第二节　聚驱后油藏内源微生物室内激活实验研究

一、动态物理模拟实验

在动态物理模拟实验模型基础上，利用基于 16S rDNA 的基因克隆文库方法，分析了两组激活剂配方激活的微生物群落结构。结果显示营养激活剂 1（配方 1，糖蜜 0.6%、硝酸钠 0.1%、氯化铵 0.1%、酵母粉 0.02%、磷酸二氢钾 0.02%、硫酸镁 0.02%、磷酸氢二钾 0.01%）激活的微生物菌群主要有假单胞菌属（75%）、深海弯曲菌属（18%）、陶厄氏菌属（6%）；营养激活剂 2（配方 2，玉米浆干粉 1.0%、硝酸钠 0.2%、磷酸氢二铵 0.15%、氯化钾 0.05%、硫酸镁 0.02%）激活的微生物菌群主要有陶厄氏菌属（50%）、假单胞菌属（26%）、螺杆菌属（15%）、梭菌属（9%）。从动态物理模拟实验和菌群结构变化规律分析激活剂配方 2 更适合大庆油田聚驱后油藏内源微生物采油。

1. 动态模拟实验下的驱油效率

如表 3-4 所示，相比于对照岩芯 72-10，实验组采收率均有一定程度的提高，实验组 72-20（配方 1 激活）提高采收率 3.28%，实验组 72-30（配方 2 激活）提高采收率 6.24%。结果表明，激活剂配方 2 比激活剂配方 1 提高采收率效果更加明显。

◆ 表 3-4　动态模拟实验提高采收率表

岩芯编号	实验内容	培养时间	提高采收率
72-10	空白对照	2 周	0.93%
72-20	0.2PV 激活剂 1	2 周	3.28%
72-30	0.2PV 激活剂 2	2 周	6.24%

注：PV 表示孔隙体积倍数，即注入量或采出量除以孔隙体积所得值。

2. 16S rDNA 基因克隆文库构建

提取 3 个实验样品（激活前样品、配方 1 激活样品和配方 2 激活样品分别定义为 1、2、3 号样品）微生物基因组总 DNA，如图 3-7 所示，提取的基因组条带清晰、明亮，可以用于后续的 16S rDNA PCR 扩增。用细菌 16S rDNA 通用引物 27F 和 1492R 扩增用于构建克隆文库的 16S rDNA 基因，见图 3-8，得到的 16S rDNA 基因 PCR 产物条带清晰、特异性高。扩增产物经琼脂糖回收和纯化试剂盒进行回收和纯化，然后与 PMD19-T 载体连接，用热激法转化大肠埃希菌 DH5α 感受态细胞，得到 3 个样品的克隆文库（图 3-9）。

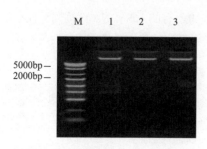

图 3-7　样品微生物总 DNA 的提取
M 为 DL5000 Marker；
1、2、3 分别为 1、2、3 号样品

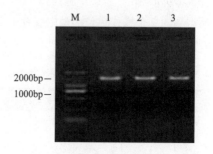

图 3-8　样品 16S rDNA 基因的 PCR 扩增
M 为 DL2000 Marker；
1、2、3 分别为 1、2、3 号样品

3. 微生物菌群多样性分析

如表 3-5 所示，根据操作分类单元（OUT）数目，激活剂配方 1 激活的样品（2 号样品）和激活剂配方 2 激活的样品（3 号样品）的微生物多样性少于空白对照（1 号样品）。

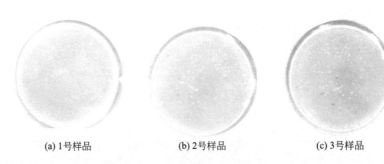

(a) 1号样品　　　　　　　(b) 2号样品　　　　　　　(c) 3号样品

图 3-9　16S rDNA 基因克隆文库的构建

◆ 表3-5　细菌 16S rDNA 基因文库分析

样品来源	OUT 数	测序数	文库覆盖率
1 号样品	7	100	98%
2 号样品	5	101	99%
3 号样品	5	102	99%

　　根据文库覆盖率，3 个克隆文库的库容较大，文库的覆盖程度较高。

　　（1）空白对照样品微生物菌群多样性分析　经过测序的 1 号样品（空白对照）产出液微生物 16S rDNA 基因测序结果经过拼接处理后，利用 NCBI 网站的数据库中进行比对分析（表 3-6），并对它们及其最相似序列构建系统发育树（图 3-10）。1 号样品细菌克隆划分为 7 个操作单位类型，陶厄氏菌属（*Thauera* sp.）占主导地位，占总微生物的 67%，其他优势菌属分别是梭菌属（*Clostridium* sp.）、拟杆菌属（*Bacteroides* sp.）和假单胞菌属（*Pseudomonas* sp.）占总微生物的 12%、10% 和 7%。所得到的 7 个操作单位类型中仅有 1 个与数据库中已有的 16S rDNA 序列同源性小于97%，说明该细菌群落结构由于长期开发微生物资源比较稳定，基本适应油藏环境。

◆ 表3-6　1 号样品的 16S rDNA 基因克隆文库分析表

类型	克隆数目	相似序列登录号	亲缘关系最近微生物	相似度	来源
W1	67	AM231040	*Thauera* sp. R-24450	99%	活性污泥
W2	12	KM494506	Uncultured *Clostridium* sp. clone D_33	85%	磷石膏样品
W3	10	JQ624314	Uncultured Bacteroides sp. clone OTU-6	97%	废水
W4	7	FJ211165	*Pseudomonas* sp. IM4	99%	土壤
W5	2	KF206381	*Tepidimonas* sp. PL17	98%	温泉
W6	1	JN944166	*Sphaerochaeta* sp. GLS2	99%	甲烷八叠球菌
W7	1	GQ259885	*Aeromonas punctata* strain 159	99%	废水

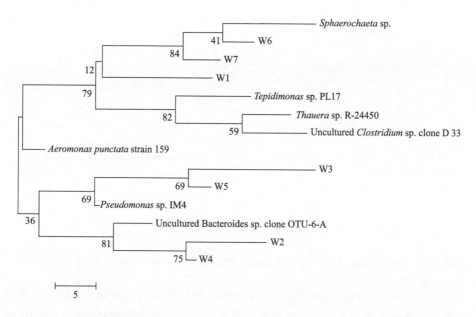

图 3-10 1 号样品克隆文库中的 16S rDNA 基因序列及其在 GenBank 中最相似序列的系统进化树

　　（2）2 号样品的微生物菌群多样性分析　经过测序的 2 号样品（配方 1 激活的样品）产出液微生物 16S rDNA 基因测序结果经过拼接处理后，利用 NCBI 网站的数据库中进行比对分析（表 3-7），并对它们及其最相似序列构建系统发育树（图 3-11）。2 号样品细菌克隆划分为 5 个操作单位类型，具有石油烃降解、降解聚丙烯酰胺和产生物表面活性剂的假单胞菌属细菌占绝对优势的地位，占总微生物的 75%，具有降解烃功能的噬油深海弯曲菌属（*Thalassolituus* sp.）和具有脱氮、降解芳香族化合物等功能的陶厄氏菌属分别占总微生物的 18% 和 6%[5-6]。所得到的 5 个操作单位类型中与数据库已有的 16S rDNA 序列同源性均大于 97%，说明该细菌群落微生物资源稳定。

◆ 表 3-7　2 号样品的 16S rDNA 基因克隆文库分析表

类型	克隆数目	相似序列登录号	亲缘关系最近微生物	相似度	来源
W1	75	FJ211165	*Pseudomonas* sp. IM4	99%	土壤
W2	18	HQ183822	Uncultured *Thalassolituus* sp. clone De21	99%	渗滤液沉淀物
W3	6	AM231040	*Thauera* sp. R-24450	99%	活性污泥
W4	2	EU498374	*Sulfuricurvum* sp.	99%	氯乙烯培养物
W5	1	KF206381	*Tepidimonas* sp. PL17	98%	温泉

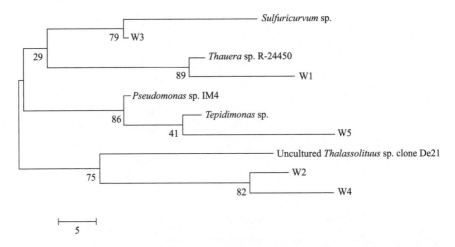

图 3-11　2 号样品克隆文库中的 16S rDNA 基因序列及其在 GenBank 中最相似序列的系统进化树

（3）3 号样品的微生物菌群多样性分析　经过测序的 3 号样品（配方 2 激活的样品）产出液微生物 16S rDNA 基因测序结果经过拼接处理后，利用 NCBI 网站的数据库中进行比对分析（表 3-8），并对它们及其最相似序列构建系统发育树（图 3-12）。3 号样品细菌克隆划分为 5 个操作单位类型，具有脱氮、降解芳香族化合物等功能的陶厄氏菌属，具有石油烃降解、降解聚丙烯酰胺和产生物表面活性剂的假单胞菌属细菌、螺杆菌属（Helicobacter sp.）和产氢、产小分子有机酸及其他小分子有机物的梭菌属分别占 50%、26%、15%、9%[7]。所得到的 5 个操作单位类型中仅有 1 个与数据库中已有的 16S rDNA 序列同源性小于 97%，说明该细菌群落结构微生物资源也较为稳定。

◆ 表 3-8　3 号样品的 16S rDNA 基因克隆文库分析表

类型	克隆数目	相似序列登录号	亲缘关系最近微生物	相似度	来源
W1	50	AM231040	*Thauera* sp. R-24450	99%	活性污泥
W2	26	FJ211165	*Pseudomonas* sp. IM4	99%	土壤
W3	15	DQ011127	Uncultured *Helicobacter* sp. Clone 44	97%	油田
W4	9	KM494506	Uncultured *Clostridium* sp. Clone D33	85%	磷石膏样品
W5	1	JQ624314	Uncultured *Bacteroides* sp. clone OTU-6-A	97%	废水

空白对照组微生物菌群结构主要包括陶厄氏菌属、梭状芽孢杆菌属、拟杆菌属和假单胞菌属细菌，这与前人在大庆油田聚驱后油藏微生物群落结构的研究基本一致。

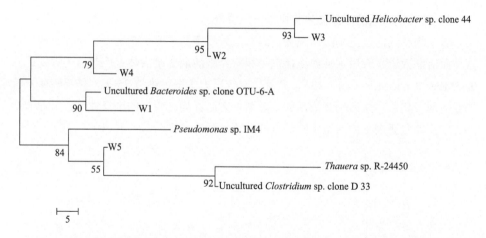

图 3-12　3 号样品克隆文库中的 16S rDNA 基因序列及其在 GenBank 中最相似序列的系统进化树

　　激活剂配方 1 与激活剂配方 2 激活的微生物菌群结构主要差异是激活剂配方 1 激活的微生物菌群主要包括假单胞菌属和噬油深海弯曲菌属两类细菌；而激活剂配方 2 激活的微生物菌群主要包括陶厄氏菌属、假单胞菌属、螺杆菌属和梭菌属。而从动态模拟实验下的驱油效率比较发现，激活剂配方 2 比激活剂配方 1 提高采收率效果更加明显。

　　这表明大庆油田聚驱后油藏南二区块内源微生物采油主要作用机理是脱氮、降解芳香族化合物、产氢、产小分子有机酸而非降解石油烃、降解聚丙烯酰胺和产生物表面活性剂。

二、室内微生物产气实验

　　通过对不同的营养激活剂激活聚驱后油藏本源微生物菌群产气性能、动态物理模拟实验以及对本源微生物定向调控研究。结果表明，营养激活剂 1（糖蜜 0.6%、硝酸钠 0.1%、氯化铵 0.1%、酵母粉 0.02%、磷酸二氢钾 0.02%、硫酸镁 0.02%、磷酸氢二钾 0.01%）和营养激活剂 2（玉米浆干粉 1.0%、硝酸钠 0.2%、磷酸氢二铵 0.15%、氯化钾 0.05%、硫酸镁 0.02%）激活的微生物菌群产气压力分别达到 0.85MPa 和 1.15MPa。物理模拟实验表明，在室内物理模型条件下，营养激活剂 1 和营养激活剂 2 分别能够提高原油采收率 3.4% 和 4.8%。而营养激活剂 1 激活的主要微生物类群是 *Pseudomonas* sp.（72%）、*Arcobacter* sp.（18%）、*Thauera* sp.（6%），营养激活剂 2 激活的主要微生物类群是 *Thauera* sp.（65%）、*Pseudomonas* sp.（18%）、*Clostridium* sp.（9%）。而古菌在营养激活剂激活的过程中菌群结构变化不大。

1. 营养剂激活的本源微生物菌群产气性能

微生物产气性能是本源微生物提高石油采收率的重要机制之一。研究表明，在营养激活剂激活 9 天后，营养激活剂 1 和营养激活剂 2 激活体系产气压力分别达到 0.85MPa 和 1.15MPa（图 3-13），并且生物气压力水平可维持 25 天。结果表明，营养激活剂 1 和营养激活剂 2 激活的本源微生物菌群均有较好的产气性能，营养激活剂 2 较营养激活剂 1 激活微生物产气的性能更强。

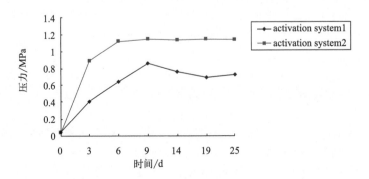

图 3-13　营养剂激活的本源微生物菌群产气压力变化图

2. 营养激活剂物理模拟实验结果

为了评价营养激活剂提高原油采收率的水平，开展了动态物理模拟实验。实验结果表明（表 3-9），在注入 0.3PV 的营养激活剂的情况下，营养激活剂 1 和营养激活剂 2 在水驱提高原油采收率的基础上分别提高原油采收率 3.4% 和 4.8%，结果表明，营养激活剂 2 提高原油采收率效果更明显。

◆ 表 3-9　营养激活剂激活本源微生物物理模拟实验

岩心编号	空气渗透率 /10⁻⁹m²	残余油饱和度 /%	水驱采收率 /%	聚驱采收率 /%	0.3 PV 注入体系	微生物提高采收率 /%
38	1023	65.6	48.6	8.5	模拟油 8.0mPa·s(45℃)，注入污水，培养观察 37 天，模型见产气	3.4
47	1006	71.8	37.6	15.7	模拟油 8.0mPa·s(45℃)，注入污水，培养观察 37 天，模型见产气	4.8
69	1012	67.8	48.9	10.9	空白对照	0

3. 营养激活剂激活过程中微生物菌群变化规律

（1）营养激活剂激活过程中微生物细菌变化规律　利用 16S rDNA 克隆文库技术检测不同营养激活剂激活微生物细菌菌群结构的变化。16S rDNA 测序结果经过拼接，与 NCBI 数据库比对等得到微生物细菌变化规律。如表 3-10 ～表 3-12 所示，在营养激活剂激活前，聚驱后油藏区块主要细菌类型是 *Thauera* sp.（56%）、*Pseudomonas* sp.（21%）、Uncultured *Arcobacter* sp.（8%）、*Acinetobacter* sp.（7%）和 Uncultured *Bacteroides* sp.（5%）；营养激活剂 1 激活后主要细菌类型是 *Pseudomonas* sp.（72%）、Uncultured *Arcobacter* sp.（18%）和 *Thauera* sp.（6%）。营养激活剂 2 激活后主要细菌类型是 *Thauera* sp.（65%）、*Pseudomonas* sp.（18%）和 Uncultured *Clostridium* sp.（13%）。

◆ 表 3-10　激活前样品细菌的 16S rDNA 基因克隆文库分析表

类型	克隆数目	相似序列登录号	亲缘关系最近微生物	相似度	来源
W1	56	AM231040	*Thauera* sp. R-24450	99%	活性污泥
W2	21	FJ211165	*Pseudomonas* sp. IM4	99%	土壤
W3	8	DQ234112	Uncultured *Arcobacter* sp. clone	95%	红树林
W4	7	JF513192	*Acinetobacter baumannii* strain	96%	盐渍土壤
W5	5	JQ624314	Uncultured *Bacteroides* sp. clone	97%	废水
W6	3	KM494506	Uncultured *Clostridium* sp. clone	85%	磷石膏样品
W7	1	KF206381	Uncultured *Marinobacterium* sp.	99%	温泉

◆ 表 3-11　营养激活剂 1 样品细菌的 16S rDNA 基因克隆文库分析表

类型	克隆数目	相似序列登录号	亲缘关系最近微生物	相似度	来源
W1	72	FJ211165	*Pseudomonas* sp. IM4	99%	土壤
W2	18	DQ234112	Uncultured *Arcobacter* sp. clone	95%	红树林
W3	6	AM231040	*Thauera* sp. R-24450	99%	活性污泥
W4	3	JF513192	*Acinetobacter baumannii* strain	96%	盐渍土壤
W5	1	KF206381	Uncultured *Marinobacterium* sp. clone	99%	温泉

◆ 表 3-12　营养激活剂 2 样品细菌的 16S rDNA 基因克隆文库分析表

类型	克隆数目	相似序列登录号	亲缘关系最近微生物	相似度	来源
W1	65	AM231040	*Thauera* sp. R-24450	99%	活性污泥
W2	18	FJ211165	*Pseudomonas* sp. IM4	99%	土壤
W3	13	KM494506	Uncultured *Clostridium* sp. clone	85%	磷石膏样品
W4	3	DQ234112	Uncultured *Arcobacter* sp. clone	95%	红树林
W5	1	JF513192	*Acinetobacter baumannii* strain	96%	盐渍土壤

（2）营养激活剂激活过程中微生物古菌变化规律　利用 16S rDNA 克隆文库技术检测不同营养激活剂激活微生物古菌菌群结构的变化。16S rDNA 测序结果经过拼接，与 NCBI 数据库比对等得到微生物古菌变化规律。如表 3-13 ～表 3-15 所示，在营养激活剂激活前，聚驱后油藏区块主要古菌类型是 uncultured *Methanosaeta* sp.（54%）、uncultured *Methanolinea* sp.（23%）、*Methanobacterium* thermaggregans strain（9%）和 *Methanococcus* sp.（7%）。营养激活剂 1 和营养激活剂 2 激活后本源微生物古菌基本没有变化，主要古菌类型仍然是 uncultured *Methanosaeta* sp.、uncultured *Methanolinea* sp.、*Methanobacterium* thermaggregans strain 和 *Methanococcus* sp.。

◆ 表 3-13　激活前样品古菌的 16S rDNA 基因克隆文库分析表

类型	克隆数目	相似序列登录号	亲缘关系最近微生物	相似度	来源
W1	54	KJ877692	Uncultured *Methanosaeta* sp. clone	98%	油田采出水
W2	23	KF692508	Uncultured *Methanolinea* sp. clone	99%	油田注入水
W3	9	NR_113572	*Methanobacterium thermaggregans* strain	99%	伴生气水
W4	7	AF306670	*Methanococcus* sp.	94%	河口环境
W5	4	HM041917	Uncultured *Thermoprotei archaeon* clone	99%	油藏
W6	2	GQ478061	*Haloferax* sp. CS1-3	100%	盐水
W7	1	KJ131413	*Duganella* sp. ZLP-XI	86%	土壤

◆ 表 3-14　营养激活剂 1 样品古菌的 16S rDNA 基因克隆文库分析表

类型	克隆数目	相似序列登录号	亲缘关系最近微生物	相似度	来源
W1	62	KJ877692	Uncultured *Methanosaeta* sp. clone	98%	油田采出水
W2	25	KF692508	Uncultured *Methanolinea* sp	99%	油田注入水
W3	7	NR_113572	*Methanobacterium thermaggregans* strain	99%	伴生气水
W4	6	AF306670	*Methanococcus* sp.	94%	河口环境
W5	1	HM041917	Uncultured *Thermoprotei archaeon* clone	99%	油藏

类型	克隆数目	相似序列登录号	亲缘关系最近微生物	相似度	来源
W1	61	KJ877692	Uncultured *Methanosaeta* sp. clone	98%	油田采出水
W2	24	KF692508	Uncultured *Methanolinea* sp	99%	油田注入水
W3	8	NR_113572	*Methanobacterium thermaggregans* strain	99%	伴生气水
W4	6	AF306670	*Methanococcus* sp.	94%	河口环境
W5	1	HM041917	Uncultured *Thermoprotei archaeon* clone	99%	油藏

营养激活剂2比营养激活剂1有更好的产生物气性能。此外，营养激活剂2的物理模拟试验结果也显示比营养激活剂1有更高的提高原油采收率的能力。营养激活剂1激活的本源微生物细菌类型是 *Pseudomonas* sp. 和 *Arcobacter* sp.；营养激活剂2激活的本源微生物细菌类型是 *Thauera* sp.、*Pseudomonas* sp. 和 uncultured *Clostridium* sp.，而营养激活剂1和2对古菌的激活类型基本没有变化。

这些研究表明，由营养激活剂2激活的 *Thauera* sp.、*Pseudomonas* sp. 和 uncultured *Clostridium* sp. 等微生物菌群产生物气是本源微生物提高原油采收率的一种重要的机制。

三、室内激活实验

大庆油田采油一厂聚驱后油藏北五队采出井3口，用激活剂A（玉米浆干粉1.0%、硝酸钠0.2%、磷酸氢二铵0.15%、氯化钾0.05%、硫酸镁0.02%）与营养激活剂1分别激活1个月、3个月和5个月，分别取激活前、激活1个月、激活3个月和激活5个月等样品，取样后立即进行基因组DNA的提取用于宏基因组测序和宏转录组测序。

宏基因组（metagenome）是环境中全部微小生物遗传物质的总和，它包含了可培养和未可培养微生物的基因组。油藏微生物宏基因组测序技术是指对油藏的整个微生物群体进行高通量测序，通过测序数据分析油藏环境中微生物群体基因组成及功能，研究油藏微生物多样性、种群结构、生物进化与环境之间的关系，解读微生物群体多样性与丰度，微生物与环境之间的关系，发掘和研究新的、具有特定功能的基因，挖掘具有应用价值的基因资源，开发新的微生物活性物质。微生物宏基因组测序技术主要包括：①油藏微生物基因组DNA提取技术。油藏环境比较复杂，一般环境样品的处理与微生物基因组DNA的提取方法不适于大庆油田油藏微生物基因组DNA的提取，因此，需要探索新的油藏微生物DNA基因组提取技术。②片段化处理技术。片段化处理技术是运用物理方法将基因组DNA随机打断为 200 ～ 500bp 的片段，然后进行测序文库的构建和制备。③宏基因组文库构建与测序技术。④生物信息分析技术。高通量宏基因组文库测序完成后，需要完成对测序数据的一系列生物信息数据分析。

宏转录组（metatranscriptomics）是指从整体水平上研究某一特定环境、特定时期群体生命全部基因组转录情况以及转录调控规律，它以生态环境中的全部 RNA 为研究对象，避开了微生物分离培养困难的问题，能有效地扩展微生物资源的利用空间。相较于宏基因组，宏转录组能从转录水平研究复杂微生物群落变化，能更好地挖掘潜在的新基因。宏转录组测序可原位研究特定生境特定时空下微生物群落中活跃菌种的组成以及活性基因的表达情况，结合理化因素的检测，宏转录组可研究多样本间由于理化等指标的差异，时空上不同微生物群落间活跃成分组成的差异分析。

1. 微生物群落结构变化规律

群落柱形图分析是根据分类学分析结果，可以得知不同分组（或样本）中物种、功能或基因的结构组成情况。根据群落 Bar 图，可以直观呈现两方面信息：①各样本在某一分类学水平上含有何种物种、基因和功能；②样本中各物种、基因和功能的相对丰度（所占比重）。

如图 3-14 通过对聚驱后油藏室内实验不同时间的微生物群落结构的演替变化分析表明，在激活前主要为 unclassified Synergistales（未命名的互养菌目）、*Thermodesulfovibrio*（热脱硫弧菌属）和少量的 *Anaerobaculum*（热土厌氧棒菌属）等微生物菌属。激活一个月后，主要微生物菌属为 *Clostridium*（梭菌属）、*Enterococcus*（肠球菌属）、unclassified Clostridiales（未命名的梭菌目）、*Proteiniphilum*（蛋白杆菌属）、*Bacillus*（芽孢杆菌属）等；厌氧激活 3 个月后，微生物菌属较为丰富，主要为 *Clostridium*（梭菌属）、*Enterococcus*（肠球菌属）、*Anaerosalibacter*（厌氧小杆菌）、*Proteiniphilum*（蛋白杆菌属），还有一部分 *Lachnoclostridium* 菌属以及其他的一些菌属。激活 5 个月后 *Pyramidobacter*（锥体杆菌属）含量占绝对优势，还有少量的梭菌属、肠菌属和厌氧小杆菌等微生物菌属。其中，肠菌属为乳酸菌，梭菌属可产生小分子有机酸及其他小分子有机物，一方面可以为被其他细菌或产甲烷古菌作为代谢底物而利用，另一方面也可以降低油水界面张力，降低原油黏度，从而提高原油采收率，梭菌的产氢也可刺激产甲烷菌生长，芽孢杆菌属为降解原油、乳化原油的兼性厌氧菌，厌氧小杆菌起到脂肪酸积累作用，*Lachnoclostridium* 菌属为乳酸菌，而 *Pyramidobacter* 代谢终产物是甲酸和 CO_2 [8-10]。

2. 微生物采油功能基因

如图 3-15 所示，通过对不同激活时间（P0 为对照，P1，P3，P5 分别代表激活 1、3 和 5 个月的样品）的代谢途径进行分析，代谢功能基因与微生物群落结果分析较为

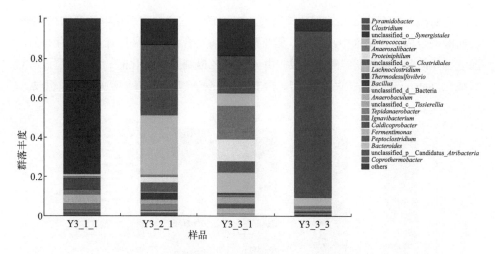

图 3-14　聚驱后油藏室内激活不同时间微生物群落变化图

一致，主要是进行糖代谢相关的功能基因数量增加较多，如糖磷酸转移酶系统（PTS）、糖酵解途径/糖异生途径（glycolysis/gluconeogenesis）、淀粉和蔗糖代谢途径（starch and sucrose metabolism）的相关基因显著增加；产甲酸、乙酸、丙酸等脂肪酸的代谢途径的相关基因也显著增加，如脂肪酸生物合成途径（fatty acid biosynthesis）、脂肪酸代谢途径（fatty acid metabolism）、丙酸代谢途径（propanoate metabolism）等基因的相关数量有较大的增加，此外，还有一些脂类分子的代谢合成途径相关的基因水平增加，如甘油酯代谢（glycerolipid metabolism）、甘油磷脂代谢（glycerophosphatide metabolism）等，可能为表面活性剂的合成提供前体或者中间产物。

其中，糖磷酸转移酶系统是一种原核微生物特有的转运细胞外碳源进入细胞并将其磷酸化的重要代谢系统，它利用磷酸烯醇式丙酮酸为磷酸供体来磷酸化碳源，完整的 PTS 系统由 PtsI、HPr、PtsA、PtsB 和 PtsC 五个蛋白组成。ptsG（编码葡萄糖特异性转运膜透性酶 EⅡBCGlc）、crr（编码胞浆可溶性葡萄糖特异性转运酶 EⅡAGlc）等基因对糖磷酸转移酶系统至关重要[11]。

糖酵解途径/糖异生途径是一种可逆的葡萄糖和丙酮酸转化的重要途径，其中糖酵解途径是将葡萄糖和糖原降解为丙酮酸并伴随着 ATP 生成的一系列反应，是一切生物有机体中普遍存在的葡萄糖降解的途径。在缺氧条件下丙酮酸被还原为乳酸。有氧条件下丙酮酸可进一步氧化分解生成乙酰 CoA 进入三羧酸循环，生成 CO_2 和 H_2O。其中，关键的一些酶如 PGM（磷酸葡萄糖变位酶）、HK（己糖激酶）、GPI（葡萄糖 -6- 磷酸异构酶）、PFK1（磷酸果糖激酶 1）、TPI（磷酸丙糖异构酶）和 PK（丙酮酸激酶）等对糖酵解途径至关重要，尤其是三个限速酶 HK（己糖激酶）、PFK1（磷酸果糖激酶 1）和 PK（丙酮酸激酶）对葡萄糖转化丙酮酸尤为重要。

脂肪酸生物合成途径的起始原料是乙酰 CoA，它主要来自糖酵解产物丙酮酸，脂肪酸的合成是在胞液中。其中，脂肪酸合成酶复合体是一种拥有 7 个活化位置的酶复合体，专门催化脂肪酸的合成，由 ACC（乙酰辅酶 A 羧化酶）、Fas（脂肪酸合成酶）、Fab（烯脂酰 ACP 还原酶）、FAT（烯脂酰 ACP 硫酯酶）等关键酶系组成。

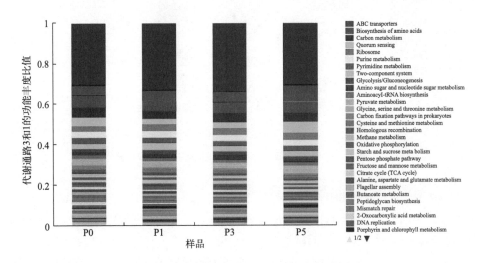

图 3-15　聚驱后油藏室内激活不同时间主要信号途径图

3. 物种对采油功能基因贡献度分析

通过对重点关注的功能基因微生物贡献度分析发现（图 3-16），糖磷酸转移酶系统相关功能基因的微生物贡献度在激活前、激活 1 个月和激活 3 个月的样品中的微生物群落组成较为一致，而在激活 5 个月的样品中，主要是 *Clostridium*（梭菌属）、*Enterococcus*（肠球菌属）发挥贡献，而含量较大的锥体杆菌属相对于其组成来说贡献并不多。糖酵解途径 / 糖异生途径相关功能基因的贡献度研究发现，该途径的相关功能基因与样品的微生物组成比例呈正相关。丁酸和丙酮酸代谢途径的相关功能基因贡献度研究发现，这两个途径的相关功能基因与样品的微生物组成比例呈正相关。

4. 采油功能相关代谢通路中功能基因表达丰度统计

与微生物采油相关度较高的代谢通路主要包括：产气，如甲烷代谢（methane metabolism）、硫代谢（sulfur metabolism）、氮代谢（nitrogen metabolism）；产酸，如膦酸酯和次膦酸酯代谢（phosphonate and phosphinate metabolism）、丙酮酸代谢；产表面活性剂，如肽聚糖生物合成（peptidoglycan biosynthesis）、脂多糖生物合成（lipopolysaccharide biosynthesis）、糖鞘脂生物合成（glycosphingolipid biosynthesis）；石油烃降解，如氯代烷和氯烯烃的降解（chloroalkane and chloroalkene degradation）、萘降解（naphthalene degradation）、芳香化合物的降解

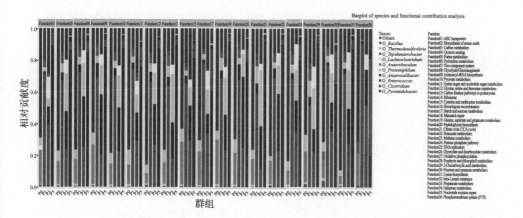

图 3-16　聚驱后油藏室内激活不同时间微生物对代谢途径贡献图

（degradation of aromatic compounds）等。通过宏转录组高通量测序技术，对测序所得序列进行分析后注释，对激活后各样本中功能基因表达丰富度进行统计。

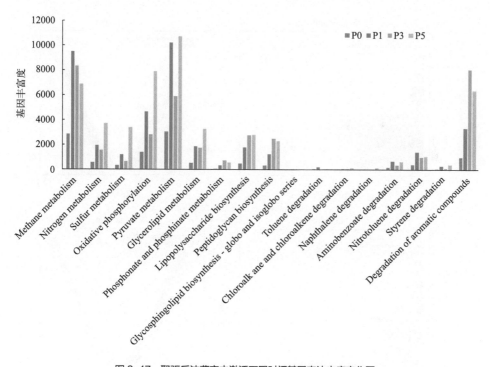

图 3-17　聚驱后油藏室内激活不同时间基因表达丰度变化图

如图 3-17 所示，基因丰富度较高的代谢途径主要集中在甲烷代谢、丙酮酸代谢、氧化磷酸化（Oxidative phosphorylation）及芳香化合物的降解，其次在产气代谢途径中相对比例较高的是氮代谢产生 NH_3 以及硫代谢产生 H_2S 气体，另外在产表面活性剂功能相关的代谢通路中甘油酯类代谢（glycerolipid metabolism）、脂多糖生物合成以及肽聚糖生物合成途径中基因丰富度较高。在激活剂作用的不同时间上，各代谢途径中基因丰富度的总体变化趋势相近，除甲烷代谢途径中基因丰富度随激活时间的增加有所下降外，其他代谢途径中基因总体丰富度最终都在 3~5 个月的时间达到最高值。

5. 聚驱后内源微生物基因差异表达分析

对激活后采出水样品宏转录组测序数据分析，对每个基因的丰度进行样本间的表达差异显著性分析，找到相应的差异表达基因，利用 edgeR 软件，显著差异基因筛选条件为 FDR $\leqslant$ 0.05 和 FC $\geqslant$ 2，对差异表达进行可视化分析[12]。

将激活前与激活后不同时间样本相比，其基因表达水平相关指数分别为 0.0056 和 0.0168，表明两个样本间表达差异较为显著；其中聚驱后内源微生物激活后 3 个月处理样本中上调基因数量为 56574 个，下调基因为 67673 个，激活 5 个月后样品中上调基因数量为 64698 个，下调基因为 65241 个（图 3-18）。

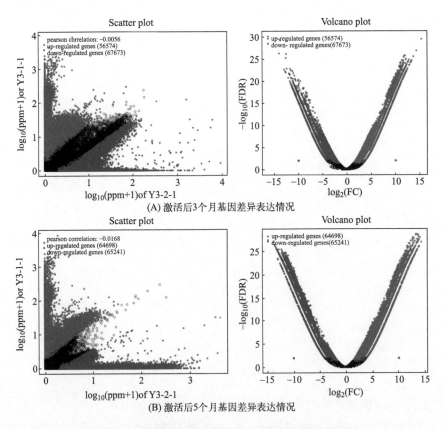

图 3-18　聚驱后油藏室内激活不同时间基因整体差异表达图

对参与微生物驱油参与度较高的主要代谢通路中不同激活时间下内源微生物差异表达的上调基因进行统计，包括产气、产酸、产表面活性剂及石油烃降解等相关基因。

上调基因数量较多的代谢通路主要集中在甲烷代谢、氧化磷酸化、丙酮酸代谢以及肽聚糖生物合成，上调基因数量随着激活时间增加而增加，其中甲烷代谢与丙酮酸代谢中在激活后 5 个月的采出水样本中上调基因数量达到 455 个和 430 个（图 3-19）。

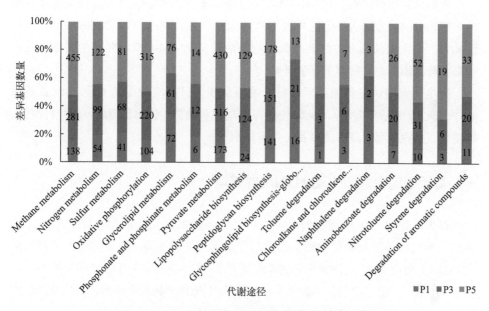

图 3-19　聚驱后油藏室内激活不同时间不同代谢途径基因差异表达图

第三节　聚驱后油藏微生物调剖过程中微生物群落结构研究

尽管 DGGE 电泳技术在研究群落动态和多样性方面存在很多优势，但是必须与其他技术相结合才能弥补不足。通过 16S rRNA 或基因文库也是分析不同种群的相对数量的一种方法。利用 Real-time PCR 扩增特异种属的 16S rRNA 或功能基因，可以对群落的细菌数量和基因表达水平进行定量。因此，与其他分子生物学技术的结合后，可以进一步发挥 DGGE 技术的效能，更好地为微生物群落结构和功能分析服务。

但是，DGGE 技术具有以下缺陷：①其检测的 DNA 片段最适长度为 200～900bp，超出此范围的片段难以检测；②如果电泳的条件不适宜，不能保证可以将有一定序列差异的 DNA 片段完全分开，会出现序列不同的 DNA 迁移在同一位置的现象。DGGE 的条带数不能正确反映被分析的混合物中不同序列的数量。有时一条 DGGE 带可能代表几种菌，或者可能不同的几条 DGGE 带代表同一种细菌。实际上，混合物中细菌 DNA 数量较少的细菌 DNA 可能得不到 PCR 扩增。

我们从基因组提取、16S rDNA 扩增引物、聚丙烯酰胺浓度、变性剂梯度、电泳电压和时间等方面进行优化 PCR-DGGE 反应体系。利用 PCR-DGGE 实验技术方法体系，对大庆油田北二西西块聚合物驱后油藏北 -2-4-P49 油井微生物调剖过程中细菌群落结构变化规律进行了研究[13]。

微生物调剖试验结果显示，日产液下降 3t，日产油量提高 11t，含水量下降 4t。PCR-DGGE 结果显示，北 -2-4-P49 主要的优势种群为假单胞菌属、不动杆菌属、梭菌属、热微菌属、厚壁菌属和一些未知菌属。

一、基因组的提取和 16S rDNA 的扩增

首先，提取微生物调剖前、中、后时期样品的细菌基因组，如图 3-20（A）所示，得到的基因组条带清晰，明亮，可用于后续的实验。然后，用大多数细菌 16S rDNA 通用引物 BSF338/BSR534 扩增用于 PCR-DGGE 的 16S rDNA 基因，如图 3-20（B）所示，我们得到的 16S rDNA 基因 PCR 产物条带清晰、特异性高。扩增产物经琼脂糖回收和纯化试剂盒进行回收和纯化。

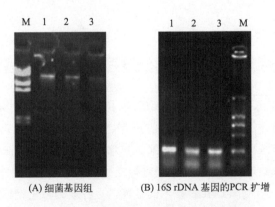

(A) 细菌基因组　　　　(B) 16S rDNA 基因的PCR 扩增

图 3-20　基因组的提取和 16S rDNA 的扩增

1，2，3—分别代表微生物调剖前、中、后期

二、DGGE 电泳和分析

16S rDNA 扩增后，对微生物调剖前、中、后期的细菌 16S rDNA 扩增产物进行 DGGE 电泳。如图 3-21 所示，微生物调剖不同时期，优势条带明显，并且，优势条带有一些明显的变化。微生物调剖过程中，p7、p10、p20 条带有明显增强趋势。这些结果初步表明，北 -2-4-P49 油井在微生物调剖过程中细菌多样性丰富，细菌群落结构变化明显。

对优势条带进行切胶、克隆，克隆子测序结果经过拼接处理后，以 FASTA 格式在 GenBank 数据库中进行 BLAST 比对分析（表 3-16），并对它们及其在 GenBank 中的最相似序列构建系统发育树。结果显示，微生物调剖早期优势细菌菌群主要包括假单胞菌属、不动杆菌属和一些未培养细菌；微生物调剖中期优势细菌主要包括不动杆菌属、厚壁菌和一些未培养细菌；微生物调剖后期优势细菌主要包括不动杆菌属、厚壁菌、假单胞菌属和一些未培养细菌。微生物调剖过程中，有明显增强趋势条带 p7、p10、p20 分别代表的是厚壁菌、不动杆菌属、假单胞菌属。作为主要微生物采油菌，它们在大庆油田微生物调剖过程中可以起到降解烷烃、降解聚丙烯酰胺、脱硫、脱氮和产生表面活性剂以降低稠油黏度的作用[14]。

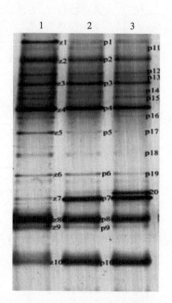

图 3-21　细菌 16S rDNA
V3 ~ V6 区 PCR － DGGE 图谱

1，2，3—分别代表微生物调剖前、中、后期

◆ 表 3-16　微生物调剖过程细菌 16S rDNA 的 PCR-DGGE 优势种群分析

条带	相似序列登记号	亲缘关系最近微生物	相似度 /%	来源
z1	FJ755950	*Pseudomonas* sp.	98	废水
z2	GQ340204	Uncultured bacterium	99	水
z3	AB242772	*Pseudomonas* sp.	97	番茄叶
z4	EU073105	*Acinetobacter* sp.	100	土壤
z5	EU604517	Uncultured bacterium	99	固氮菌
z6	FJ485015	Uncultured epsilon Proteobacterium	100	潜水治孔
z7	CU917858	Uncultured Thermotogae bacterium	99	污泥
z8	EU073105	*Acinetobacter* sp.	100	土壤
z9	EU522652	Uncultured Clostridia bacterium	98	油砂

条带	相似序列登记号	亲缘关系最近微生物	相似度 /%	来源
z10	FJ547378	*Chryseobacterium* Wanjuense	97	土壤
p1	AB508898	*Agrobacterium* sp.	98	土壤
p2	FJ638600	Uncultured bacterium	99	多泥的温泉
p3	EU722263	Uncultured candidate division	93	生产用水
p4	FJ638600	Uncultured bacterium	95	多泥的温泉
p5	AB433165	Uncultured bacterium	94	海湾
p6	AB177244	Uncultured bacterium	92	海洋边缘
p7	EF188504	Uncultured Firmicutes bacterium	90	洞穴
p8	FJ712453	Uncultured bacterium	91	海洋
p9	AJ867601	Uncultured bacterium	93	地下沉积物
p10	DQ452476	*Acinetobacter* sp.	100	—
p11	GQ106512	Uncultured bacterium	99	人的皮肤
p12	EF648105	Uncultured beta Proteobacterium	99	水
p13	GQ214548	*Pseudomonas* sp.	100	—
p14	AB242772	*Pseudomonas* sp.	96	番茄叶
p15	AY940530	Uncultured bacterium	93	湖泊
p16	EU604392	Uncultured bacterium	95	污水
p17	FJ901173	Uncultured bacterium	93	含水期
p18	EF648090	Uncultured bacterium	100	采出水
p19	GQ068245	Uncultured bacterium	98	人的皮肤
P20	FJ601641	*Pseudomonas* sp.	99	土壤

第四节　聚驱后油藏内源微生物驱油过程中菌群演替规律研究

一、大庆油田采油四厂内源微生物采油现场试验效果研究

为了评价内源微生物采油矿场试验效果，分析了大庆油田内源微生物驱油前后油水界面张力、采出液水质生化指标、细菌群落结构和采油量的变化。结果表明：注入营养剂后油水界面张力降低25%，采出液中产生了一定量的乙酸、乳酸等低分子有机酸；营养剂激活后微生物群落结构趋于简单化，激活后主要优势菌群为弓

形杆菌属、陶厄氏菌属、不动杆菌属和梭菌属；注入营养剂后试验区块平均日产液量由456t增加到528t，平均日产油量由15.2t最高增加到28.5t。矿场试验注入的营养剂定向激活了有益功能菌，达到提高原油采收率的目的。

1. 现场试验油水界面张力的变化

微生物采油就是利用微生物代谢产物中的生物表面活性剂和生物聚合物，提高注入水的波及系数和降低油水界面张力[15]。使用Texax-500C界面张力仪对激活前后的油水界面张力进行测定。结果显示，中心井X的油水界面张力由注入前的12.14mN/m下降到9.35mN/m，下降了23%。结果表明，在注入营养剂的过程中激活的菌液产生了表面活性剂物质，降低了油水界面张力。

2. 低分子量有机酸变化特征

微生物提高代谢产物中的酸、气体有助于提高地层压力，增大油层渗透率，提高注入水的波及系数。低分子量有机酸可以被其他细菌或产甲烷古菌作为代谢底物而利用，低分子量有机酸的积累也可以降低油水界面张力，提高原油采收率[16]。使用BioProfile 300A生化分析仪对注入营养剂激活前后的水质生化指标进行测定。结果如表3-17所示，内源微生物的代谢产物乙酸和乳酸的浓度有所增加。结果表明，在内源微生物采油过程中激活的菌液代谢产生了低分子量有机酸。

◆ 表3-17 注入营养剂前后中心井X的采出液水质生化指标

样品	乙酸 / (m mol/L)	乳酸 / (g/L)	铵根离子 / (m mol/L)	葡萄糖 / (g/L)
注入前	0.8	0	0.05	0
注入后	12.4	0.09	0.07	0.12

3. 细菌群落结构变化特征

内源微生物采油的关键是定向激活微生物采油有益菌，微生物的群落结构解析是评价营养剂激活效果的重要指标。利用16S rDNA基因克隆文库技术分析注入营养剂前后样品采出液中的细菌群落结构进行分析。结果如表3-18、表3-19和图3-22显示，注入营养剂后，具有硫化物氧化和硝酸盐还原功能的弓形杆菌属、具有脱氮和降解芳香族化合物等功能的陶厄氏菌属、具有石油烃降解和产生物表面活性剂功能的不动杆菌属、具有产氢和产小分子有机酸及其他小分子有机物的梭菌属以及大庆油田聚驱后油藏常见的微生物菌属未培养的菌属DQB-T13被激活[17-19]，分别占66%、18%、12%、3%和1%。

从内源菌的激活效果表明，弓形杆菌是油藏中微生物生长和氮、硫元素代谢的主要参与者，起到维持油藏环境适宜细菌生长的作用。陶厄氏菌作为重要的脱氮和降解芳香族化合物细菌使原油中的氮脱出，降低油水界面张力，改善原油的流动性。不动杆菌可以降解石油烃和产生生物表面活性剂物质，从而降低界面张力[20]。梭菌产生的小分子有机酸及其他小分子有机物，一方面可以为被其他细菌或产甲烷古菌作为代谢底物而利用，另一方面也可以降低油水界面张力，降低原油黏度，从而提高原油采收率，梭菌的产氢也可刺激产甲烷菌生长。总之，营养剂激活的内源微生物菌群上述功能的集中发挥作用才使得微生物采油矿场试验取得了较好的增油效果。

◆ 表 3-18　注入营养剂前采出液中微生物的 16S rDNA 基因克隆文库分析

类型	克隆子数目	GenBank 序列号	系统上最相近的细菌类型	相似性 /%	来源
W1	37	AY692045	弓形杆菌属克隆 I62	99	废水处理反应器
W2	35	JX047089	不动杆菌属克隆 KSB118	94	海洋温泉
W3	12	GQ415367	未培养细菌克隆 DQB-T13	99	油藏采出液
W4	6	JF808030	未培养厚壁菌门细菌克隆 YNB-6	98	油藏采出液
W5	5	AM231040	陶厄氏菌属 R-24450	99	活性污泥
W6	2	KM494506	未培养梭菌属克隆 D_33	85	磷石膏样品
W7	2	GU080088	细菌富集培养克隆 N47	89	焦油污染沉积物
W8	1	KF206381	台湾温单胞菌属细菌 PL17	98	温泉

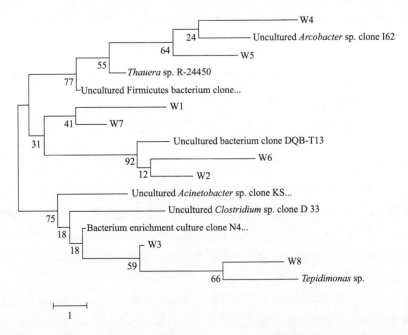

图 3-22　基于 16S rDNA 基因序列及其在 GenBank 中最相似序列构建的 NJ 系统发育进化树

◆ 表 3-19　注入营养剂后采出液中微生物的 16S rDNA 基因克隆文库分析

类型	克隆子数目	GenBank 序列号	系统上最相近的细菌类型	相似性 /%	来源
T1	66	AY692045	弓形杆菌属克隆 I62	99	废水处理反应器
T2	18	AM231040	陶厄氏菌属 R-24450	99	活性污泥
T3	12	JX047089	不动杆菌属克隆 KSB118	94	海洋温泉
T4	3	KM494506	未培养梭菌属克隆 D_33	85	磷石膏样品
T5	1	GQ415367	未培养细菌克隆 DQB-T13	99	油藏采出液

4. 矿场应用效果

注入营养剂 5 个月截至 2015 年 2 月后试验区监测数据基本稳定，平均日产液量由 456t 增加到 528t，增加了 72t；平均日产油量由 15.2t 最高增加到 28.5t，增加了 13.3t；综合含水率由 96.7% 下降到 94.6%，下降了 2.1 百分点。

注入营养剂激活的内源微生物产生了表面活性剂、乙酸和乳酸等代谢产物，降低了油水界面张力，提高了注入水的波及体积。注入营养剂后，油藏微生物的多样性减少，但定向激活了弓形杆菌属、不动杆菌属、陶厄氏菌属和梭菌属等微生物采油有益菌属。矿场试验表明，注入营养剂后试验区块日产液和日产油均明显增加，综合含水率下降。

二、大庆油田采油二厂聚驱后油藏现场激活试验

大庆油田采油二厂聚驱后油藏采出井 6 口，用激活剂 A 激活 3 个月和 9 个月，分别取样激活前、激活 3 个月、激活 9 个月等 18 个样品。取样后立即进行基因组 DNA 的提取用于高通量宏基因组测序。

1. 微生物群落结构变化规律

激活剂处理后不同阶段的微生物群落结构差异较大（图 3-23），假单胞菌、弓形杆菌和陶厄氏菌在激活前处于优势地位，经过激活剂现场激活 3 个月后，不动杆菌属处于优势地位，*Methanoculleus*（甲烷袋状菌属）比例增加到 8% 左右 *Methanosaeta*（甲烷鬃毛菌属）比例增加，假单胞菌属和陶厄氏菌属比例下降，弓形杆菌属数量急剧减少。激活 9 个月后，假单胞菌属、弓形杆菌属和陶厄氏菌属又恢复到激活前的水平，不动杆菌属比例由 48% 降至 8%，甲烷袋状菌属比例降到激活前水平，而甲烷鬃毛菌属逐渐增多。结果表明，假单胞菌属、陶厄氏菌属和弓形杆菌属先减少后恢复，而甲烷袋状菌属、不动杆菌属则表现出先增多后减少的趋势，而甲烷鬃毛菌属逐渐增多。

不动杆菌属细菌通过氧化酶将石油烃氧化成小分子物质，或彻底氧化分解成

CO_2 和 H_2O，在这个过程中获得能量进行代谢[21]。石油烃的组分复杂，因此不动杆菌也存在多种复杂的酶系，通过不同的代谢途径降解石油烃。不动杆菌属菌株产生的表面活性剂主要为糖脂、脂肽和聚合物三类，往往具有较高的乳化能力。弓形杆菌属是油藏中微生物生长和氮、硫元素代谢的主要参与者，起到维持油藏环境适宜细菌生长的作用[22]。陶厄氏菌作为重要的脱氮和降解芳香族化合物细菌，使原油中的氮脱出，降低油水界面张力，改善原油的流动性。梭菌产生的小分子有机酸及其他小分子有机物，一方面可以为被其他细菌或产甲烷古菌作为代谢底物而利用，另一方面也可以降低油水界面张力，降低原油黏度，从而提高原油采收率，梭菌的产氢也可刺激产甲烷菌生长[23]。假单胞菌具有降解原油、产表面活性剂等采油性能。

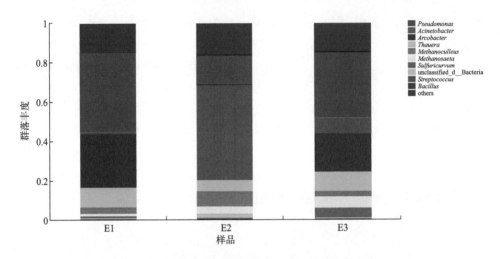

图 3-23　聚驱后油藏现场激活试验不同时间微生物群落变化图

2. 微生物采油功能基因变化规律

分别用 FTO、FT3、FT9 代表激活前、激活 3 个月、激活 9 个月的样品，通过对不同激活时间的代谢途径进行分析，如图 3-24 和图 3-25 所示，代谢功能基因与微生物群落结果分析较为一致，微生物代谢途径变化呈现先增加再恢复的变化情况。主要表现是甲烷代谢相关基因增加后略微降低，烃降解相关的功能基因数量先增加后恢复到激活前水平，如糖酵解途径/糖异生途径、芳香族化合物的降解、萘降解的相关基因先增加后恢复到激活前水平；脂肪酸合成、代谢和降解相关途径和不饱和脂肪酸合成途径的相关基因也显著增加，如脂肪酸生物合成途径、脂肪酸代谢途径、丙酸代谢途径、不饱和脂肪酸的生物合成（biosynthesis of unsaturated fatty acids）、丁酸代谢途径（butanoate metabolism）等基因数量有较大的增加后恢复到激活水平，此外，还有一些脂类分子或者多糖的代谢合成途径相关的基因水平增

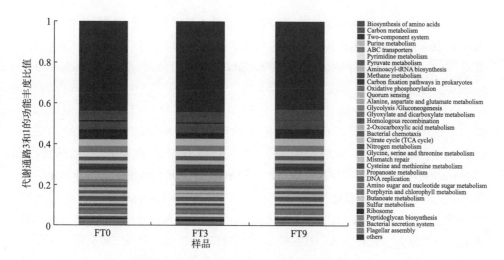

图 3-24　聚驱后油藏现场激活不同时间主要信号途径图

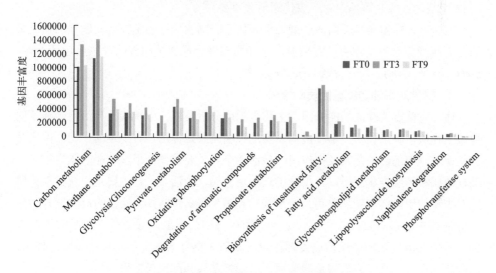

图 3-25　聚驱后油藏现场激活不同时间信号途径变化图

加，如甘油磷脂代谢、甘油酯代谢、脂多糖生物合成等，可能为表面活性剂的合成提供前体或者中间产物。

　　芳香族化合物的降解在苯环裂解之前，首先经各种修饰化作用，如脱卤、脱羟基、脱甲氧基、脱氨基、脱烷基等，从而被转化为两种重要的中间体：苯甲酸和4-羟基苯甲酸[24]。目前一般认为苯甲酸途径分为以下几个阶段：硫酯的形成；苯环的还原过程；羧基的引入；环的裂解过程；β氧化反应，产生主要代谢产物——乙酰CoA。如苯甲酸代谢一样，4-羟基苯甲酸最初也是经CoA的硫酯化作用而被激活。4-羟苯甲酰CoA连接酶对于4-羟基苯甲酸的降解是必不可少的。4-羟基苯甲酰 CoA 可进一步脱羟基还原为苯甲酰 CoA 而进入苯甲酸途径，该反应由 4- 羟基苯甲酰 CoA 还原酶催化。其中关键的一些基因包括 *hbaA*（4- 羟苯甲酰 CoA 连接酶）、*hcrC*（4- 羟基苯甲酰 CoA 还原酶）、*badK*（1- 环己烯 -1- 羧基 -CoA 水合酶）、*badH*（2- 羟基环己烷羧基 -CoA 脱氢酶）等。

甲烷代谢是产甲烷菌利用 CO_2、乙酸和简单甲基化合物这 3 类物质作为碳源产甲烷的代谢过程。根据其利用的底物可以将产甲烷菌分为 3 类：①还原 CO_2 型，主要利用 H_2、甲酸作为电子供体还原 CO_2 产甲烷，例如甲烷短杆菌（*Methanobrevibacter*）；②甲基营养型，通过 H_2 还原甲基化合物中的甲基产甲烷或通过甲基化合物自身的歧化作用产甲烷，例如甲烷球菌（*Methanococcus*）；③乙酸型，通过裂解乙酸，将乙酸的羧基氧化为 CO_2，甲基还原为甲烷。其中 *Mcr*（甲基辅酶 M 还原酶）、*mtrA*（四氢甲基蝶呤 S- 甲基转移酶）、*Hdr*（异质二硫化物还原酶）、*Fdh*（谷胱甘肽非依赖性甲醛脱氢酶）、*Mtd*（甲酰四氢甲烷蝶呤脱氢酶）、*Mt*（辅酶 M 甲基转移酶）等基因对甲烷代谢至关重要[25]。

脂多糖、糖脂类等表面活性剂物质和代谢产物肽聚糖的生物合成途径的相关基因在激活剂激活的过程中被有效激活，如脂多糖合成相关的基因（主要包括 *lpxA*、*lpxD*、*kdsA*、*kdtA*、*lnt*、*rfbX*、*rfc*、*rfaL* 等）。

3. 物种对采油功能基因贡献度分析

通过对重点关注的功能基因微生物贡献度分析发现，甲烷代谢激活前主要是优势微生物假单胞菌属、弓形杆菌属和陶厄氏菌属发挥作用，有少量的甲烷古菌甲烷袋状菌属、甲烷鬃毛菌属发挥作用，激活 3 个月主要发挥产甲烷功能的微生物是不动杆菌属和甲烷袋状菌属以及少量甲烷鬃毛菌属，激活 9 个月主要是甲烷鬃毛菌属以及少量的甲烷袋状菌属、弓形杆菌属；糖酵解途径 / 糖异生途径的贡献度与微生物群落结构基本一致；脂肪酸代谢主要由优势细菌贡献，激活前主要是假单胞菌属、弓形杆菌属和陶厄氏菌属发挥作用，激活 3 个月主要是不动杆菌属发挥作用，而激活 9 个月则又恢复为假单胞菌属、弓形杆菌属和陶厄氏菌属。

参考文献

[1] Van Hamme J D，Singh A，Ward O P. Recent advances in petroleum microbiology [J]. Microbiol Mol Biol Rev，2003，67（4）：503-549.

[2] 支晓鹏，刘清锋，邬小兵，等. 产氢菌 *Enterobacter* sp. 和 *Clostridium* sp. 的分离鉴定及产氢特性 [J]. 生物工程学报，2007，（1）：152-156.

[3] 张虹，任国领，徐晶雪，等. 大庆油田低渗透油藏假单胞菌的筛选及性能评价 [J]. 东北林业大学学报，

2015，43（7）：143-145.

[4] Sette L D，Simioni K C，Vasconcellos S P，et al. Analysis of the composition of bacterial communities in oil reservoirs from a southern offshore Brazilian basin [J] Antonie Van Leeuwenhoek，2007，91（3）：253-266.

[5] [1] 杨华，黄钧，赵永贵，等. 陶厄氏菌 *Thauera* sp. strain TN9 的鉴定及特性 [J]. 应用与环境生物学报，2013，19（2）：318-323.

[6] 任国领，曲丽娜，乐建君，等. 大庆萨南开发区高台子油层细菌群落结构 [J]. 大庆石油学院学报，2011，35（4）：71-76.

[7] 纪凯华. 聚驱后油藏内源微生物驱油过程中的生化效果评价 [D]. 天津：南开大学，2012.

[8] 任海伟，刘菲菲，李梦玉，等. 玉米秸秆和白菜废弃物在不同贮存条件下的微生物群落 [J]. 应用与环境生物学报，2018，24（2）：281-291.

[9] 肖鸿禹. 产甲酸草酸杆菌细胞数群体感应系统 *hdtS* 基因的克隆和功能分析 [D]. 哈尔滨：东北农业大学，2013.

[10] Nakajima M，Tanaka N，Furukawa N，et al. Mechanistic insight into the substrate specificity of 1，2-β-oligoglucan phosphorylase from Lachnoclostridium phytofermentans [J]. Scientific Reports，2017，7：42671.

[11] 韩聪. 大肠杆菌 ptsG 基因敲除及其缺陷株生长特性研究 [D]. 沈阳：沈阳药科大学，2003.

[12] 刘金亮. 一株高效产絮菌的基因组测序及胞外多糖合成组学研究 [D]. 沈阳：东北大学，2018.

[13] 张虹，任国领，曲丽娜，等. 大庆油田聚驱后油藏细菌群落演替规律研究 [J]. 大庆师范学院学报，2013，33（03）：90-93.

[14] Takeshi O，Ken I K，Yoshiharu D. Cloning and characterization of the polyhydroxybutyrate depolymerase gene of *Pseudomonas* stutzeri and analysis of the function of substrate-binding domains [J]. Appl Environ Microbiol，1999，65（1）：189-197.

[15] 郝春雷，刘永建，王大威，等. 复合驱油菌 SF67 的性能评价及现场应用 [J]. 大庆石油学院学报，2008，（2）：27-31.

[16] 郭省学，宋智勇，郭辽原，等. 微生物驱油物模试验及古菌群落结构分析 [J]. 石油天然气学报，2010，32（1）：148-152.

[17] 艾明强，李慧，刘晓波，等. 大庆油田油藏采出水的细菌群落结构 [J]. 应用生态学报，2010，21（4）：1014-1020.

[18] 袁志华，许晨. 松辽盆地西部杜 75 块油气微生物勘探研究 [J]. 特种油气藏，2012，19（1）：47-50+137.

[19] 张君，李强，侯煜彬，等. 荧光原位杂交技术快速检测产甲烷菌的变化 [J]. 大庆石油地质与开发，2012，31（1）：145-149.

[20] 柏璐璐. 基于分子生物学的大庆油田聚驱后内源微生物资源评价 [J]. 大庆石油学院学报，2011，35（5）：35-41.

[21] 杨劼，宋东辉. 一株不动杆菌降解石油烃的特性及关键烷烃降解基因分析 [J]. 微生物学通报，2020，47（10）：3237-3256.

[22] 薛媛，高怡文，洪玲，等. 内源激活剂驱油藏内微生物菌群结构变化分析 [J]. 科学技术与工程，2019，19（8）：40-46.

[23] 伊丽娜，崔庆锋，俞理，等. 内源微生物驱后油藏理化性质变化及细菌群落结构解析 [J]. 科学技术与工程，2013，13（24）：6984-6989.

[24] 饶佳家，霍丹群，陈柄灿，等. 芳香族化合物的生物降解途径 [J]. 化工环保，2004，（5）：323-327.

[25] 方晓瑜，李家宝，芮俊鹏，等. 产甲烷生化代谢途径研究进展 [J]. 应用与环境生物学报，2015，21，（1）：1-9.

第四章

微生物采油分子生物学技术在复合驱后油藏中的应用

第一节 复合驱后油藏内源微生物室内激活实验研究

大庆油田采油四厂三元复合驱后油藏采出井3口,用激活剂A分别激活1个月、3个月和5个月,分别取样激活前、激活1个月(加激活剂和未加激活剂)、激活3个月(加激活剂和未加激活剂)和激活5个月(加激活剂和未加激活剂)等样品。取样后立即进行基因组DNA的提取用于宏基因组测序,立即进行RNA的提取进行宏转录组的测序(图4-1)。

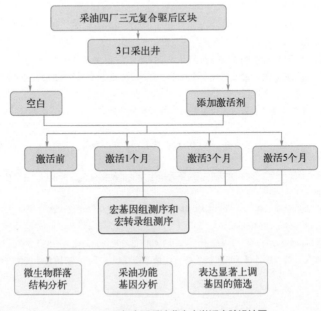

图4-1 三元复合驱后油藏室内激活实验设计图

一、微生物群落结构变化规律

群落柱形图分析是根据分类学分析结果，可以得知不同分组（或样本）中物种、功能或基因的结构组成情况。根据群落 Bar 图，可以直观呈现两方面信息：各样本在某一分类学水平上含有何种物种、基因和功能；样本中各物种、基因和功能的相对丰度（所占比重）[1]。

如图 4-2 所示，三元复合驱油藏的微生物群落变化规律如下：脱硫弯曲杆菌属（*Desulfonatronum* sp.）含量急剧下降，盐单胞菌属（*Halomonas*）逐渐增多，厌氧棒菌属（*Anaerobaculum*）呈先增加中间减少又恢复的变化特征，嗜温菌属（*Tepidiphilus*）1 个月先略微增加，3 个月时达到最大，然后又下降到 1 月的水平。芽孢杆菌属 1 个月和 3 个月增加，5 个月下降到原始水平。其中，脱硫弯曲杆菌是硫酸盐还原菌，是硫代谢重要的菌属[2]；盐单胞菌属是中度嗜盐菌，具有降解原油、渗透调节（分泌四氢嘧啶）、乳化原油、产多糖等特征[3]；厌氧棒菌属具有代谢多种碳水化合物生成有机酸，且具有生成 H_2 的能力；嗜温菌属是水解酸化、产氢产酸的优势菌属[4-5]。

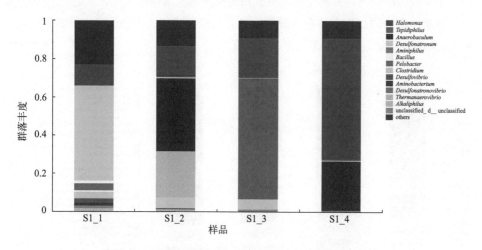

图 4-2　三元复合驱后油藏室内激活不同时间微生物群落变化图

二、微生物采油功能基因

通过对不同激活时间的代谢途径进行分析，如图 4-3 所示，代谢功能基因与微生物群落结果分析较为一致，主要是烃降解相关的功能基因数量增加，如糖酵解途径/糖异生途径、芳香族化合物的降解、苯乙烯降解、多环芳烃降解、萘降解的相关基因显著增加；脂肪酸合成、代谢和降解相关途径和不饱和脂肪酸合成途径的相关基因也显著增加，如脂肪酸生物合成途径、脂肪酸代谢途径、丙酸代谢途径、不饱和脂肪酸的生物合成等基因数量有较大的增加，此外，还有一些脂类分子或者多糖的代谢合成途径相关的基因水平增加[6-7]。如甘油酯代谢、脂多糖生物合成等，可能为表面活性剂的合成提供前体或者中间产物；甲烷代谢相关的基因水平也有所增加。

在厌氧条件下，芳香族化合物的降解在苯环裂解之前，首先经各种修饰化作用，如脱卤、脱羟基、脱甲氧基、脱氨基、脱烷基等，从而被转化为两种重要的中间体：苯甲酸和 4- 羟基苯甲酸。目前一般认为苯甲酸途径[8]分为以下几个阶段：硫酯的形成；苯环的还原过程；羧基的引入；环的裂解过程；β 氧化反应，产生主要代谢产物——乙酰 CoA。如苯甲酸代谢一样，4- 羟基苯甲酸最初也是经 CoA 的硫酯化作用而被激活。4- 羟苯甲酰 CoA 连接酶对于 4- 羟基苯甲酸的降解是必不可少的。4-羟基苯甲酰 CoA 可进一步脱羟基还原为苯甲酰 CoA 而进入苯甲酸途径，该反应由 4-羟基苯甲酰 CoA 还原酶催化。其中关键的一些基因 hbaA（4- 羟苯甲酰 CoA 连接酶）、hcrC（4- 羟基苯甲酰 CoA 还原酶）、badK（环己 -1- 烯 -1- 羧基 -CoA 水合酶）、badH（2-羟基环己烷羧基 -CoA 脱氢酶）等。

脂多糖、糖脂类等表面活性剂物质和代谢产物肽聚糖的生物合成途径的相关基因在激活剂激活的过程中被有效激活，如脂多糖合成相关的基因（主要包括 lpxA、lpxD、kdsA、kdtA、lnt、rfbX、rfc、rfaL 等）。

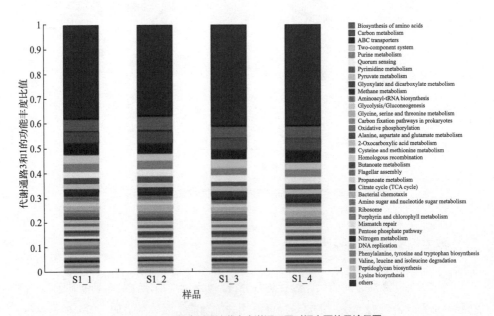

图 4-3　三元复合驱后油藏室内激活不同时间主要信号途径图

三、物种对采油功能基因贡献度分析

通过对重点关注的功能基因微生物贡献度分析发现（图4-4），芳香族化合物降解、脂肪酸代谢、脂多糖合成、磷脂合成、肽聚糖合成功能贡献度与样品的微生物组成比例基本呈正相关，如在激活前主要是脱硫弯曲杆菌属、盐单胞菌属发挥功能，激活1个月主要是盐单胞菌属、厌氧棒菌属发挥功能，激活3个月主要是硫杆菌属、盐单胞菌属发挥功能，激活5个月主要是盐单胞菌属、厌氧棒菌属发挥功能。结果表明这些优势微生物对上述功能的贡献起着重要的作用。但是，甲烷代谢相关的微生物古菌没有得到有效检测。

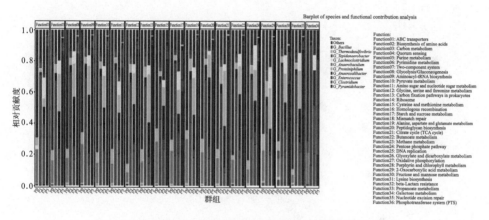

图4-4　三元复合驱后油藏室内激活不同时间微生物对代谢途径贡献图

四、采油功能相关代谢通路中功能基因表达丰度统计

与微生物采油相关度较高的代谢通路主要包括产气（甲烷代谢、硫代谢、氮代谢）、产酸（磷酸代谢、丙酮酸代谢）、产表面活性剂（肽聚糖生物合成、脂多糖生物合成、糖鞘脂生物合成）及石油烃降解（氯烷和氯烯烃的降解、萘降解、芳香化合物的降解）等[9-10]。通过宏转录组高通量测序技术，对测序所得序列进行质检分析后注释，对激活后各样本中功能基因表达丰富度进行统计（图4-5）。

结果表明，代谢途径中基因丰富度最高的是氧化磷酸化通路，随着激活剂作用时间的增加，1个月就已经明显升高达到最大值，在3个月时有所下降但在5个月又恢复高度，微生物的各种代谢过程都需要提供能量，而氧化磷酸化途径中各个酶基因的主要功能就是参与电子传递为微生物代谢提供能量；其次是丙酮酸代谢及甲烷代谢途径中基因丰富度较高，并且随着激活时间的增加而有所增加，最终在激

活 5 个月的时间达到最大值。从基因表达参与情况来看，在激活剂的作用下，一些参与丙酮酸代谢产生草酸、乙酸等以及产甲烷菌的微生物中基因表达活跃度明显升高，从而可视为提高采收率的主要机理；参与石油烃降解途径的代谢通路中，基因丰富度比例相对较低，相对贡献不大。

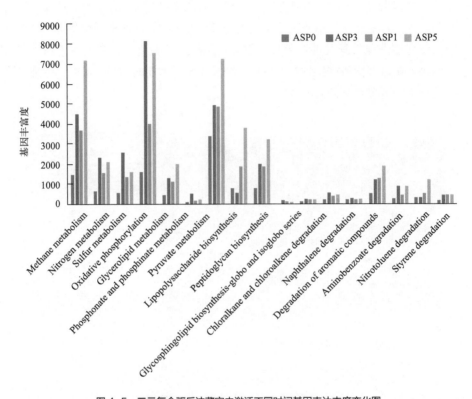

图 4-5 三元复合驱后油藏室内激活不同时间基因表达丰度变化图

五、三元驱后内源微生物基因差异表达分析

对激活后采出水样品宏转录组测序数据分析，对每个基因的丰度进行样本间的表达差异显著性分析，找到相应的差异表达基因，利用 edgeR 软件，显著差异基因筛选条件为 FDR ≤ 0.05 和 FC ≥ 2，对差异表达进行可视化分析[11]（图 4-6）。

三元复合驱后油藏将激活前与激活后 3 个月和 5 个月两个时间点样本相比，其基因表达水平相关指数分别为 0.0225 和 0.0882；其中激活后 3 个月的样品中上调基因数量共 13781 个，下调基因为 2520 个，激活后 5 个月样品中上调基因数量共 23726 个，下调基因为 3999 个。

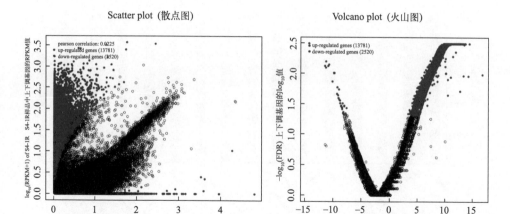

(A) 激活后3个月基因差异表达情况

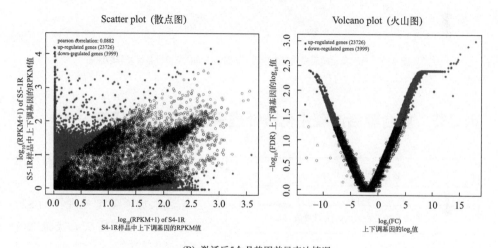

(B) 激活后5个月基因差异表达情况

图4-6 三元复合驱后油藏室内激活不同时间基因整体差异表达图

　　三元复合驱后内源微生物总体上调基因数量较少，按比例比较上调基因数量较多的代谢通路主要集中在产气功能相关的代谢通路甲烷代谢、氮代谢和硫代谢、能量代谢相关的途径氧化磷酸化以及产酸相关功能的丙酮酸代谢，上调基因数量总体趋势随着激活时间增加而增加，其中丙酮酸代谢和氧化磷酸化途径在激活后5个月的采出水样本中上调基因数量达到24和21个（图4-7）。

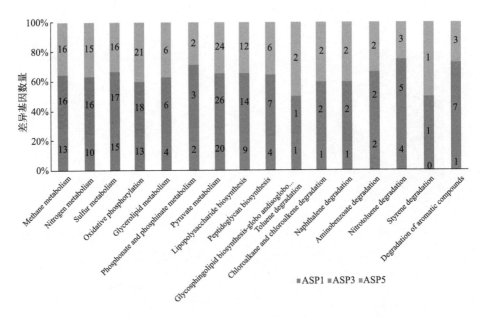

图 4-7　三元复合驱后油藏室内激活不同时间不同代谢途径基因差异表达图

第二节　复合驱后油藏生化法处理采出污水技术研究

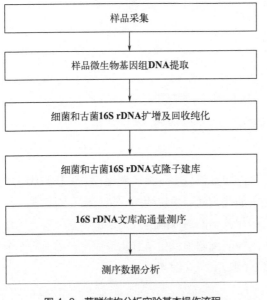

图 4-8　菌群结构分析实验基本操作流程

对弱碱三元驱采出液 S1、油水分离后三元污水样品 S4、现场三元污水加杀菌剂处理样品 S2、深度处理污水样品 S3、实验室内 S3 加杀菌剂样品 S4_2、现场深度处理污水加杀菌剂处理样品 S5 以及配制端加表面活性剂污水 S6 等 7 个样品进行微生物收集、DNA 提取、16S rDNA 文库的构建、文库的测序与分析、微生物群落结构分析。

一、实验基本操作流程

实验基本操作流程见图 4-8。

二、实验方法及实验仪器设备

1. 基因组提取

（1）离心收集菌体

在无菌条件下取 1000mL 样品用定性滤纸过滤除去样品中的悬浮颗粒，收集滤液，离心（4℃，10000g，30min）收集菌体。最后用无菌 PBS 缓冲液（pH 8.0）洗涤菌体 3 次，离心后收集菌体用于基因组的提取。所用离心仪器为 Beckman Allegra 64R 高速冷冻离心机。PBS 缓冲液（pH8.0）配方如下：NaCl 8g，KCl 0.2g，$Na_2HPO_4 \cdot 12H_2O$ 3.63g，KH_2PO_4 0.24g，溶于 600mL 无菌水中，调 pH 值至 8.0，定容至 1L。

（2）基因组 DNA 的提取

基因组 DNA 的提取采用细菌基因组 DNA 抽提试剂盒（TaKaRa，Code No.9763）进行，具体提取步骤按照基因组 DNA 抽提试剂盒说明书进行。

（3）基因组 DNA 的电泳检测

提取的基因组 DNA 用琼脂糖凝胶电泳方法进行检测。用 1×TAE 电泳缓冲液配制 1% 琼脂糖凝胶，每个样品基因组 DNA 点样 5 ~ 10μL 在恒定电压 100V 下进行琼脂糖凝胶电泳 1h。琼脂糖凝胶电泳采用 DYY-10C 型电泳仪进行。琼脂糖凝胶电泳效果用 UVP 凝胶成像系统进行观察。其余样品放到 −20℃冰箱。

2. 16S rDNA 扩增及回收纯化

（1）16S rDNA 扩增

从油藏微生物基因组 DNA 扩增用于细菌克隆文库的 16S rDNA 基因的引物为大多数细菌 16S rDNA 基因 V3-V4 区通用引物，为 338F ACTCCTACGGGAGG CAGCAG，806R GGACTACHVGGGTWTCTA AT。

从油藏微生物基因组 DNA 扩增用于古菌克隆文库的 16S rDNA 基因的引物为大多数细菌 16S rDNA 基因 V4-V6 区通用引物，为 524F10extF TGYCAGCCGCCG CGGTAA，Arch958RmodR YCCGGCGTTGAVTCCAATT。

① 聚合酶链式反应体系：

5×FastPfu Buffer	4μL
2.5mmol/L dNTPs	2μL
Forward Primer（5μmol/L）	0.8μL
Reverse Primer（5μmol/L）	0.8μL
FastPfu Polymerase	0.4μL
BSA	0.2μL
Template DNA	10ng
	补 ddH_2O 至 20μL

② 聚合酶链式反应参数：

在 95℃，3min；95℃ 30s、72℃ 45s 条件下进行 33 个循环；72℃，10min；然后在 4℃保温至使用。

（2）16S rDNA 扩增产物回收纯化及检测

聚合酶链式反应扩增的 16S rDNA 产物用博日胶回收试剂盒进行，具体操作步骤采用博日科技的胶回收试剂盒说明书进行。回收纯化后 16S rDNA 扩增产物用 UVP 凝胶成像系统进行观察。

3. 文库构建及高通量测序

文库构建和高通量测序，文库的构建的目的是在 16S rDNA 目的基因两端加上测序相关的接头 P5 和 P7，用于后续测序使用。高通量测序采用 Illumina 公司第二代测序技术进行。

4. 测序序列数据分析

首先对原始数据进行去接头和低质量过滤处理，然后去除嵌合体序列，得到有效序列后进行聚类分析，每一个聚类称为一个操作分类单元（Operational Taxonomic Units，OTU），对 OTU 的代表序列作分类学分析，得到各样本的物种分布信息。基于 OTU 分析结果，可以对各个样本进行多种 α 多样性指数分析，得到各样本物种丰富度和均匀度信息等；基于分类学信息，可以在各个分类水平上进行群落结构的统计分析；通过计算 Unifrac 距离、构建 UPGMA 样本聚类树、绘制 PCoA 图等，可以直观展示不同样本或分组之间群落结构差异。在上述分析的基础上，还可以进行一系列深入挖掘，如通过多种统计分析方法分析分组样本间的群落结构差异性，结合环境因子和物种多样性关联分析，挖掘显著影响组间群落结构变化的环境影响因子等。

三、结果分析

1. 样品基因组 DNA 提取结果

样品基因组 DNA 琼脂糖凝胶电泳结果如图 4-9 所示。

2. 16S rDNA 基因的聚合链式反应结果

7 个样品细菌和古菌的扩增产物 16S rDNA 用 DNA 琼脂糖凝胶电泳检测，结果如图 4-10 所示。结果显示，7 个样品的扩增产物 16S rDNA 电泳条带明亮，片段大小正确，回收纯化后对基因片段进行检

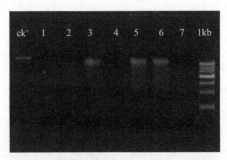

图 4-9　样品基因组 DNA 琼脂糖凝胶电泳图

1—弱碱三元驱采出液 S1；2—现场三元污水加杀菌剂处理样品 S2；3—深度处理污水样品 S3；4—油水分离后三元污水样品 S4；5—现场深度处理污水加杀菌剂处理样品 S5；6—配制端加表面活性剂污水 S6；7—实验室内 S3 加杀菌剂样品 S4_2

测结果均为 A 级别，16S rDNA 扩增子进行后续的文库构建和高通量测序。

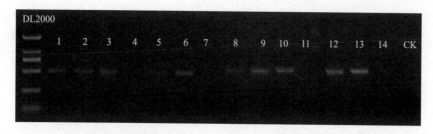

图 4-10　细菌和古菌 16S rDNA 聚合酶链式反应扩增电泳图

1 和 8—弱碱三元驱采出液 S1; 2 和 9—现场三元污水加杀菌剂处理样品 S2; 3 和 10—深度
处理污水样品 S3; 4 和 11—油水分离后三元污水样品 S4; 5 和 12—现场深度处理污水加
杀菌剂处理样品 S5; 6 和 13—配制端加表活剂污水 S6; 7 和 14—实验室内 S3 加杀菌剂
样品 S4_2; 1 ~ 7—细菌; 8 ~ 14—古菌

3. 高通量测序数据分析

（1）细菌的高通量分析

① Alpha 多样性分析

结果如表 4-1 所示，深度处理污水 S3 的细菌丰度和多样性均较少，S4 细菌丰
度与 S1 相比基本没有变化，但经过杀菌剂处理后的 S2（现场）细菌丰度和多样性
略有下降，而经过杀菌剂处理后的 S4_2（实验室）的细菌丰度和多样性反而增多；
同样与 S3 相比，经过杀菌剂处理后的 S5 样品的细菌丰度和多样性也增多，加入
表面活性剂后的 S6 样品的细菌丰度较高，而多样性降低。

◆ 表 4-1　不同样品细菌多样性和丰富度指数

样品	Sobs	Shannon	Simpson	Ace	Chao	Coverage
S1	252	3.517588	0.055839	270.284344	277.142857	0.999263
S4	270	3.774332	0.048764	272.81071	272.8125	0.99976
S2	210	3.417328	0.054875	246.214933	240.875	0.999053
S4_2	305	4.038494	0.043535	306.159167	305.666667	0.999939
S3	129	1.217424	0.568693	149.391601	144.954545	0.999199
S5	148	1.631149	0.386208	190.516942	177.64	0.999088
S6	180	1.154697	0.602938	283.371769	290.2	0.998959

② 细菌的物种组成 Venn 图分析

Venn 图可用于统计多组或多个样本中所共有和独有的物种（如 OTU）数目，

可以比较直观地展现不同环境样本中物种（如 OTU）组成相似性及重叠情况。如图 4-11（A）所示，S1、S4、S4_2（S2_1）和 S2 样品有较多的共有菌属，但是 S4_2 和 S4 也有很多特异性菌属；如图 4-11（B）所示，S3、S5 和 S6 样品有较多的共有属性，但是 S6 的特异性菌属增多；如图 4-11（C）所示，S3 和 S4 差异较大，深度处理后微生物丰富度和多样性降低。

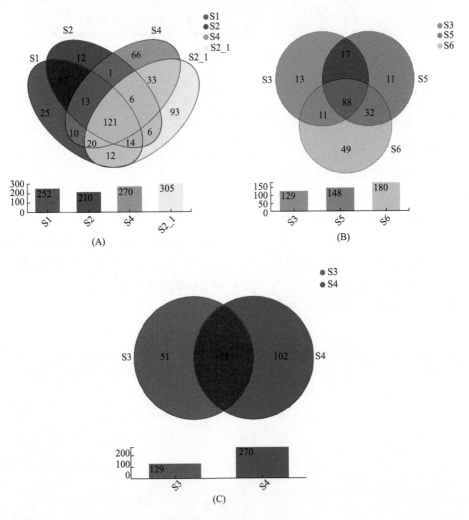

图 4-11　样品的 Venn 图分析

③ 细菌的群落结构分析

在不同分类学水平上统计各样本的物种丰度，通过柱图、热图一系列可视化方法直观研究群落组成。从图 4-12、图 4-13 和图 4-14 所示，S1、S4、S4_2 和 S2

样品微生物细菌的类型较为相似，但有一定的差异，并且各物种的比例也有一定的差异，主要差异 S1 是陶厄氏菌属（*Thauera* sp.）12.5%、嗜温菌属（*Tepidiphilus* sp.）10.2%、索菌属（*Soehngenia* sp.）9.7%、嗜蛋白菌属（*Proteiniphilum* sp.）7.4%、未知污泥菌属（*Blvii28_wastewater-sludge_group*）6.2% 和利恩氏热杆菌属（*Thermovirga* sp.)4.8%。而 S4 样品主要优势细菌属为利恩氏热杆菌属（*Thermovirga* sp.）10.2%、醋微菌属（*Acetomicrobium* sp.）11.2%、嗜蛋白菌属 7.6%、嗜温菌属 2.9%、类诺卡氏菌属（*Nocardioide* sp.）10.7% 等。而 S4_2 与 S4 变化不大，只是类诺卡氏菌属（*Nocardioide* sp.）细菌减少较多，嗜蛋白菌属 3.9% 略微减少，其他的如利恩氏热杆菌属（*Thermovirga* sp.）、醋微菌属基本没有变化；S2 与 S4 相比，一些菌属比例降低，如醋微菌属（*Acetomicrobium* sp.）3.7%、类诺卡氏菌属（*Nocardioide* sp.）等，但是有一些菌属增加了，如嗜蛋白菌属 13.7%、弓形杆菌属 7.1%、陶厄氏菌属 3.2%、未知污泥菌属 4.8%、脱硫叶菌属（*Desulfobulbus* sp.）4.4%、马氏菌属（*Mahella*）和 4.2% 等，还有一些菌属没有发生改变，如利恩氏热杆菌属。

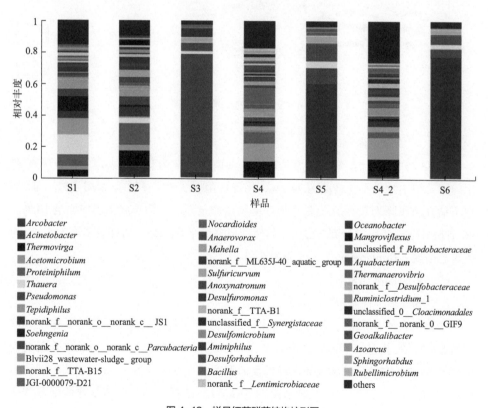

图 4-12　样品细菌群落结构柱形图

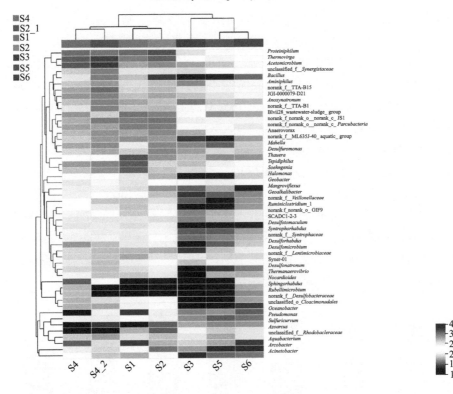

Community heatmap analysis on Genus level

图 4-13　样品细菌群落结构热图

而 S3 与 S4 相比，经过深度处理后，细菌群落结构变化较大，主要表现是 S3 中的主要微生物是不动杆菌菌 74.9%、弓形杆菌属 3.6%、假单胞菌属 4.5%。而 S5 中不动杆菌属降为 9.9%，但是弓形杆菌属增加至 60%，假单胞菌属增加至 10.8%。S6 则是弓形杆菌属增加到 77.2%，其他菌属略微下降，如不动杆菌菌降为 5.3% 和假单胞菌属（*Pseudomonas* sp.）降为 5.3%。

（2）古菌的高通量分析

① Alpha 多样性分析

结果如表 4-2 所示，S4 与 S1 相比古菌丰度和多样性均减少，经过杀菌剂处理后的 S4_2（实验室）细菌丰度没有变化，但是多样性略有下降，而经过杀菌剂处理后的 S4_2（S2_1）的丰度和多样性反而增多；深度处理污水 S3 的古菌丰度和多样性均增多，与 S3 相比，经过杀菌剂处理后的 S5 样品的丰度和多样性增多，加入表面活性剂后的 S6 样品的古菌丰度增多，多样性降低。

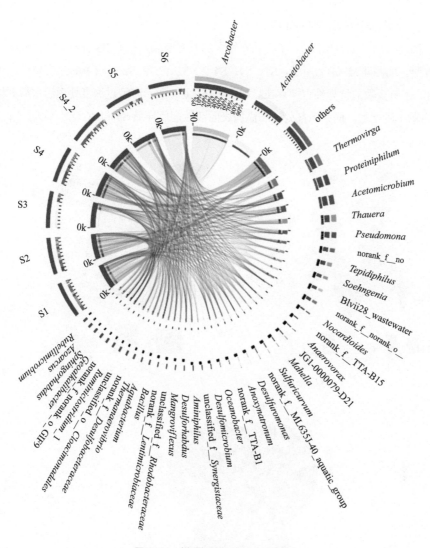

图 4-14　样品与细菌 Circos 关系图

◆ 表 4-2　不同样品古菌多样性和丰富度指数

Samples	Sobs	Shannon	Simpson	Ace	Chao	Coverage
S1	31	1.41922	0.42016	32.142927	31.2	0.999949
S4	18	1.39443	0.372055	18	18	1
S2	39	1.647982	0.305084	40.939936	39.6	0.999919
S4_2（S2_1）	18	0.712638	0.733257	19.58612	18	0.999977
S3	46	1.965898	0.188831	51.252855	50.2	0.999764
S5	57	2.020289	0.259388	60.922602	58.875	0.999793
S6	48	1.238197	0.534496	63.604637	57.75	0.999681

② 古菌的物种组成 Venn 图分析

如图 4-15（A）所示，各个样品有较多的共有菌属，仅有 S3 有一些特异性的微生物古菌。如图 4-15（B）所示，S1、S4、S4_2（S2_1）和 S2 有较多的共有属性，仅有 S2 和 S1 有少数的特异性古菌存在；如图 4-15（C）所示，经过深度处理污水后的样品 S3 古菌丰度增加，而杀菌剂处理和添加表面活性剂后样品 S5 和 S6 变化不大。

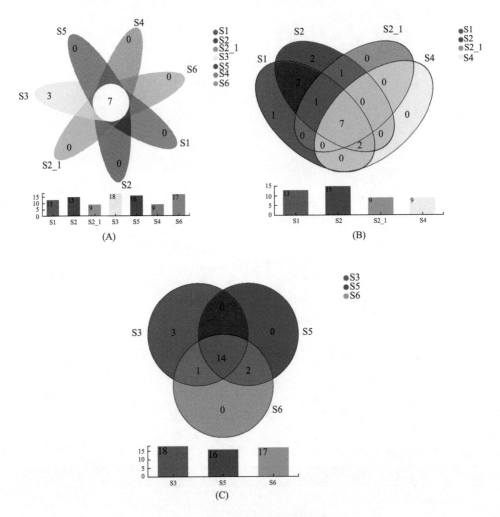

图 4-15　样品的 Venn 图分析

③ 古菌的群落结构分析

在不同分类学水平上统计各样本的物种丰度，通过柱图、热图一系列可视化方法直观研究群落组成。从图 4-16、图 4-17 和图 4-18 所示，S1、S4 和 S4_2 样品的微生物古菌的类型差异不大，比例有稍微的差异，而 S2、S3 和 S5、S6 样品微生物古菌类型有一定的相似性，但是也有一定的差异。具体解释如下：

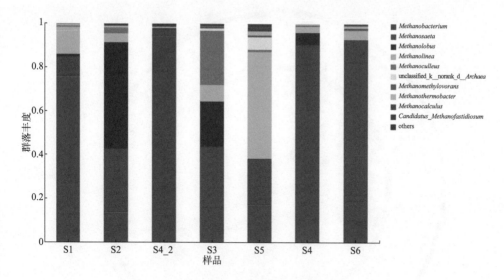

图 4-16　样品古菌群落结构柱形图

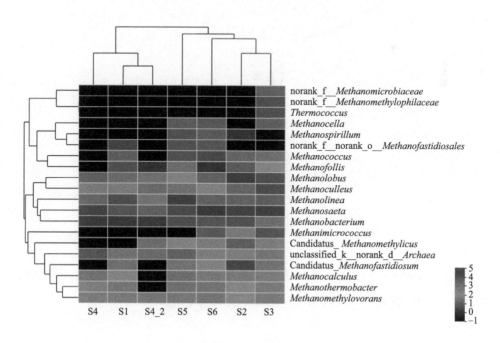

图 4-17　样品古菌群落结构热图

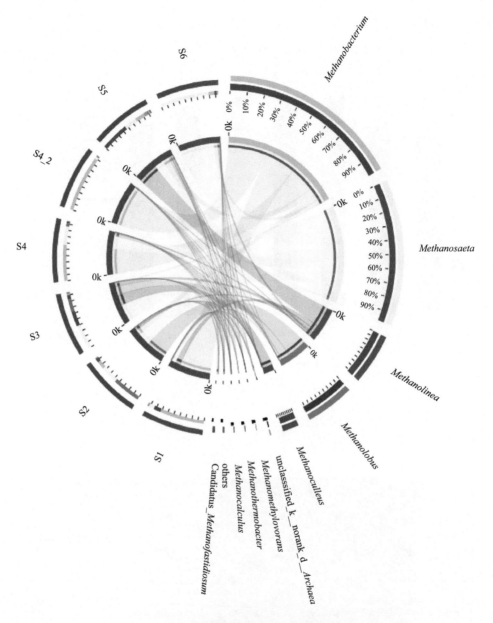

图 4-18　样品与古菌 Circos 关系图

　　S1、S4 和 S4_2 样品主要优势古菌为甲烷杆菌属，分别为 75.7%、60.3%、94%；甲烷鬃菌属，分别为 9.3%、30.2% 和 3.3%；甲烷绳菌属，分别为 12.1%、5.6%、0.4%。

　　S2、S3 和 S5、S6 样品变化较大，S2 主要优势古菌为甲烷叶菌属（48.7%）、甲烷鬃菌属（28.9%）、甲烷杆菌属（13.9%）。S3 主要优势古菌为甲烷鬃菌属（42.1%）、甲烷叶菌属（20.1%）、甲烷囊菌属（24.8%）、甲烷绳菌属（7.5%）；S5主要优势古菌为甲烷绳菌属（48.6%）、甲烷鬃菌属（21.2%）、甲烷杆菌属（17.2%）；S6 主要优势古菌为甲烷鬃菌属（82.9%）、甲烷杆菌属（10.2%）、甲烷绳菌属（3.9%）。

第三节　复合驱后油藏产甲烷实验分子生物学研究

以大庆油田采油四厂采出液为研究对象，利用原油、GD+S、GD+N 和 K 四种不同培养基厌氧激活采出液封闭产甲烷 3 个月，利用气相色谱检测不同培养基产甲烷体系中的产甲烷含量，利用 Illumina 高通量测序平台对不同培养基产甲烷体系中细菌和古菌的 16S rRNA 功能基因特定区段 PCR 产物进行高通量测序，探究不同培养基产甲烷体系中细菌和古菌群落结构。采出液和原油均选自大庆油田有限责任公司第四采油厂三元复合驱杏东部区块杏 4-10-SE41 油井。

GD 培养基配方为 NH$_4$Cl 1g/L，NaCl 0.6g/L，NaHCO$_3$ 5g/L，KH$_2$PO$_4$ 0.3g/L，K$_2$HPO$_4$ 0.3g/L，MgCl$_2$.6H$_2$O 0.16g/L，CaCl$_2$.2H$_2$O 0.009g/L，刃天青 0.1%。GD+S培养基为在 GD 培养基基础上添加 FeSO$_4$.7H$_2$O 0.5g/L 和 MnSO$_4$.4H$_2$O 0.1g/L。GD+N 培养基为在 GD 培养基基础上添加 NaNO$_3$ 2g/L 和 KNO$_3$ 1g/L。K 培养基为酵母粉 2.5g/L，蛋白胨 5.0g/L，琼脂粉 15.0g/L，葡萄糖 1.0g/L，吐温 80 1.0mL/L[12]。

厌氧培养体系为取 10mL 采出液接种到高温灭菌的 50mL 含脱水原油、GD+S、GD+N 和 K 培养基的厌氧瓶中，45℃封闭条件下静置培养[13]。气体的检测参照文献[14]采用气相色谱方法进行，将 500μL 气体于 GC112A 气相色谱仪进行检测。

微生物群落结构解析采用 16S rDNA MiSeq 高通量测序，使用 Illumina 的MiSeq 测序仪，对 16S rDNA 基因的 PCR 产物进行双端测序。使用 QIIME 软件对测序数据进行过滤。通过 flash 软件将有 overlap 的一对 reads 进行拼接。生物信息数据根据序列的相似性，在 97% 相似水平下，利用 Uparse 软件将序列归为多个 OTU（操作分类单元）。采用 RDP classifier 贝叶斯算法对 OTU 代表序列进行分类学分析，并分别在各个分类学水平统计各样本的群落物种组成。根据 OTU 数据，做出每个样品的稀释曲线，同时计算各个样品的相关分析指数，包括丰度指数（Chao 指数）、多样性指数（Shannon 指数）和覆盖度指数（Coverage 指数）等。另外，根据相关数据进行主成分、群落组成分析和样本与物种关系分析等。

1. 不同产甲烷体系中的产甲烷能力分析

原油、GD+S、GD+N、K 培养基产甲烷体系的样品分别命名为 JR3P9、JR3P10、

JR3P11 和 JR3P12。45℃封闭条件下静置培养 3 个月，JR3P9、JR3P10、JR3P11 和 JR3P12 样品产甲烷体系的产气量分别 34mL、49mL、63mL 和 42mL。对不同培养基产甲烷体系中的气体组成进行气相色谱分析，结果如表 4-3 所示，JR3P9、JR3P10、JR3P11 和 JR3P12 样品产生的气体中甲烷分别占 8.45%、17.52%、24.59% 和 12.37%，二氧化碳分别占 35.43%、28.63%、23.14% 和 31.28%。

◆ 表 4-3　不同培养基产甲烷体系的产气量和气相色谱检测表

样品	产气量 /mL	氮 /%	甲烷 /%	二氧化碳 /%	相对密度 / (g/m^3)
JR3P9	34	45.65	8.45	35.43	1.2249
JR3P10	49	39.63	17.52	28.63	1.0319
JR3P11	63	38.42	24.59	23.14	0.9527
JR3P12	42	42.72	12.37	31.28	1.1426

2. 不同产甲烷体系中细菌群落多样性分析

（1）序列数目与多样性评价

通过对 JR3P9、JR3P10、JR3P11 和 JR3P12 样品细菌 16S rDNA 基因文库 MiSeq 高通量测序，从 JR3P9、JR3P10、JR3P11 和 JR3P12 样品分别获得 37979、50268、106379 和 133480 条有效序列，序列平均长度为 433bp。将序列根据序列的相似性，在 97% 相似水平下，从 JR3P9、JR3P10、JR3P11 和 JR3P12 样品中得到的 OUT 数目分别是 181、259、280 和 305。基于 OTU 聚类分析，Alpha 多样性分析主要包括 Shannon 指数、Simpson 指数、Ace 指数、Chao 值和 Coverage 指数，如表 4-4 所示，原油和 GD+S 培养基样品细菌的丰度较 GD+N 和 K 培养基样品细菌的丰度小，原油和 GD+S 培养基样品细菌的多样性较 GD+N 和 K 培养基样品细菌的多样性小。

◆ 表 4-4　不同培养基产甲烷体系细菌多样性和丰富度指数

样品	Reads 数 / 条	OTUs 数 / 个	Shannon	Simpson	Ace	Chao	Coverage
JR3P9	37979	181	2.954796	0.098096	211.304639	209.25	0.999004
JR3P10	50268	259	3.268452	0.103495	353.456272	318.625	0.998875
JR3P11	106379	280	3.451749	0.067403	323.078531	330.75	0.999637
JR3P12	133480	305	3.61813	0.057038	390.687516	354.1111	0.999483

（2）细菌群落结构分析

采用 RDP classifier 贝叶斯算法，对 97% 相似水平的 OTU 代表序列进行分类学分析，如图 4-19 所示，JR3P9 样品的优势细菌为厌氧杆菌属（*Anaerobaculum* sp.）

54%、未培养细菌（norank_c__W5）15%、热厌氧杆菌（*Tepidanaerobacter* sp.）12%和未培养互营菌科（norank_f__Synergistaceae）5%；JR3P10样品的优势细菌为嗜温菌属65%、嗜蛋白菌属11%、厌氧杆菌属（*Anaerobaculum* sp.）9%和未培养细菌（norank_c__W5）5%；JR3P11样品的优势细菌为嗜温菌属43%、norank_f__*Lentimicrobiaceae*22%、厌氧杆菌属10%、弥索袍菌属（*Mesotoga* sp.）9%、未命名细菌（norank_c__W5）8%和嗜蛋白菌属6%；JR3P12样品的优势细菌为厌氧杆菌属29%、未培养细菌（norank_c__W5）23%、norank_f__*Lentimicrobiaceae*19%、嗜蛋白菌属12%、弥索袍菌属（*Mesotoga* sp.）8%和嗜温菌属5%。

其中，厌氧杆菌属是一类嗜热厌氧生长的发酵菌，可以利用有机营养代谢产生乙酸分子，促进产甲烷菌的激活；热厌氧杆菌具有互营短链脂肪酸（甲酸、乙酸、丙酸、丁酸）的降解代谢能力[14]；未培养互营菌科能够厌氧氧化烷烃成小分子酸、乙酸或 H_2，是厌氧烷烃降解的重要过程[15]；嗜温菌属为好氧杆菌，是水解酸化产氢的重要细菌类型；嗜蛋白菌属可将蛋白质水解为乙酸和丙酸[16]；norank_f__*Lentimicrobiaceae* 具有利用葡萄糖产乙酸和 H_2 的能力[17]；弥索袍菌属能够分解碳水化合物，产物 H_2 可被产甲烷菌利用[18]。

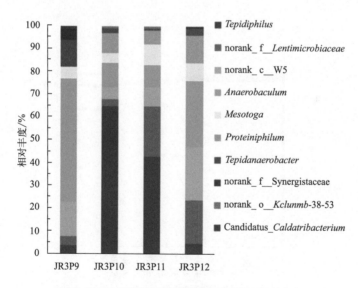

图4-19　不同培养基产甲烷样品细菌在属水平上的丰度

3. 不同产甲烷体系中的古菌群落多样性分析

（1）序列数目与多样性评价

通过对 JR3P9、JR3P10、JR3P11 和 JR3P12 样品古菌 16S rDNA 基因文库 MiSeq 高通量测序，各获得 45569、90477、73090 和 51286 条有效序列，序列

平均长度为434bp。将序列根据序列的相似性，在97%相似水平下，从JR3P9、JR3P10、JR3P11和JR3P12样品中得到的OUT数目分别是72、157、153和132。基于OTU聚类分析，Alpha多样性分析主要包括Shannon指数、Simpson指数、Ace指数、Chao值和Coverage指数，如表4-5所示，原油和K培养基样品古菌的丰度较GD+N和GD+S培养基样品古菌的丰度小，GD+S培养基样品古菌的多样性较原油、K和GD+N样品古菌的多样性大。Shannon指数曲线（图4-20）显示，随着测序量的增加，四种培养基产甲烷体系样品古菌的稀释曲线趋于平缓，表明测序量已经达到要求。

◆ 表4-5　不同培养基产甲烷体系古菌多样性和丰富度指数

样品	Reads数/条	OTU数/个	Shannon	Simpson	Ace	Chao	Coverage
JR3P9	45569	72	1.872216	0.219822	83.3655	82.11111	0.999679
JR3P10	90477	157	2.642931	0.171714	175.3327	191	0.99975
JR3P11	73090	153	2.073273	0.351436	195.3335	185.5	0.999633
JR3P12	51286	132	2.072397	0.215692	151.0183	155.0769	0.999497

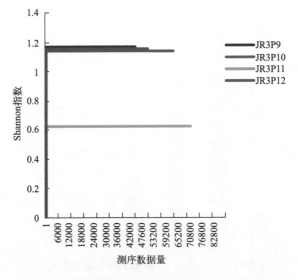

图4-20　不同培养基产甲烷样品细菌的Shannon指数曲线

（2）样品的古菌群落结构分析

采用RDP classifier贝叶斯算法，对97%相似水平的OTU代表序列进行分类学分析，JR3P9样品的优势古菌为未培养古菌（unclassified_k__norank）

43%、产甲烷囊菌属（*Methanoculleus* sp.）38%和未命名TMEG（norank_f__Terrestrial_Miscellaneous_Gp_TMEG）16%；JR3P10样品的优势古菌为未命名古菌（unclassified_k__norank）64%、甲烷八叠球菌属（*Methanosarcina* sp.）18%、产甲烷囊菌属9%和甲烷鬃毛菌属（*Methanosaeta* sp.）6%；JR3P11样品的优势古菌为未命名古菌（unclassified_k__norank）85%和产甲烷囊菌属9%；JR3P12样品的优势古菌为未命名古菌（unclassified_k__norank）52%、产甲烷囊菌属34%和未命名TMEG8%（图4-21）。

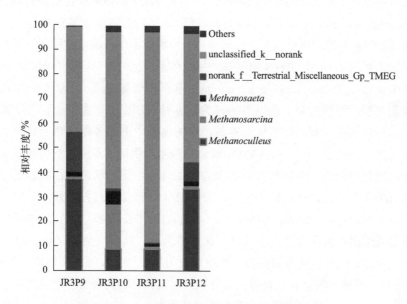

图4-21 不同培养基产甲烷样品古菌在属水平上的丰度

其中，产甲烷囊菌属是氢营养型产甲烷菌属，可以利用 H_2/CO_2、甲酸盐产甲烷[19]；未命名TMEG是一种能够利用乙酸产甲烷的产甲烷菌[20]；甲烷八叠球菌是能够利用乙酸、CO_2、甲醇和甲胺等多种有机或无机化合物为底物产生甲烷的厌氧古细菌[21]；甲烷鬃毛菌属是专性乙酸营养型产甲烷菌[22]。

深入解析产甲烷体系中的微生物群落结构，可以揭示产甲烷体系的运行特征及产甲烷功能微生物组成和多样性。应用Illumina高通量测序技术研究不同产甲烷体系下样品中的细菌和古菌的群落结构，均得到了较高的覆盖率。相比传统的分子生物学技术，高通量测序技术获得了更全面、更准确的微生物细菌和古菌信息。

原油、GD+S、GD+N和K培养基产甲烷体系中的优势细菌均为产甲烷相关的细菌菌属，不同培养基中的细菌群结构和多样性有较大的差异，其中原油和K培养基产甲烷体系中优势细菌较为相似，优势细菌包括厌氧杆菌属（*Anaerobaculum* sp.）和未培养细菌（norank_c__W5），主要以产乙酸为主，产 H_2 为辅，K 培养基产甲烷体系中微生物多样性高于原油培养基产甲烷体系；GD+S 和 GD+N 培养基产甲烷体系中优势细菌菌群较为相似，优势微生物包括嗜温菌属和厌氧杆菌属，主要以产 H2 为主，产乙酸为辅，GD+N 培养基产甲烷体系中微生物多样性高于 GD+S 培养基产甲烷体系。原油、GD+S、GD+N 和 K 培养基产甲烷体系中的优势古菌以未知古菌和产甲烷古菌为主，不同培养基产甲烷体系中古菌菌群结构和多样性有一定的差异，其中原油和 K 培养基产甲烷体系中优势古菌菌群较为相似，优势古菌包括未培养古菌（unclassified_k__norank）、产甲烷囊菌属和未命名 TMEG（norank_f__Terrestrial_Miscellaneous_Gp_TMEG），属于未知功能古菌和氢营养型产甲烷古菌，辅以乙酸营养型产甲烷古菌，K 培养基产甲烷体系中古菌多样性高于原油培养基产甲烷体系；GD+S 和 GD+N 培养基产甲烷体系中优势古菌群较为相似，优势古菌包括未命名古菌（unclassified_k__norank）和产甲烷囊菌属，主要是未知功能古菌和氢营养型产甲烷古菌，而以 GD+N 为培养基的产甲烷体系中还存在甲烷八叠球菌属和甲烷鬃毛菌属，GD+N 培养基产甲烷体系中古菌多样性高于 GD+S 培养基产甲烷体系。原油、GD+S、GD+N 和 K 培养基产甲烷体系中的细菌和古菌群落结构和功能分析表明，原油和 K 培养基产甲烷体系中优势细菌与古菌的适配性不高，优势细菌主要是以产乙酸为主，部分产 H_2，古菌除未知古菌外，优势古菌为氢营养型产甲烷古菌，辅以乙酸营养型产甲烷古菌；GD+S 和 GD+N 培养基产甲烷体系中优势细菌与古菌的适配性较好，优势细菌是产 H_2 为主，产乙酸为辅，古菌除未知古菌外，优势古菌为氢营养型产甲烷古菌，而 GD+N 还存在能够利用乙酸、CO_2、甲醇、甲胺、甲基硫化物等多种有机或无机化合物为底物产甲烷的厌氧古菌和专性乙酸营养型产甲烷古菌，古菌多样性较为丰富。从微生物细菌和古菌的群落结构与多样性分析可知，原油、GD+S、GD+N 和 K 培养基产甲烷体系中的最优培养基为 GD+N 培养基。

参考文献

[1] 李俊锋. 基于 16S rRNA 和宏基因组高通量测序的微生物多样性研究［D］. 北京：清华大学，2015.

[2] 管婧. 油藏环境硫酸盐还原菌和硝酸盐还原菌的分布及相互作用研究［D］. 上海：华东理工大学，2013.

[3] 翟栓丽，侯心然，张强，等. 嗜盐石油烃降解菌 *Halomonas* sp.1-3 降解石油烃特性研究［J］. 农业环境科学学报，2022，41（1）：84-90.

[4] 承磊，仇天雷，邓宇，张辉. 油藏厌氧微生物研究进展［J］. 应用与环境生物学报，2006，（5）：740-744.

[5] 马超. 产氢产乙酸优势菌群的选育及其生理生态特性研究［D］. 哈尔滨：哈尔滨工业大学，2008.

［6］王义杰，张绍杰，赖艳，等. 水稻糖代谢相关酶和糖类转运蛋白编码基因的鉴定和表达分析［J］. 湖北农业科学，2019，58（22）：185-193，197.

［7］李迈. 若干中心代谢途径单基因敲除对大肠杆菌代谢影响的研究［D］. 杭州：浙江大学，2006.

［8］赵环. 侧孢短芽孢杆菌 PHB-7a 中对羟基苯甲酸的分解代谢及其羧基分子内迁移的研究［D］. 上海：上海交通大学，2018.

［9］黄颖. 基于组学分析构建多杀菌素高产基因工程菌及其代谢调控研究［D］. 北京：中国农业大学，2018.

［10］方晓瑜，李家宝，芮俊鹏，等. 产甲烷生化代谢途径研究进展［J］. 应用与环境生物学报，2015，21（1）：1-9.

［11］王兴春，谭河林，陈钊，等. 基于 RNA-Seq 技术的连翘转录组组装与分析及 SSR 分子标记的开发［J］. 中国科学：生命科学，2015，45（3）：301-310.

［12］余跃惠，张学礼，张凡，等. 大港孔店油田水驱油藏微生物群落的分子分析［J］. 微生物学报，2005（3）：329-334.

［13］金锐. 微生物降解原油产天然气过程中菌群结构研究［J］. 内蒙古石油化工，2017，43（4）：15-17.

［14］张雪. 石油烃降解产甲烷过程中的厌氧细菌分离与鉴定［D］. 北京：中国农业科学院，2018.

［15］覃千山. 基于宏基因组的未培养互营烃降解菌 'Candidatus Smithella cisternae' 的生物信息学研究［D］. 北京：中国农业科学院，2015.

［16］何延龙，张凡，柴陆军，等. 注采水样微生物群落与高凝原油的相互作用［J］. 中国石油大学学报（自然科学版），2015，39（4）：131-139.

［17］卢瑶. IC 厌氧反应器运行过程微生物群落演替及功能的研究［D］. 南昌：南昌大学，2018.

［18］马蕊，郭昌梓，强雅洁，等. 两相厌氧工艺快速启动运行及其群落结构特征研究［J］. 陕西科技大学学报，2019，37（2）：31-38.

［19］金锐. 土著菌群降解原油产甲烷特性及群落演替［D］. 哈尔滨：哈尔滨工业大学，2013.

［20］廖雨晴，Jaehac KO，袁土贵，等. 污泥基生物炭对餐厨垃圾厌氧消化产甲烷及微生物群落结构的影响［J］. 环境工程学报，2019，（6）：1-14.

［21］耿钊，鲁建江，童延斌，等. 一株兼性嗜冷产甲烷八叠球菌的分离鉴定及系统发育分析［J］. 石河子大学学报（自然科学版），2013，31（5）：645-650.

［22］丁晨. 低温石油烃降解产甲烷富集物的培养及微生物群落结构分析［D］. 北京：中国农业科学院，2013.

第五章　微生物在石油开采其他领域的应用

第一节　微生物在含聚污水处理中的应用

目前，石油开采污水的主要处理方向是通过一定的处理方式将污水回注。而石油开采污水中存在含油含聚物质，其处理效果直接影响了地下水以及周边土壤环境。为了减少回注水质对生态环境的影响，多采用密闭式水处理技术进行污水处理，以此减少含油污水对土壤、地下水的影响。虽然现代石油开采过程中加强了对含油污水水质的要求，但是水质的渗透不可避免地会对土壤环境产生影响。而且，石油开采污水中还含有钻井液、洗井液等成分，这为开采污水处理带来了很大的难度。因此，含油污水处理技术的发展对于油田的生存和发展起着举足轻重的作用。由于国内各油田采出液含水率已达 80% 以上，含油污水的处理成本已大于油气处理成本，油田的重点已由以油气处理为中心转至以含油污水处理为中心，而受油田控制成本的影响，含油污水处理方面的投资不会增加。随着国家关于环保方面的法律法规的逐步完善，含油污水处理技术面临严峻的挑战。传统的含油污水处理技术大致可分为重力沉降技术、旋流分离技术、气浮技术、膜分离技术等。考虑到开采污水成分的复杂情况，目前多采用预处理、生化处理、生物炭法、生物流化床处理、固定生物技术以及吸附法等方式进行开采污水处理，以此满足油田污水排放、回注要求。

目前，油田常用水处理技术是通过物理、化学方式进行开采污水的处理。其通过沉降、过滤、混凝以及化学处理等工序对水质进行处理，以此满足油田回注水质要求。我国开采污水处理中所采用的混凝沉降、化学处理技术多为成熟型技术，以传统开采污水处理技术的完善为基础实现对开采污水处理水质的提高。但是，随着现代石油市场化进程的推进，传统石油污水处理技术存在的弊端日益凸显。传统污水处理技术效率低、成本高等弊端对降低石油开发成本有着重要的影响。为了满足现代市场经济需求、促进石油开采开发经济性的提高，我国油田企业应加快自身水处理技术的改进与创新。同时积极引入油田水处理新技术，以此促进油田水处理技术的发展与应用，促进我国石油能源开发成本的降低，促进我国生态环境保护工作的开展。

近年来，随着油田开发的不断深入，油田含水率逐渐上升，以聚合驱为代表的三次采油技术已在各油田得到越来越多的应用。目前聚合驱常用的聚合物包括部分水解聚丙烯酰胺（HPAM）及其改性聚合物，生物聚合物黄胞胶（XC）以及羟乙基纤维素（HEC）。然而，聚合物在提高原油采收率的同时，也产生了大量的聚合物驱采出污水。

聚丙烯酰胺（PAM）是丙烯酰胺及其衍生物的均聚物和共聚物的统称，为线性水溶性高分子中的一种。它亲水性高，能以各种百分比溶于水，不溶于大多数有机溶液，具有很好的增黏作用与黏弹性，是一类重要的水溶性高分子聚合物，在石油开采、水处理、纺织、造纸、选矿、医药、农业等领域有广泛的应用。为提高原油采收率，我国大庆油田和胜利油田在"八五"期间进行聚合物驱油矿场试验获得成功。聚合物驱油三次采油技术得到广泛应用。从 1996 年起，大庆油田聚合物驱油技术陆续步入工业化生产。随着聚合物驱三次采油新技术的推广，含聚丙烯酰胺污水量正在逐年增加，而现在外排污水中的聚丙烯酰胺，由于不能被完全降解而在环境中造成累积效应，污染环境。这类污水的处理已经成了一个亟待解决的问题。

聚合物驱采出污水具有了一些独特的性质，其对含油污水处理的影响主要体现如下。

① 采出水中含有的残余聚合物，会使含油污水的水相黏度增加。

在 45℃时水驱采出水的黏度一般为 0.6mPa·s，而聚合物驱采出水的黏度随聚合物含量增加而增加，一般为 0.8～1.1mPa·s。黏度的增加会增大水中胶体颗粒的稳定性，延长污水处理所需的自然沉降时间。

② 减小采出水的油珠。聚合物采出水所含油珠粒径小于 64μm 的占 90% 以上，油珠粒径中值为 3～5μm，属于典型的乳化油，单纯用静止沉降法比较困难。

③ 由于油田常用的 HPAM 一般属于阴离子型聚合物，它的存在严重干扰了絮凝剂的使用效果，且大大增加了药剂的用量。

④ 由于聚合物吸附性较强，携带的泥沙量较大，大大增加了反冲洗工作量。同时由于泥沙量增大要求处理各工艺环节排泥设施必须得当，必要时需增加污泥处理环节。

⑤ 由于聚合物的存在，含聚合物采出液中易于形成更稳定的乳状液体系，其

黏弹性使得油水界面膜强度增高，同样增大了采出液油水分离的难度。

　　鉴于以上原因，以沉砂池、平流隔油池（API）、斜板隔油池（CPI）等常用含油污水处理设施为代表的传统处理工艺已不能满足含聚污水的处理要求。常规处理后的污水不能达到注水水质的要求，注水压力迅速上升，多次的酸化使水质更加恶劣，越来越难以处理。

　　下面主要针对含聚污水的处理进行阐述。

一、含聚污水的实验室处理

（一）聚丙烯酰胺生物降解机理

1. 聚丙烯酰胺的降解方式

　　对聚丙烯酰胺降解方式的研究可以分为以下几个方面：氧化降解、光催化降解、光降解、生物降解、酶降解、热降解、机械降解。而生物降解处理方法具有高效、低成本等优点，已成为重点研究的内容。

　　早期 Magdaliniuk 等[1]曾提出聚丙烯酰胺的不可生物降解性，也有些研究者试图通过高级氧化等方法降低分子量，提高其生化降解性，结果均不理想。

　　近年来，国外研究者发现水解聚丙烯酰胺的降解产物可作为细菌生命活动的营养物质，营养消耗的同时又会促进水解聚丙烯酰胺的降解。

2. 微生物对聚丙烯酰胺的降解机理

　　微生物降解聚丙烯酰胺的机理主要可分为三类：①生物物理作用。由于生物细胞增长使聚合物组分水解、电离或质子化而发生机械性破坏，分裂成低聚物碎片。②生物化学作用。微生物对聚合物作用而产生新物质（CH_4、CO_2 和 H_2O）。③酶直接作用。微生物产生的酶导致聚合物链断裂或氧化。实际上生物降解并非单一机理，而是多种机理协同作用的过程。

　　细菌和聚合物接触后并不立即进行分解反应，而要经过一段时间的诱导适应，通过活化使细菌经历诱导适应过程后再与溶液中的聚合物接触，使细菌获得新的分解能力或大大提高其分解能力。微生物的这种适应性在文献中曾有报道。微生物在降解过程中一方面以聚合物为营养源，产出降解聚合物的酶系而破坏聚合物结构，使链分解，使聚合物黏度下降；另一方面聚合物降解菌可以加快聚合物酰胺基水解，增加聚合物分子、聚合物链段间的排斥力。由于部分酰胺基水解生成羧基，微生物作用后聚合物溶液体系 pH 值下降。腐生菌（TGB）不仅能在不加任何培养基成分的一定浓度的聚丙烯酰胺中大量生长繁殖，而且能使溶液的黏度降低。但腐生菌对聚丙烯酰胺的生物降解较缓慢。这是由于微生物分解高分子聚合物的一般过程首先是微生物在菌体外分泌出聚合物分解酶，分解酶再将高分子链分解成低分子链或使其侧基脱落。酶和聚合物的接触有两种方式，酶对高分子链的攻击普遍在链端进行，而链端又常埋藏于聚合物分子线团之中，与其反应的酶不能或只能缓慢地接近，因此对聚合物的降解速率非常小。硫酸盐还原菌（SRB）在利用聚丙烯酰胺为碳源的同时把硫酸盐、亚硫酸盐、硫、硫代硫酸盐和连二亚硫酸盐还原成 H_2S，并可能把氢用作供氢体。可以简单地将 SRB 的代谢过程分为分解代谢、电子传递和氧化三个阶段，如图 5-1 所示。

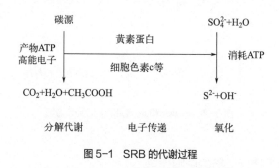

图 5-1　SRB 的代谢过程

在分解代谢的第一阶段，有机物碳源的降解在厌氧状态下进行，同时通过"基质水平磷酸化"产生少量 ATP（三磷酸腺苷）；在第二阶段，前一阶段释放的高能电子通过硫酸盐还原菌中特有的电子传递链（如黄素蛋白、细胞色素 c 等）逐级传递产生大量的 ATP；在最后阶段，电子被传递给氧化态的硫元素，将其还原为 S^{2-}，此时需要消耗 ATP 提供能量。

从这一过程可以看出，有机物不仅是 SRB 的碳源，也是其能源，硫酸盐（或氧化态的硫元素）仅起最终电子受体的作用，即 SRB 将 SO_4^{2-} 作为最终电子受体，有机物作为细胞合成的碳源和电子供体，将 SO_4^{2-} 还原为硫化物。

李宜强等[2] 的研究表明，微生物体内的脱氨酶在还原性酶的辅助作用下，首先断开聚丙烯酰胺中的 C—N 键，解离出 NH_2^- 离子，而该 NH_2 原来的位置被 OH^- 所取代，生成—COOH；同时，在 O_2 的参与下，微生物酶首先进攻的位点是碳链的末端甲基，在单加氧酶的作用下，碳链末端甲基首先被氧化成醇，进而被氧化成羧酸，且羧基的第二个氧原子是从 H_2O 中引入的。如果 α- 碳原子上取代有 1 个甲基，这时 β- 氧化的结果只产生丙酰 CoA 而不是乙酰 CoA。如果在 β- 碳原子上取代有其他基团或在同一碳原子上取代有 2 个甲基或在碳链末端碳原子上取代有 3 个基团，就会抗 β- 氧化，因为 β- 氧化要求 β- 原子上没有取代基。但是在微生物中存在 α- 氧化（即从碳链上移去 1 个碳原子），这样就可以避免发生因 β- 原子上存在取代基而无法被微生物分解的情况，如图 5-2 所示。

经过一系列有各种微生物酶参与的氧化反应，长链的聚丙烯酰胺链被断裂成短链的可被微生物吸收的小分子有机物。这些有机物和从聚丙烯酰胺中解离出来的 NH_2^- 提供了微生物新陈代谢必不可少的碳源和氮源，用于合成蛋白质和其他含氮、含碳有机物质。整个降解聚丙烯酰胺的过程需要消耗大量的 ATP 和还原性辅酶，因此要提供足够的磷源。

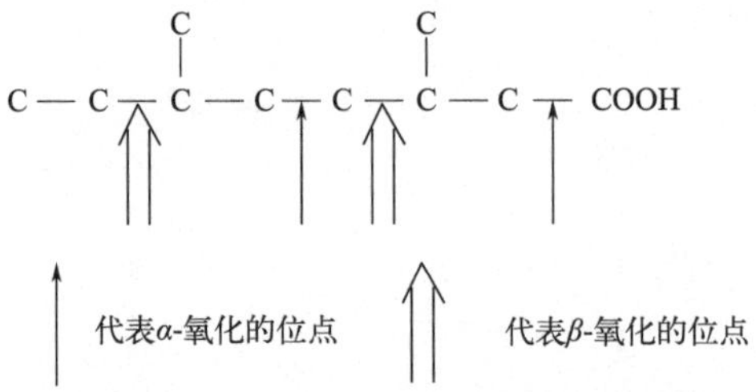

图 5-2　$\alpha-$ 氧化和 $\beta-$ 氧化作用位点示意图

（二）微生物降解聚丙烯酰胺的影响因素

影响微生物降解聚丙烯酰胺的因素主要有酸碱度、温度、营养物质、含氧量、矿化度等。在适宜的 pH 值环境下，微生物的生长速度加快，同时对聚丙烯酰胺的降解速度加快。温度也是影响微生物生长繁殖的重要因素。随着温度的升高，微生物细胞内的生物化学反应加快，大多数细菌适宜的生长温度在 20～40℃ 之间。微生物的生长繁殖需要一些营养物质，包括碳、氮、磷以及维生素等。一般认为，好氧微生物中碳∶氮∶磷控制在 100∶5∶1 较为适宜，而厌氧微生物中以（200～300）∶5∶1 为最佳。对于好氧微生物，生物处理废水中溶解氧的浓度保持在 3～4mg/L 最适宜。矿化度较高时会影响微生物的活动甚至杀死一些细胞。

（三）降解菌种的来源

聚丙烯酰胺降解菌来源大致分为两种：一种是从环境中直接获取，油田污染地区的水体和土壤中大多存在着一些对环境适应能力较强并可以降解聚合物的菌种，因此可以在含有高浓度的聚丙烯酰胺废水中筛选出聚丙烯酰胺降解菌；另一种则是利用生物手段，通过细胞驯化的过程培养并筛选出对聚丙烯酰胺具有良好降解能力的菌株。近年来随着研究者对微生物降解聚丙烯酰胺研究的深入，降解聚丙烯酰胺的微生物的种类也越来越丰富，其中包括放线菌、细菌和真菌等几乎所有大类的种群。聚丙烯酰胺降解菌的典型种群如表 5-1 所示。

◆ 表 5-1 聚丙烯酰胺降解菌的典型种群

种群	形态	来源
腐生菌	杆状，革兰氏阴性菌，能运动，兼性厌氧	油田现场
硫酸盐还原菌	—	油田现场
假单胞菌	乳白，圆，黏稠	油田污水
芽孢杆菌	乳白，圆，形状规则，干燥	油田采出液
节细菌	乳白，圆，黏稠	污泥

由于单菌株降解聚丙烯酰胺的研究条件易于控制，因此首先会对单菌株降解聚丙烯酰胺的过程进行研究。但由于单菌株微生物生长环境单纯，对有毒有害物质的抵抗降解能力弱，同时降解时单一微生物的酶系较为单一，对聚丙烯酰胺的降解效果有限，且单一微生物难以降解利用一些化学添加剂，而这些物质还对微生物的生长繁殖有较强的毒害作用。因此，在研究微生物降解聚丙烯酰胺的过程中需要利用微生物种群间的协同作用来增强降解效果和抵消环境对微生物的毒害作用。混合菌降解时可以发挥更大的降解效能，微生物可以通过相互的协调作用达到快速降解聚合物的目的。首先由一种或几种微生物将难降解的大分子物质降解为小分子物质，再由其他微生物共同作用，通过共降解、协同效应等实现对大分子物质的生物降解。

（四）聚丙烯酰胺生物降解研究进展

1995 年日本的 Kunichika 等[3] 在 30℃下从活性污泥和土壤中分离出能以水溶性聚丙烯酰胺为唯一碳源和氮源的 *Enterobacter agglomerans* 和 *Azomonasm acrocytogenes* 两株降解菌株。实验表明，在该种细菌的降解作用下，培养液中聚丙烯酰胺的分子量由起初的 2.0×10^6 降低到 0.5×10^6；培养液的 pH 值由起初的 6.8 降到 5.8。核磁共振分析结果表明聚丙烯酰胺的主链发生了降解。但研究结果表明微生物只能利用聚丙烯酰胺分子中的一部分，不能利用其中的酰胺部分，即使是低浓度的聚丙烯酰胺也不能全部被利用。Kay-Shoemake 等[4-5] 的研究表明，以聚丙烯酰胺作为土壤微生物生长基质时，微生物分泌出胞外酰胺酶，可以催化水解化合物骨架中的酰胺部分，产生氨和羧酸。同时还发现聚丙烯酰胺只能作为唯一的氮源被微生物利用。Grula 等[6] 报道，一定的单细胞菌能够利用一种类型的聚丙烯酰胺作为氮源，酰胺酶的活性短暂与植物的生长有关。Abdelmagid 等[7] 认为施加了聚丙烯酰胺的土壤中之所以会出现无机氮量增加的现象，是由于聚丙烯酰胺在酰胺酶降解的过程中释放出了氮。

Sutherland 等[8]研究了白腐真菌对聚丙烯酰胺的降解，发现白腐真菌只在限氮的条件下对聚丙烯酰胺有显著降解，且降解速度比在氮充足的条件下快两倍多。这表明白腐真菌是把聚丙烯酰胺作为氮源利用并对其降解的。黄峰[9]等分别研究了腐生菌、硫酸盐还原菌对聚丙烯酰胺的降解。研究结果表明，腐生菌连续活化 5 次，在 1000mg/L 的聚丙烯酰胺溶液中恒温培养 7 天，可使溶液黏度降低达11.2%；硫酸盐还原菌不仅能以聚丙烯酰胺为碳源生长繁殖，而且还能使聚丙烯酰胺降解，导致其溶液黏度损失，使驱油效率降低。

程林波等[10]研究了实验室配制废水中聚丙烯酰胺的生物降解特性，考察了"水解＋好氧"工艺在常规条件下和在水解槽内加入硫酸根条件下对聚丙烯酰胺的降解效果。结果表明，硫酸盐还原菌对聚丙烯酰胺有着某种特殊的降解作用，利用水解工艺可以获得35%～45%的去除率。李蔚等[11]从油田采出水中分离出一株以聚丙烯酰胺为能源和碳源的假单胞菌。对该菌的性能评价表明该菌能够在含原油、聚丙烯酰胺的水环境中生长，并对原油和聚丙烯酰胺具有降解作用。聚丙烯酰胺经降解之后分子结构受到破坏，分子量由原来的 1×10^7 变为 $1 \times 10^5 \sim 1 \times 10^6$。黄孢原毛平革菌对聚丙烯酰胺也具有特殊的酶催化降解的能力。韩昌福等[12]的研究表明，不同的 pH 值、不同的葡萄糖加量、不同的降解时间以及 NH_4^+、Mn^{2+} 都会影响黄孢原毛平革菌对聚丙烯酰胺的降解。聚丙烯酰胺作为一种稳定的高分子聚合物，有着极强的生物抗性，即使是已经被降解为小分子的聚丙烯酰胺依然具有这一特性。

孙晓君等[13]以人工配制的模拟含聚丙烯酰胺采出水为介质，在以好氧颗粒污泥为主体的实验型序批式活性污泥反应器内研究了聚合物驱油田采出水中聚丙烯酰胺的生物降解性能。结果表明，好氧颗粒污泥对含聚采出水有良好的适应性，这种适应性应归结为颗粒污泥丰富的微生物相和良好的微生物协同作用；在相同的水力停留时间下，聚丙烯酰胺降解率比普通活性污泥约高 40 倍。驯化后的颗粒形态发生明显变化，粒径减小到 0.6 ～ 1.0mm。

魏利等[14]应用厌氧 Hungate 技术，从大庆油田常规污水回注采油油藏的采出液中分离到具有硫酸盐还原功能的聚丙烯酰胺降解菌，扫描电镜和红外光谱分析表明实验前后聚合物的表面结构发生了变化，分子链上的酰胺基水解成羧基，侧链降解，部分官能团发生变化；气质联机初步分析表明聚合物发生断链生成的低分子量化合物，除含双键、环氧基和羧基的聚丙烯酰胺碎片外，大多属于一般丙烯酰胺低聚体的衍生物。考虑到微生物群落降解的优势，佘跃惠等[15]研究了从油田产聚丙烯酰胺污水和污泥中分离出的 7 株聚丙烯酰胺降解菌对纯聚丙烯酰胺的降解效果。将 7 株聚丙烯酰胺降解菌混合在一起，研究其组成的群落对聚丙烯酰胺的降解情况和对含聚丙烯酰胺废水的处理情况。由于配制培养基所用的聚丙烯酰胺为超高分子量的聚合物（分子量 $1.6×10^7$），一般说来它们不能直接透过细胞壁被微生物利用，因此这 7 株菌中至少有一株是能够产生胞外酶的。通过胞外酶的作用，聚丙烯酰胺先进行水解或者发生断链，分子量降低，从而可以被微生物进一步降解。结果表明，它们对聚丙烯酰胺的降解效果要明显优于以往报道的 SRB 和 TGB，对聚丙烯酰胺溶液黏度降幅达 80% 以上。Kunichika 等[3]研究发现，聚丙烯酰胺不能被微生物完全降解，只有一小部分的聚丙烯酰胺被利用，在低浓度的聚丙烯酰胺存在的情况下也不能完全被微生物降解。

二、含聚污水的处理工艺

聚合物驱油是油田进入高含水后期提高采收率的主要技术措施。萨北油田自 1995 年开始注聚合物，已先后在北二西、北三西等 5 个区块进行了聚合物驱油的开发和生产，目前聚驱产量已达到 $1.9187×10^6$ t/ a。由于目前采用的聚合物配制技术，使采出的含聚污水不能回注原层系，只能回注到水驱基础井网和一次加密井网层系，这导致水驱井采出液均不同程度含有聚合物。2000 年 10 月，对 195 口水驱采油井进行抽样化验，平均见聚浓度为 42mg/L，最高见聚浓度达到 484.7mg/L，严重影响了普通含油污水处理站的处理效果。

（一）普通含聚污水处理站的工艺原理

脱水站来的含油污水经过一级或二级沉降后（沉降时间为 6h）再经单阀滤罐进行过滤（滤速为 16m/h），滤后水质达到注水指标要求（含油量小于 20mg/L，悬浮物含量小于 10mg/L），反冲洗后的污水进回收水池。目前萨北油田普通含油污水处理站采用两段（一次沉降、一次重力过滤）和三段（自然沉降、混凝沉降、重力过滤）两种处理流程。

（二）含聚污水的分离特性

含聚污水是一种不同分子量的聚丙烯酰胺水溶液，由于其自身的黏稠性和吸附性，提高了水中含油和悬浮固体的含量，使油水分离更加困难。

1. 油水分离速度的影响

含聚污水中的油珠和悬浮固体颗粒的分离规律遵循斯托克斯（Stockes）方程

$$U = \frac{\Delta \rho g d^2}{18\eta}$$

式中　U——油珠和悬浮固体的分离速度；

　　　$\Delta \rho$——分散相（油珠和悬浮固体）与连续相（污水相）的密度差；

　　　　g ——重力加速度；

　　　　η ——连续相（污水）的黏度；

　　　　d ——分散颗粒的直径。

　　从上式可以看出，对于相同粒径的油珠和悬浮固体，水相黏度越高，分离速度越低，污水处理难度越大。试验表明：在相同温度下，聚合物浓度越大，污水黏度越大，污水处理的难度也就越大。当聚合物浓度为 400mg/L 以上，温度为 45℃条件下，污水的黏度达 2.6mPa·s 以上，是常规污水黏度的 4 倍。

2. 胶体稳定性的影响

　　胶体的稳定性是由两个因素决定的，即胶体表面电荷和胶体表面水化层。胶体表面所带电荷的排斥作用，使其很难发生有效碰撞而聚结成大的颗粒，进而与水体分离。胶核外层的水化膜是影响胶核相互发生有效碰撞的关键因素，胶核外层的水化膜越厚，胶核碰撞聚并的机会就越小。污水见聚后，油珠和悬浮固体颗粒表面吸附了大量带负电荷的聚丙烯酰胺分子，这大大增加了油珠和悬浮固体的电负性。同时，由于聚丙烯酰胺分子中带负电荷的羧基—COO^- 基团是一种亲水基团，该基团的周围被大量的水分子所包围，使油珠和悬浮固体周围的水化层加厚，导致它们在相互碰撞时难以聚结，大大增强了它们在水体中的稳定性。

（三）采出水见聚后生产中存在的问题

1. 除油罐除油能力下降

　　目前普通含油污水处理站采用的斜板沉降罐在处理含聚污水时存在着一定的问题，如北Ⅱ-1 污水站见聚浓度为 70mg/L 时，除油罐负荷率只能达到 70%。1999年 9 月份该站大修，投产时含聚浓度为 70mg/L。新建的斜板沉降罐在开始的几个月水质较好，2000 年 4 月份以后，除油罐出口水质变差，含油量由原来的 50mg/L 上升到 150mg/L，影响了全站污水处理能力和滤后水质。

2. 过滤罐处理效果差和滤料失效快

　　北三联污水站大修投产后，负荷率达 90%。2 个月后过滤负荷率下降到 75%，增加处理量，除油罐就溢流。2000 年 5 月份，对滤罐进行两次彻底反冲洗后开罐检查，发现滤料已受污染，上面有一层黏稠的附着物。分析认为污水中含有聚合物后，由于滤砂的截留和吸附作用，使聚合物凝胶在滤砂表面聚集，并与污油、悬浮物固体形成一种黏稠混合物，堵塞滤砂层过滤通道，造成滤罐污水处理能力下降。

3. 回收水系统对过滤的影响

　　目前反冲洗流程中的回收水池无法清淤，使反冲洗后的杂质和聚合物的混合物在除油罐只能沉积一部分，大量的杂质仍要返回过滤系统，反冲洗后再进回收水池，造成恶性循环，加重了过滤系统的负担。考虑到油田聚驱污水本身的可生化性差，应先投加絮凝剂对油田污水预处理，借助于絮凝剂的吸附和桥联作用将水中污染物聚集去除。同时，筛选具有去除污水 COD 和降解 HPAM 特性的高效功能菌，进而强化生化处理效果。

（四）含聚污水微生物处理技术的应用

1. 在喇嘛甸油田的应用

针对聚驱采油技术大规模应用后油田采出水普遍出现含聚、处理难度加大的现象，喇嘛甸油田开展了生物法处理含聚污水试验研究。主要工艺分为高效油水浮选工艺除浮油、生物反应器降解乳化油及高效固液浮选工艺除杂质三部分。其核心技术是针对油田含聚污水特点，通过筛选、配伍等方式培养出适应油田污水的高效生物菌群，通过生物降解，将污水中的油、有机杂质等降解成简单的无机物，从而有效地降低污水中油、悬浮物等的含量。

（1）高效油水浮选原理

高效油水浮选采用部分回流式溶气气浮技术，主要去除污水中的浮油。技术原理：来水进入高效浮选装置后，与装置内溶气释放装置释放的微小气泡混合，在微小气泡上浮过程中携带水中浮油和部分悬浮物上浮到水面，形成浮渣由收油系统回收，净化后的污水进入下一级生物反应器进行进一步处理。由溶气泵将回流水加压后进入溶气罐，在一定溶气压力下，将空压机打进来的压缩空气溶解在水中，形成溶气水，溶气水进入浮选装置经溶气释放器减压释放，在由高压转至低压的过程中将溶解在水中的气体从水中释放出来，形成微小气泡。

（2）生物反应器降解原理

生物反应器核心技术是针对喇嘛甸油田含聚污水特点，通过筛选、配伍等方式培养出适应油田污水的高效微生物菌群，主要是利用其对污水中各种石油类有机污染物进行高效分解，从而去除水中的污油及其他有机杂质，达到水质指标要求。生物菌群一般生长环境以 pH 值 6 ～ 9，温度 20 ～ 40℃为宜。

（3）高效固液浮选原理

高效固液浮选基本原理与高效油水浮选一样，采用部分回流式溶气气浮技术，由于经生物系统处理后，水中油含量大幅度降低，悬浮物也以脱落的生物菌膜为主，脱落菌膜形体大，极利于在微小气泡的作用下上浮形成浮渣排出水体。针对生物反应器出水水质特点，对高效固液气浮装置中水力负荷及内部结构进行优化设计，可达到高效固液浮选对水中悬浮物的去除作用。

生物法处理低含聚污水现场试验地点选为喇嘛甸油田采油四矿某污水站，来水采用污水站总来水，试验期间该站平均含聚浓度为 70mg/L，来水含油量为 1574.9mg/L。经油水气浮处理后含油量为 80.8mg/L，去除率为 94.9%；经生物处理后含油量为

9.6mg/L，去除率为88.1%；经固液浮选处理后含油量为5.1mg/L，去除率为46.9%。来水平均悬浮物含量为66.8mg/L。经油水气浮处理后悬浮物含量为32.4mg/L，去除率51.5%；经生物处理后悬浮物含量为11.1mg/L，去除率为65.7%；经固液浮选处理后悬浮物含量为5.3mg/L，去除率为52.3%。由此可见，该项技术对低含聚污水中油和悬浮物具有较强的去除能力，能够满足油田水质指标要求。

生物法处理高含聚污水现场试验地点选为喇嘛甸油田采油三矿某高含聚污水站，来水采用污水站总来水，试验期间来水平均含油量为470.2mg/L。经油水气浮处理后含油量为54.4mg/L，去除率为88.4%；经生物处理后含油量为9.4mg/L，去除率为82.7%；经固液浮选处理后含油量为4.6mg/L，去除率为51.1%。来水平均悬浮物含量为63.0mg/L。经油水气浮处理后悬浮物含量为44.1mg/L，去除率为30%；经生物处理后悬浮物含量为9.2mg/L，去除率为79.1%；经固液浮选处理后悬浮物含量为6.8mg/L，去除率为26.1%。由此可见，该项技术对高含聚污水中油和悬浮物去除能力较强，能够满足水质指标要求。为进一步确定其对含聚浓度的影响，通过对各单元含聚浓度进行化验，来水平均含聚浓度430.6mg/L，经该技术处理后含聚浓度为412.7mg/L。化验结果表明，该项技术对污水中含聚浓度降解作用不明显，但对含聚污水的处理具有较好的适应性，能满足含聚污水的处理要求[16]。

2. 在陆上油田含聚污水处理中的应用

江苏博大环保股份有限公司采用"倍加清"特种微生物技术处理含聚污水，并已在大庆等陆上油田得到成功应用，取得了满意的效果。以"倍加清"特种微生物技术为核心的处理工艺的思路是：通过生物降解去除乳化、溶解以及与聚合物黏合的原油微粒，以达到降低污水含油量及其黏度的目的；通过生物滤池去除水中的悬浮物，达到降低悬浮物含量的目的。"倍加清"特种微生物技术是针对水样中污染物的特性，通过筛选、分离及有效配伍，获得适合含聚污水水质特点的最佳专性联合菌群。通过投加"倍加清"专性联合菌群，促使其增强对特定污染物的降解能力，从而提高污水处理系统去除有毒有害、难降解化学物的能力。能够使污水中快速建立一条有效降解苯系类、烃类、脂类、萘类等有机污染的生物群，同时对污水中各种复杂的脂肪族和芳香族化合物等有效进行生物降解。这些专性微生物有着很高的繁殖率，它们通过水合、活化、氧化、还原、合成，把复杂的有机物降解成简单的无机物，最终产物为H_2O和CO_2。专性微生物以污水中有机污染物为营养并获得能量，实现自身生命的新陈代谢，达到净化污水的目的[17]。

3. 在海上油田的应用

中国海洋石油集团有限公司研究总院应用该技术，并结合"气浮+生化+固液分离"的处理工艺对中海油绥中SZ36-1陆上终端含聚污水（≤500mg/L）进行实验室小试试验和现场中试试验。并通过现场试验，确定生物处理含聚污水的相关技术参数，分析微生物对含聚污水中所含油及悬浮物的处理效果，讨论生物法处理海上油田生产污水的技术特点及可行性结果表明，该工艺处理后出水可达 GB 4914—2008《海洋石油勘探开发污染物排放浓度限值》的水质标准，优于 SY/T 5329—2022《碎屑岩油藏注水水质指标技术要求及分析方法》的注入水质指标要求，并确定了相关技术参数。该技术具备处理效果好、适应来水水质范围大、环境友好等优势。但由于空间重量的限制，尚不适用于海上油田平台的生产水处理工艺[18]。

4. 在大庆油田采油五厂的应用

大庆油田采油五厂采用"一级沉降→多功能气浮→微生物除油→一级过滤"的新工艺流程可确保滤后水质达到低渗透区块的注入水质指标要求，从而解决了油田含聚污水处理难度大、滤后水质超标的问题，具有较好的推广价值[19]。该工艺技术是在有氧的条件且适宜的环境中，通过向采油污水中投加特定的专性联合菌群，使含油污水中的溶解性有机物透过细菌的细胞壁被细菌所吸收，固体和胶体等不溶性有机物先是附着在细菌体外，由细菌所分泌的某种特殊酶分解成可溶性物质，再渗入细胞体内，促生其对特定污染物的降解能力，从而提高污水处理系统去除有毒有害、难降解化学物的能力。并提供适宜的生长环境，通过与污水中微生物间的竞争形成优势菌群，同时在不断的竞争中又提高了生物群抗毒抗冲击的能力，因而使污水中能够快速建立一条有效降解苯系类、烃类、脂类、萘类等有机污染的生物群，对污水中各种复杂的脂肪族和芳香族化合物等有效进行生物降解，同时可强化对烃类、蜡类以及酚、萘、胺、苯、煤油等的生物降解，这些专性微生物有着很高的繁殖率，它们通过自身的生命过程——水合、活化、氧化、还原、合成，把复杂的有机物最终降解成为简单的无机物 H_2O 和 CO_2，并放出一部分能量作为自身生存与繁殖的生命之源。在适宜的条件（10～40℃）下，专性微生物以污水中有机污染物为营养并获得能量，实现自身生命的新陈代谢，达到净化污水的目的，对环境没有二次污染。

其生物法含聚污水处理流程如下。

（1）污水处理过程

① 沉降过程　含聚污水在沉降罐进行自然沉降，由于油水密度不同，油往上浮升，水往下沉，由下部集配水管均匀收集于反应筒底部，罐顶部浮油进行回收，下部污水通过提升泵增压输送至多功能气浮选装置。

② 气浮过程　气浮选装置在污水中产生直径为 20～50μm 微气泡，微气泡与油珠、悬浮物杂质黏附在一起。根据浮力原理，这部分油、悬浮物便从污水中分离出来，浮在水面上，从而起到净化污水的作用。经过气浮后的污水进入微生物反应系统进行下一步处理。

③ 微生物反应过程　含聚污水进入微生物反应系统，通过缓冲、沉降、油水

分离，顶部油进入污油池，水自流进入微生物反应池。微生物反应池内装有半软性填料并加入专性联合菌群，风机通过安装在微生物反应池底部的曝气器为微生物供气。污水在微生物反应池内进行生化反应，在适宜的条件下微生物便以有机物为营养，实现生命的新陈代谢，达到净化污水的目的。经生化处理后的含聚污水自流至沉淀池。沉淀出的污泥通过污泥泵输送至污泥浓缩罐，上清液自流至集水池。集水池出水经提升泵输送至下一级过滤系统。

④ 过滤过程　经微生物反应系统处理的含聚污水进入压力过滤罐。过滤后的污水进入综合杀菌装置进行杀菌，而后进入净化水罐缓冲后，通过提升泵增压输送至注水站进行回注。

（2）处理水质效果分析

含聚污水处理系统投产后，总滤后水质稳定达标，并优于设计要求。2009 年 1 ～ 6 月份，含聚污水滤后含油在 0.6 ～ 1.8mg/L 之间，平均为 1.2mg/L，含悬浮物在 1.1 ～ 2.0mg/L 之间，平均为 1.7mg/L。

5. 在克拉玛依油田的应用

七东 1 区聚合物驱试验区和七中区二元复合驱试验区的采出污水中含有聚合物和少量表面活性剂，矿化度含量高，硫酸盐还原菌含量偏高[20]。为了将这两部分污水集中处理合格，达到回注油田的目的，2013 年 7 月至 9 月在七区处理站对脱出污水开展了特种微生物菌群综合处理中试，中试出水水质稳定，达到设计指标，为该区含聚污水处理工程改扩建提供了技术支持。

（1）中试流程及功能

传统的自然沉降和混凝沉降处理含聚污水的效果差，处理成本高。生物处理法具有不产生污染、自然生化、处理成本低等优点。

七区含聚污水微生物综合处理中试流程包括气浮收油装置、微生物反应池、固液分离装置和砂滤四个部分。

首先，原油脱出含聚污水进入气浮收油装置，经气浮收油装置中的溶气系统释放的微气泡将污水中的油及部分悬浮物黏合后，随气泡一起上浮到水面，形成气 - 水 - 颗粒（油）三相混合体，通过刮渣装置收集浓缩排入集输系统回收利用，净化后的出水进入微生物反应池。微生物反应池主要功能是将污水中除聚合物外，几乎所有的油及有毒有害难降解的有机污染物降解。固液分离是将微生物反应池内产生的污泥及无机物进行泥水分离，系统污泥在固液分离装置内分离排出。

石英砂滤罐作为微生物处理系统后续的深度处理，进一步截流污水中残留的细小颗粒，达到污水回注标准后回注地层。

（2）关键技术

中试系统的关键技术是培养出用于生化处理的特种微生物菌群。因采油污水中成分复杂，含难处理、难生化降解的有机污染物较多，杂菌较多且竞争性较强，一般微生物难以形成优势菌群，生化处理难以正常运行。针对七区污水水质的特性，通过筛选、分离、复壮、配伍获得联合菌群，这些微生物以污水中的有机物为营养源得以生长、繁殖，实现自身生命的新陈代谢，并与污水中的微生物竞争，使污水中能够快速建立起有效降解苯系类、烃类、脂类、萘类等有机污染物的生物优势菌群。特种联合菌群有着很高的繁殖能力，适应 $60000 \sim 150000mg/L$ 高含盐量采出污水，不但能降解水中的油，而且对其他除聚合物外的几乎所有有机污染物的降解都十分明显，这是一种无害化的处理方法。特种微生物菌种在常温下保存两年内活性不变，运输和投加十分方便。

6. 大庆油田含聚污水处理站微生物处理技术

（1）工艺流程及功能

2008 年、2011 年、2013 年，设计规模 $1.5 \times 10^4 m^3/d$ 的 1# 含聚污水处理站，$2.5 \times 10^4 m^3/d$ 的 2# 含聚污水处理站，$2.0 \times 10^4 m^3/d$ 的 3# 含聚污水处理站分别投产。早期含聚污水微生物处理工业化试验的工艺主流程是：沉降罐→横向流聚结除油器→缓冲隔油池→微生物反应池→沉淀池→过滤器，依托常规处理流程补建，相对原始。原工艺流程的主要问题是沉淀池的固液分离效果有限，进入过滤器的悬浮固体较多，导致过滤器反冲洗周期短，影响出水水质。更新后其主体设备是气浮机、生物池、过滤器等。

其"氧化 + 曝气"预处理效果显著，上游收油气浮机由刮油（渣）机、回流溶气装置、斜板分离装置、排泥装置等组成，其主要功能是：降低进入微生物反应池污水的含油量，同时回收原油。生物池由水池、生物填料、曝气装置等组成，其主要功能是给微生物提供着床、繁殖、生长、反应、代谢的场所。气浮法常作为二级处理技术，固液分离气浮机的结构与收油气浮机基本相同，其主要功能是将形成的大颗粒絮体分离出来，为后续污水净化创造条件。过滤器由罐体、滤料、布水系统等组成，其主要功能是进一步去除污水中的悬浮固体。

（2）技术原理

① 气浮收油　来水首先进入收油气浮机，通过溶气释放系统产生大量微细气泡，与水中的油及其悬浮絮体充分接触并黏附在微气泡上，随气泡一起浮到水面，形成浮油，被连续运转的自动刮油机刮走，出水进入微生物反应器。气浮装置配有自动排泥系统，以排走可能生成的沉淀物。出水的一部分作为溶气水，通过溶气泵进入溶气罐，溶气压力 0.4MPa。溶气水通过溶气干管进入安装于气浮装置的溶气释放器，空气从溶气水中释放出来。溶气罐中过剩的空气通过释放阀排走，维持溶气罐内一定的溶气液位。

② 微生物反应　调试及投运初期，在微生物反应池中投加针对特定油田水质、

经有效筛选及配伍的特种微生物联合菌群，在适宜的温度和有氧条件下，特种微生物与污水中的其他微生物竞争附着在反应池中附有生物活性酶的生物载体上，配合油田专用耐油阻垢曝气装置的持续有效供氧，快速形成优势菌群，可针对性地降解特定油田污水中的油及难降解的有机污染物，具有高效、专一性等特点，可达到净化污水的目的。微生物反应池出水中的剩余污泥由后续配套的微生物固液分离装置去除。

第一次投菌种培养成功后，正常状况下不再补充菌种，靠自身循环维持平衡。因水流的作用，生物池前端水中的细菌含量会下降。反冲洗罐、污泥浓缩池、脱泥机中经过长时间静置沉降分离出的上清水中含有大量的细菌，使此上清水返回到生物池前端，为其补充细菌，使其中的细菌含量上升到所需的水平。

③ 固液分离　固液分离装置主要用于微生物生物降解后剩余污泥的分离。通过回流系统产生大量的微气泡，与污水中密度接近于水的剩余污泥或液体微粒黏附，形成密度小于水的固液分离体，在浮力的作用下，上浮至水面形成浮渣，由刮渣机刮除，密度大的泥沙则通过底部分离区沉入集泥区，定期由排泥系统排出体外，清水进入后续处理工序。浮渣和泥沙进入污泥浓缩池浓缩后进行干化处理。

④ 过滤　过滤器主要利用填料来降低水中悬浮固体的含量。可以利用一种或多种过滤介质，在一定的压力下，使原液通过该介质，去除悬浮固体，从而达到过滤的目的。其内装的填料包括磁铁矿、石英砂、陶瓷烧结管、金刚砂等，具体可根据实际工程情况选择使用。

（3）处理效果

随着工艺的逐步改进，微生物配套技术对含聚污水的处理效果越来越好，大庆油田主要含聚污水微生物配套技术处理效果统计见表 5-2。

◆ 表 5-2　大庆油田主要含聚污水微生物配套技术处理效果统计

处理站		实验站	1# 处理站	2# 处理站	3# 处理站
设计规模 / （m³/d）		1500	15000	25000	20000
实际处理量 / （m³/d）		—	—	14000	12064
水温 /℃		35	35	35	35 ~ 40
来水	聚合物 / （mg/L）	183.87	≤ 400	235	343
	悬浮固体 / （mg/L）	45	28.9	122	408
	含油量 / （mg/L）	135.67	338.9	85.7	352
出水	聚合物 / （mg/L）	166.20	—	—	—
	悬浮固体 / （mg/L）	5.0	1.5	3	6
	含油量 / （mg/L）	0.5	1.0	2.7	1

从表 5-2 可以看出：出水中悬浮固体含量＜ 10mg/L，含油量＜ 10mg/L，优于 SY/T 5329—2012《碎屑岩油藏注水水质指标及分析方法》中注入水中悬浮固体含量≤ 10mg/L，含油量≤ 30mg/L 的要求。采用药剂法处理含聚污水悬浮固体含量一般仅达到 20mg/L 左右，效果远差于此微生物方法，且药剂法会引入大量其他污染物，相比之下，微生物技术不仅处理效果好，而且环保，处理后的污水回注地层对环境影响较小。2# 含聚污水处理站生物反应池的生物挂片显示：微生物挂膜良好，挂膜饱满、肥大，微生物生长良好。

第二节　微生物在油藏腐蚀中的作用与防腐中的应用

微生物腐蚀（MIC）是指附着在材料（包括金属及非金属）表面的生物膜中微生物的生命活动导致或促进材料腐蚀破坏的一种现象。它是一种电化学过程，在能源、碳源、电子供体、电子受体和水的联合作用下完成。MIC 以局部腐蚀（点蚀）为主，腐蚀的发生、发展在时间和空间上具有不可预见性，由此引起的安全、环境以及经济损失等问题越来越突出。微生物对金属材料的腐蚀占总的金属材料腐蚀的约 20%，在石油、天然气输送管道行业，MIC 所造成的损失占比达到 15%～ 30%。据统计，地埋管线 50% 的故障来自微生物腐蚀。在中国，每年因微生物腐蚀造成的损失高达 500 亿元人民币。据相关调查，美国 81% 的严重腐蚀与微生物相关，埋地金属腐蚀至少有 50% 是由微生物参与的。在石油天然气领域，美国油井 77% 以上的腐蚀与微生物有关。最近 20 年，金属材料尤其是钢铁材料的微生物腐蚀已引起了国内外科学家的广泛关注，微生物腐蚀慢慢成为金属腐蚀领域中的一个研究热点。与此同时，研究人员对微生物腐蚀机理也有了进一步的认识，如阴极去极化、局部腐蚀电池、代谢产物腐蚀和直接电子转移等理论均对微生物腐蚀进行了解释。随着这一领域研究的不断深入，人们认识到微生物腐蚀机理的研究必须结合生物能量学和生物电化学方面的知识，才能更好地理解微生物腐蚀的过程。由此提出了"生物催化阴极还原"理论（BCSR）。该理论认为，金属的微生物腐蚀本质上是一个生物电化学过程，在微生物与金属共存的环境中，当周围环境中有充足的碳源时，细菌优先利用有机物质作为电子供体，获取能量，同时在此过程中微生物分泌一些具有腐蚀性的物质导致金属腐蚀；当电子供体（如碳源）不存在或消耗掉之后，微生物用金属代替碳源获取电子，直接导致金属发生微生物腐蚀。无论是哪种微生物腐蚀机理，其实质都是微生物为适应生存环境的一种生存策略。仅就管线的外部微生物腐蚀而言，管道多埋设于土壤中，土壤中的微生物种类繁多。在土壤环境中，各种微生物可能会发生共生、竞争、拮抗等不同的作用。事实上，自然环境中不存在普适的机理来解释所有微生物腐蚀的内在本质。由于不同的微生物在不同环境中的生长代谢不同，以及环境中多种微生物相互作用的复杂性，导致即使是同一种微生物也会出现对于同种金属不同的腐蚀行为。而实际情况中往往是几种机理以不同方式在腐蚀过程中共同起作用，微生物导致的金属腐蚀过程中的电子传递扮演着重要的角色。探究金属微生物腐蚀中可能的电子传递载体，推断金属腐蚀中的电子传导机制，可寻找抑制微生物腐蚀的新靶点和新方法，从而指导发展微生物腐蚀防治新方法。

我国自21世纪初西气东输一线工程启动，这些纵横交错的管道一旦发生腐蚀失效，极易造成经济损失、生态环境破坏和人员伤亡。以往，人们总是用非生物的腐蚀机制来解释观察到的腐蚀现象，微生物对腐蚀的影响往往被忽略，而实质上大多数的腐蚀都是微生物参与下的电化学过程。随着检测手段日益发展，微生物在腐蚀过程中的作用越来越受到重视。近年来，国内外报道了大量的微生物腐蚀导致的管线失效案例，微生物腐蚀已经成为石油、天然气和水处理等工业领域中非常棘手的难题。微生物腐蚀会造成石油管道的泄漏和注射井的堵塞，从而导致石油在生产、运输过程中的潜在安全风险。

2013年，中国新疆一条X52级输油管道发生爆管泄漏事件。在这之前，该条管道沿线起伏管段曾多次发生内腐蚀穿孔泄漏事故。对事故的最终调查认为，该管段起伏较大，原油流量较低，难以将微量游离水或积水带走而聚积在低洼处，使得SRB大量繁殖导致局部腐蚀失效。2014年，牛涛等报道了一条X60级输气管线钢管在埋地1年后，7.1mm厚的管身出现腐蚀孔漏气现象，通过现场调研及取样分析表明，腐蚀孔附近的腐蚀产物表面含有大量S和Cl，明确了蚀孔产生的原因为SRB造成的微生物腐蚀。2016年，Xiao等报道了一条X52级从中国甘肃运往宁夏的原油管道因遭受SRB和氧腐蚀共同作用导致管线早期失效。除此之外，Jack等在聚氯乙烯和聚烯烃涂层下观察到了管线钢的微生物腐蚀。Pikas调查了美国得克萨斯州和新泽西州的4段管道失效原因，结果表明，沥青/煤焦油瓷漆涂层下的管线钢发生了微生物腐蚀。加拿大横加公司调查表明，每6起管道外部腐蚀失效事故中，大约有3起是由于微生物腐蚀引起的[21]。

一、引起腐蚀的微生物种类

（一）硫酸盐还原菌

硫酸盐还原菌是无氧环境中发生微生物腐蚀的主要细菌，也是研究最多、最被人熟知的细菌，许多发生微生物腐蚀的情况都与之相联系。SRB是最终的电子受体，可通过还原有机物、硫酸盐等硫化物甚至硫单质，从而获得其生命活动所需能量的一类微生物。SRB 是一种古老的微生物，目前发现有 60 个属 220 个种。按照生理生化特性以及系统发育分类，大多数 SRB 主要归类为：①常温 δ 变形菌，如脱硫弧菌属（*Desulfovibrio*）和脱硫杆菌属（*Desulfobacterium*）；②热脱硫杆菌属（*Thermodesulfobacterium*）；③广古菌门（Euryarchaeota），如古生球菌属（*Archaeoglobus*）；④热脱硫弧菌属（*Thermodesulfovibrio*）。

　　SRB 是厌氧型生物，大多数生存于厌氧环境中，通常可以从生物膜中分离出来，SRB 可以很好地利用生物膜产生的无氧环境，这也是生物膜下发生局部腐蚀的重要因素之一。即使在有氧环境中，SRB 还是可以通过形成孢子进行休眠和保持活性，有些能在低浓度 O_2 条件下生长。SRB 具有可利用电子供体广的特点，如羧酸、醇类、氨基酸类、糖类等化合物，常常被考虑用于环境修复。Zhang[22] 等利用 SRB 去除矿山废水中的金属离子，发现去除率达到 99.9%，同时对于溶液中的 SO_4^{2-} 的去除率也高达 88%。Smith 等[23] 用乳糖作为电子供体去除 Cr，发现去除率高达 88%。SRB 会直接利用金属作为电子供体，加速金属材料的腐蚀，并且还原得到的 H_2S 和硫化物也会加速金属材料腐蚀，如下面反应式所示。

$$H_2S+Fe \longrightarrow FeS+H_2 \uparrow$$

　　SRB 是诱发或加速管线钢腐蚀的典型细菌，它造成的微生物腐蚀分布广泛且影响最大。因此，研究人员对管线钢的微生物腐蚀研究多集中于 SRB 菌种。Yuan[24] 等对比了 SRB 以及 SRB 的代谢产物与无机硫化物对于 304 不锈钢的腐蚀，发现 SRB 的存在造成严重的腐蚀。随着时间推移，材料表面形成了一层疏松、多孔、有裂纹的硫化物薄膜，因此不具有抗腐蚀作用。SRB 广泛存在于污水处理系统、油气田运输系统、油井、冷却水系统和海洋沉积层等，可以造成局部环境酸化加快材料腐蚀，带来严重的人身安全及经济损失问题。

　　Chen 等[25] 研究认为，SRB 的存在会降低 X70 管线钢的开路电位，而且相比无菌条件，含有 SRB 条件下的腐蚀电流密度会变大。同时还认为在没有 SRB 存在情况下，施加 −775mV（vsSCE）阴极电位保护可以完全避免 X70 管线钢剥离涂层下的缝隙腐蚀，然而 SRB 的存在使其阴极保护失去作用。Alabbas 等[26] 研究了有 / 无 SRB 参与的情况下 X80 管线钢的腐蚀行为。结果表明，在含有 SRB 条件下 X80 管线钢的腐蚀速率是不含 SRB 条件下的 6 倍之多，可见 SRB 对管线钢腐蚀影响的严重性。Wu 等[27] 先后研究了 X80 管线钢在有 / 无应力加载、不同阴极保护电位的情况下，SRB 对 X80 管线钢应力腐蚀开裂敏感性的影响。结果表明，SRB 诱导的点蚀是管线钢应力腐蚀开裂的直接原因；SRB 的生理活动和外加阴极电位共同提高了管线钢应力腐蚀敏感性，而这种敏感性的提高随着外加电位的降低而有所减弱。研究人员分别在中性土壤浸出液和酸性土壤浸出液环境下，研究了有 / 无 SRB 对管线钢腐蚀性能的影响。结果表明，实验初期 SRB 的生理活动减缓了腐蚀速率，实验后期 SRB 又加速了腐蚀速率。Kuang 等[28]研究了 SRB 的生长过程对碳钢腐蚀的影响情况。结果表明，碳钢的腐蚀速率在 SRB 的繁殖阶段最大，而且与 SRB 的代谢产物积聚息息相关。此外，国内外研究学者还不同程度地在生物膜形态对管线钢腐蚀性能的影响、交流电和微生物共同作用对管线钢腐蚀行为的影响、管线的微生物腐蚀表征以及其他方面做了大量研究工作。然而，管线钢的微生物腐蚀研究报道多集中在外部环境因素对腐蚀的影响等方面，对管线钢材料本身的诸多因素对微生物腐蚀的影响鲜有报道。

Mara 和 Williams 研究了碳钢中的碳含量对 SRB 腐蚀行为的影响。结果表明，随着钢中碳含量的增加，微生物腐蚀速率增大，但相关原因并没有阐明。另一项研究表明，大肠杆菌的参与会加速不同碳含量的 Fe-C 合金腐蚀，但其腐蚀速率与碳含量并没有直接关系[29]。Javed 等[30]认为微生物腐蚀速率与细菌在钢表面上附着的数量有很大关系，为此在不同强度级别和不同组织形态下对低碳钢的细菌初始附着数量进行了原位统计。结果表明，在与细菌共培养的 1h 内，随着钢中碳含量的增加，珠光体含量增加，钢的强度相应增高，大肠杆菌在其表面的附着数量减少。另外，研究者还认为，碳钢的晶粒尺寸越小，其附着的细菌数量越多，表明微生物腐蚀速率随晶粒尺寸减小而增大。

（二）硫氧化菌（SOB）

SOB 是一类氧化细菌，与 SRB 相反，可以氧化单质硫、H_2S 和硫化物等，生成 H_2SO_4，腐蚀金属材料。主要包括脂环酸芽孢杆菌属（*Alicyclobacillus*）、丝硫细菌属（*Thiothrix*）、嗜酸菌属（*Acidiphilium*）、盐硫杆状菌属（*Halothiobacillus*）以及硫杆菌属（*Thiobacillus*）等。这些微生物在系统发育上是多样的，可以是有氧的或厌氧的、嗜酸性的或嗜中性的（生活在中性的 pH 环境中）。SOB 氧化产物可作为 SRB 的氧化物促进 SRB 的生长。Okabe 等[31]研究表明 SRB 的产物 H_2S 被 SOB 氧化生成了 H_2SO_4，使混凝土的 pH 值从 12.0 降低至 1.6，造成了混凝土严重腐蚀（3～4mm/a）。因此，SOB 和 SRB 的协同作用会加快金属腐蚀。

（三）铁还原细菌（IRB）

IRB 是一种具有严格厌氧型或者兼性厌氧型微生物，能还原 Fe^{3+} 或者 Mn^{4+}。其包括地弧菌属（*Geovibrio*）、地杆菌属（*Geobacter*）、脱硫单胞菌属（*Desulfuromonas*）等。有人认为 IRB 可以通过增加还原生成的铁硫化物，加剧金属材料腐蚀；或者通过还原金属材料表面的氧化膜，使其失去保护性，进而加速腐蚀。有的人认为 IRB 还原生成的 Fe^{2+}，能进一步与 O_2 发生氧化反应，消耗了 O_2，从而阻碍了 O_2 腐蚀金属材料。研究发现 IRB 通过纳米导线或者细胞素 C 直接从金属材料表面吸收电子，也可以通过核黄素实现不同细菌之间的电子传递。

（四）铁氧化细菌（IOB）

在环境中，IOB 的存在很广泛。IOB 在铁的溶解、沉淀以及造成铁元素的再分布过程发挥着重要作用。IOB 可分为嗜酸性型和中性型，可以生长在中性温和的环境，也可在酸性环境中生长。嗜酸性 IOB 主要代表细菌为氧化亚铁嗜酸硫杆菌（*Acidithiobacillus ferrooxidans*）。氧化亚铁嗜酸硫杆菌具有很强的氧化 Fe^{2+} 的能力，可以将金属硫化物氧化成 H_2SO_4。Wang 等[32]研究发现在有氧化亚铁嗜酸硫杆菌存在的情况下，1010 钢腐蚀速率增加 3 ～ 6 倍。中性型 IOB 主要包括厌氧硝酸盐依赖性铁氧化细菌、光能厌氧铁氧化细菌和微好氧型铁氧化细菌。厌氧硝酸盐依赖性铁氧化细菌能够利用硝酸盐作为电子受体氧化 Fe^{2+}，加速金属材料腐蚀。光能厌氧铁氧化细菌能利用光能将 Fe^{2+} 氧化成 Fe^{3+}。微好氧型铁氧化细菌能使金属矿化，主要生成 α-FeOOH 和 Fe_2O_3。IOB 的氧化速率高于化学氧化过程，造成大量的 Fe^{2+} 被氧化成 Fe^{3+}，而 Fe^{3+} 发生水解产生 H^+、Fe（OH）$_3$，生成酸性、腐蚀性溶液，造成金属腐蚀。IOB 还能生长在氧化生成的矿化物里层，避免外界因素（紫外线、O_2 等）和其他细菌攻击。

（五）硝酸盐还原菌（NRB）

NRB 是一类能将硝酸盐还原为亚硝酸盐，并且通过脱硝作用将亚硝酸盐转化为气态含氮化合物或者异化为 NH_4^+ 的细菌。在石油生产提高采收率中，为了保证油井有足够的压力，常常往里注入水，为了保持生产过程的连贯性，会将海水作为补给水与采出水混合注入，这就引入了 SRB 腐蚀，为了减少酸化，就会往补给水加入硝酸盐。硝酸盐的加入为 NRB 提供了养分，也为硝酸盐还原提供了条件。硝酸盐被还原的同时能将 Fe^{2+} 氧化成 Fe^{3+}，进而加速腐蚀。

（六）产酸菌（APB）

APB 是一类代谢产物为有机酸或者无机酸的细菌，可以使周围环境的 pH 值减小，造成局部腐蚀和孔蚀。APB 主要包括产生 HNO_2 和 HNO_3 的氨氧化细菌及亚硝酸盐氧化细菌、产生 H_2SO_4 和 H_2SO_3 的硫杆菌属、产生醋酸的醋酸杆菌属。越来越多的腐蚀现象与 APB 密切相关，APB 将成为微生物腐蚀的研究重点。Sowards 等[33]研究发现醋酸杆菌对于 1018 合金钢有明显的点蚀作用，对于 101 铜有点蚀和晶间腐蚀的作用。

（七）产黏液菌（SFB）

SFB 是一类能分泌大量胞外聚合物（extracellular polymeric substances，ESP）

的细菌。SFB 主要包括芽孢杆菌属、梭菌属、脱硫弧菌属、假单胞菌属等。ESP 由大量的黏性高分子化合物组成，包括蛋白质、脂质、多糖、核酸等，能在金属表面聚集，和微生物共同形成生物膜。黏附在金属材料表面的生物膜会改变金属表面性质，加快金属的腐蚀。同时，生物膜所形成的无氧环境有利于无氧细菌如 SRB、IOB 的生长，也能加速金属材料的腐蚀。

（八）腐生菌（TGB）

TGB 属于好氧型菌群，通过分泌酶来消化体外有机物、死去的动植物以获取自身生命活动所需的能量。TGB 普遍存在于自然环境，尤其是存在水循环系统的石油、化工行业。其生命活动过程中，产生的黏液会造成氧浓差电池，进而引起电化学腐蚀，并且会促进无氧微生物，如 SRB 的生长繁殖，加速微生物腐蚀，同时会导致水质恶化，水体黏度增加，油层遭到破坏等一系列副反应。

（九）其他微生物

产甲烷菌（methanogens）能够利用金属腐蚀产生的 H_2，并且在无氧环境中加速腐蚀。一些研究发现，钢管的点蚀与产甲烷古菌有关。一些产甲烷菌也可以利用碳钢中的 Fe 作为电子源，以金属铁作为唯一的能源生长。真菌是真核微生物，具有广泛的营养生长网络，称为菌丝体。菌丝体释放渗出物，包括酶、糖蛋白和有机螯合剂。真菌能在很宽的 pH 范围内生长，在水分含量过低时仍能保持活性，并且还能形成耐干燥的孢子。真菌涉及矿物风化和碳钢的微生物腐蚀，包括涂层电缆，它们可能作为污染物被引入非无菌润滑剂中。真菌引起的局部腐蚀和开裂被认为是通过降解润滑油中的碳氢化合物，产生有机酸引起的。真菌消耗氧气，有助于为 SRB 创造厌氧环境，它们释放的一些有机化合物可以促进 SRB 的生长。它们也会释放一些抗菌剂，理论上会减少细菌的生长，从而降低腐蚀。然而，这方面的研究还相对缺乏。

二、微生物腐蚀机制研究概况

（一）直接电子消耗

直接电子消耗机理主要发生于 SRB 和厌氧甲烷菌，如图 5-3 Ⓐ所示。SRB 直接从铁吸收电子，从而还原硫酸盐来获得生命活动所需的能量。因此，化学微生物腐蚀（chemical microbially influenced corrosion，CMIC）和电微生物腐蚀（electrical microbially influenced corrosion，EMIC）的概念被提出。CMIC 认为某些微生物就是利用金属作为电子供体，进行氧化还原反应，来获得生命活动所需的能量，进而加速了金属腐蚀。这与传统的"阴极去极化理论"不同,"阴极去极化理论"认为 SRB 通过释放"氢化酶",将 SO_4^{2-} 还原为 H_2S,消除了金属表面产生的"氢膜",从而降低了 H_2 的分压,使金属溶解。因此,SRB 作为氢去极化剂,促进腐蚀。

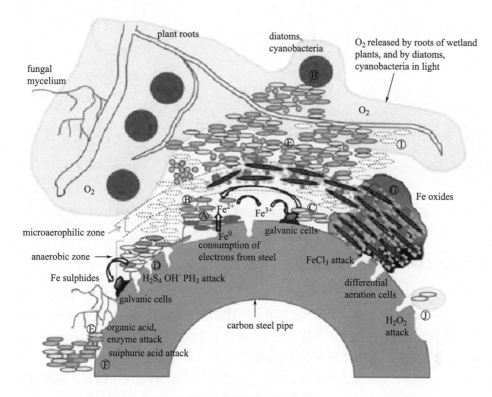

图 5-3 微生物腐蚀机理总述图

Ⓐ—厌氧甲烷菌和硫酸还原微生物从金属中直接摄取电子,产生 Fe^{2+};Ⓑ—厌氧铁氧化微生物利用硝酸盐作为电子受体氧化 Fe^{2+},产生 Fe^{3+} 氧化物;Ⓒ—厌氧异养微生物利用不溶性 Fe^{3+} 氧化物,产生 Fe^{2+};Ⓓ—厌氧硫酸盐还原微生物利用硫酸盐作为末端电子受体,产生可以增加腐蚀速率的 OH^-、PH_3、H_2S,连接线为纳米线;Ⓔ—异养微生物产生某些有机酸和酶侵蚀金属,消耗其他微生物产生的营养物质,在生物膜内产生氧气梯度;Ⓕ—硫氧化微生物产生硫酸;Ⓖ—中性铁氧化细菌产生 Fe^{3+} 氧化物,在金属表面形成不同的氧浓差电池;Ⓗ—硅藻和蓝藻在土壤表面产生氧气,产生不同的氧浓差电池,一些植物根部在土壤中释放氧气;Ⓘ—其他微生物;Ⓙ—好氧土壤微生物产生的过氧化氢侵蚀金属

在电子传递过程中,有两种传递机制,一是直接电子传递(direct electron transfer,DET),主要通过生物纳米导线(pili)和细胞膜上的细胞色素 c 蛋白进行电子传递;二是间接电子传递(mediated electron transfer,MET),主要通过具有活性氧化还原的物质载体进行电子传递。以上两种传递机制统称为胞外电子传递(extracellular electron transfer,EET),如图 5-4 所示。

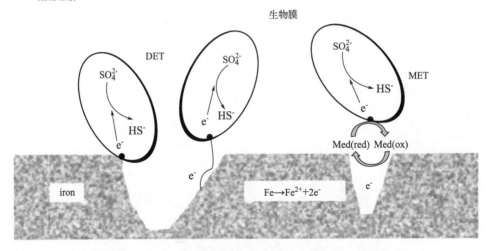

～ 导电菌毛

● 细胞色素c

图 5-4　SRB 直接和间接电子转移简图

Med（red）表示吸收电子后电子媒介的还原形式，Med（ox）表示失去电子后的氧化形式

（二）微生物代谢产物的腐蚀机理

H_2S 由 SRB 产生，且可与金属 Fe 反应生成 FeS，进而加速金属腐蚀，还有 PH_3 同样可以腐蚀金属，如图 5-3 ⑪所示。H_2S 溶于水形成 HS^-，并且 Dall 等发现金属腐蚀速率与 H_2S 溶解度有关。此外，反应过程中产生的氢气也会造成金属"氢脆"现象的发生。异养生物产生的有机酸（草酸、异柠檬酸、柠檬酸、琥珀酸、苯甲酸和香豆酸等）以及硫氧化微生物产生的硫酸，如图 5-3 Ⓔ和Ⓕ所示，通过降低 pH 加速金属的腐蚀，特别当这些酸在生物膜下聚集，就会造成严重的点蚀，甚至穿孔。Beech 等[34]发现当溶液 pH 约为 7 时，在矿物中裂纹内生长的细菌菌落附近，pH 降至 3 ～ 4 之间，在海洋环境中腐蚀金属的生物膜上观察到 pH 值小于 3。异养生物分泌的酶（氢化酶、氧化还原酶、过氧化氢酶、磷酸酶和酯酶等），有些可以催化阴极反应，能够促进氧的还原反应，加速金属腐蚀。氢化酶的作用是可以氧化 H_2 和还原 H^+，进而可以通过从铁中吸收电子，加速腐蚀；或者通过阴极去极化理论，消耗 H_2，加速金属腐蚀。有些酶存在于细胞膜，有些则分布在胞外聚合物，即使细胞失活，酶还能有活性，造成金属腐蚀。还有一些好氧微生物产生的过氧化氢，其具有强氧化性质，也会侵蚀金属，如图 5-3 Ⓙ所示。形成的疏松 FeS 膜具有导电作用，也在一定程度上加速金属腐蚀。

（三）浓差电池的腐蚀机理

点蚀被认为是最严重的腐蚀类型之一。在致密的微生物膜下发现了点蚀，但是微生物分布零散的区域并没有，进一步说明了生物膜对于点蚀的产生有着重要的影响。微生物主要通过新陈代谢，产生了浓度差电池，进而造成了点蚀。微生物腐蚀产生的代谢产物、沉淀物会阻碍氧气的扩散，形成氧浓差电池，加速金属腐蚀。生物膜里的好氧微生物会消耗氧气，造成氧浓差电池的出现，从而加速金属腐蚀，如图 5-3 ⑥。还有一些自养型生物，如硅藻、蓝藻等，以及一些植物的根茎，会产生氧气，造成氧浓差电池，如图 5-3 ⑪。因此，富氧区电位较正，作为阴极电极；贫氧区电位较负，作为金属电极的阳极，从而使电子从金属表面流向阴极，促使金属溶解产生严重的点蚀。

三、SRB 引起的腐蚀

硫酸盐还原菌是微生物腐蚀（MIC）的主要因素之一。自 1891 年 Garrett 从埋藏在地下的钢材的腐蚀产物中第一次分离出 SRB 以来，SRB 引起的腐蚀越来越受到人们的重视。研究发现 SRB 在厌氧条件下大量繁殖，产生黏液物质，加速垢的形成，造成注水管道的堵塞。且管道设施在 SRB 菌落下发生局部腐蚀，以致出现穿孔，造成巨大的经济损失。

（一）SRB 的生理学

硫酸盐还原菌（SRB）能将 SO_4^{2-} 还原成 H_2S，它是脱硫弧菌属中的一个特殊的菌种之一，能在 pH 值为 5 ～ 10、温度为 5 ～ 50℃范围内生长，有些 SRB 能在 100℃的高温、50MPa 高压，甚至更高的情况下生长。SRB 是工业生产中微生物腐蚀的主要细菌之一，许多研究人员对 SRB 感兴趣。

近期发现 SRB 在研究范围内发生变异现象，它包括：① SRB 在饥饿状态下自动变小。SRB 透过滤膜进入储水池，滤膜孔径不能让正常尺寸的细菌通过，但尺寸变小的 SRB 可以通过滤膜。②具有与正常细菌不同的对杀菌剂的敏感性。③适应性增强，在高矿化度体系中生长的细菌能较快地适应新的淡水环境。④ SRB 在不同 pH 值溶液中，菌体发生变异现象。在中原油田注水系统中，由于对水体改性，SRB 产生适应性变化，获得适应性变化后能继续快速生长。⑤研究发现 SRB 能在 200mg / L Cu^{2+} 溶液中存活，并能对铜离子起有效的迁移作用。因此，不能用原来的检测介质和检测手段来检测微生物，给定量描述和处理微生物造成很大的困难。

（二）SRB 腐蚀机理

1. 阴极极化作用

1934 年 Von Wlzogen 和 Van der Vlugt[35-37] 提出的阴极去极化理论，是目前最主要的 SRB 腐蚀机理。Booth、King、Costello 等的研究工作为阴极去极化理论提供了依据[38]，完善和丰富了阴极去极化理论，证实了细菌细胞中的氢化酶、硫化氢都可以促进去极化作用，促进金属腐蚀的进行。

阳极：$4Fe \longrightarrow 4Fe^{2+} + 8e$

阴极：$8H^+ + 8e \longrightarrow 8H$

SRB 引起的阴极去极化作用：$SO_4^{2-} + 8H \longrightarrow S^{2-} + 4H_2O$

水分解：$8H_2O \longrightarrow 8H^+ + 8OH^-$

腐蚀产物：$Fe^{2+} + S^{2-} \longrightarrow FeS$

$3Fe^{2+} + 6OH^- \longrightarrow 3Fe(OH)_2$

总反应：$4Fe + SO_4^{2-} + 4H_2O \longrightarrow FeS + 3Fe(OH)_2 + 2OH^-$

2. 局部电池作用

如图 5-5 所示，King[39] 提出由硫酸盐还原菌产生的 S^{2-} 与铁作用产生 FeS 附着在铁表面上形成阴极，与铁阳极形成局部电池，阴极去极化的析氢反应在 FeS 表面上进行，使金属发生腐蚀。1964 年，Booth[40] 提出了金属腐蚀是由于硫化亚

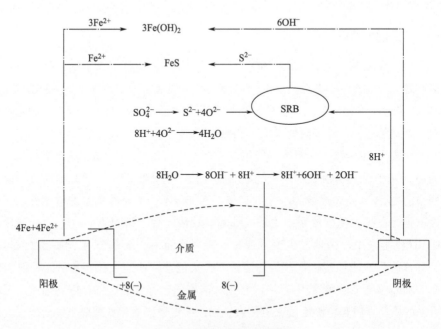

图 5-5　硫酸盐还原菌腐蚀图解

铁在金属表面形成浓差电池而产生的。King[41]提出在循环冷却水系统中，金属的腐蚀过程也与形成的氧浓差电池有关。腐蚀过程开始是铁细菌或一些黏液形成菌在管壁上附着生长，形成较大菌落、结瘤或不均匀黏液层，产生氧浓差电池。随着生物污垢扩大，形成硫酸盐还原菌繁殖的厌氧条件，加剧了氧浓差电池腐蚀，同时硫酸盐还原菌去极化作用及硫化物产物腐蚀作用，使腐蚀进一步恶化，直至局部穿孔。

3. 代谢产物腐蚀

King[39]发现培养基中Fe^{2+}对低碳钢厌氧腐蚀有影响。当Fe^{2+}浓度较低时，金属表面会形成FeS保护膜。当Fe^{2+}浓度较高，足以沉淀所有菌生硫化物，保护膜不再生成，使腐蚀速率大大增加。由此可见，腐蚀产物在腐蚀过程中的作用。

1977年，佐佐木等[42]研究了硫酸盐还原菌产生硫化氢和软钢腐蚀行为之间的关系，表明腐蚀速率随H_2S浓度而改变，开始硫化氢浓度升高，电位下降，腐蚀随之提高。但硫化氢浓度达到一定量时，形成硫化物保护膜后电位上升，腐蚀受到抑制。若不能再提供足够的H_2S时，腐蚀立即得到促进。这说明关键在于硫化膜保护完整不受破坏。Iveson[43]提出，硫酸盐还原菌的厌氧腐蚀是由于代谢产物磷化物作用的结果，认为在厌氧条件下硫酸盐还原菌产生具有较高活性及挥发性的磷化物。它与基体铁反应产生磷化铁。这些作用加剧了基体铁的腐蚀。以上研究表明，硫酸盐还原菌代谢产物形成腐蚀产物膜会加速金属的局部腐蚀。

4. 沉积物下的酸腐蚀机理

酸腐蚀机理认为，由于大多数MIC的终产物是低碳链的脂肪酸，当其在沉积物下浓缩时对碳钢有很强的侵蚀性。在含氧环境中，紧靠沉积物下面的区域相对于周围的大阴极成为小阳极。阴极还原反应会导致金属周围溶液的pH值变大。金属在阳极区形成金属阳离子。如果阳极区和阴极区是隔离的，阳极区pH值会下降，阴极区pH值会上升[44]。

5. 阳极区固定机理

由于约90%以上的MIC以孔蚀为主，Pope等[44]提出了阳极区固定机理。在金属表面形成闭塞电池的过程中，细菌菌落最初形成的蚀坑主要是由细菌的生命活动引起的。大部分的微生物都固定在菌落周围，这使得阳极区固定。此种理论可以解释约90%以上的微生物腐蚀以孔蚀为特征。

6. 其他机理

微生物作用产生的硫化铁和钢之间形成电偶，硫化铁骨架被来自腐蚀过程的电子充斥。电偶的寿命通常很短，然而在硫酸盐还原菌存在下腐蚀过程会一直进行。这个过程涉及阴极氢在硫化铁表面的形成及从硫化铁骨架到细菌细胞壁中氧化还原性蛋白质的直接电子传递。与该机理相关的腐蚀速度与腐蚀电池中硫化铁的量成正比。King[45]提出：SRB 产生的 S^{2-} 与 Fe 作用产生的 FeS 附着在 Fe 表面上作为阴极，与 Fe 阳极形成局部电池坑。

由于有大量证据分别支持上述的几种腐蚀机理，每种机理都有其合理性，因此还不能断定硫酸盐还原菌在腐蚀过程中的作用是初级作用（即直接影响阴极动力学）还是次级作用（即硫化物的促进作用）。两者都可能包括在内，需作进一步深入研究，但阴极去极化理论仍是目前最主要的 SRB 腐蚀机理。

（三）硫酸盐还原菌形成的生物膜及其腐蚀作用

生物膜是目前公认的导致发生微生物腐蚀的主要因素之一，即微生物附着于材料表面形成的覆盖层，是材料腐蚀过程中的重要步骤。生物膜由一种或多种微生物组成，并由自身产生的胞外多聚物（主要为多糖）包围而形成，它可以附着在几乎所有材料的表面。生物膜具有较强的形成能力，有研究显示放在海水中数小时后即可在金属板表面形成一层黏滑的生物膜。生物膜形成过程通常包括如下步骤：首先，生物膜最初是由浮游细菌借助微弱的范德华力和静电接触金属表面；然后形成微菌落，造成持久牢固的附着；接着细菌开始分泌生物膜基质，随着基质上不断黏附上微生物的代谢物、金属离子、腐蚀产物以及其他生物等，最终形成成熟的生物膜。

生物膜内是富含不溶性硫化物、低分子有机酸、高分子胞聚糖所组成的复杂混合物，因此生物膜可与金属表面发生复杂的电化学反应。它可以通过以下几种方式影响腐蚀反应的发生：①影响电化学腐蚀中的阳极或阴极反应，分泌能够促进阴极还原的酶；②改变了腐蚀反应类型，由均匀腐蚀可能转变为局部腐蚀；③微生物新陈代谢产生促进或抑制金属腐蚀的化合物；④生成生物膜结构，创造了生物膜内的腐蚀环境，改变金属表面状态。生物电化学领域的研究表明，附着在金属表面的生物膜内的细菌，可通过直接电子转移（细胞膜上的电子转运蛋白）或间接电子转移（自身分泌的生物小分子电子转移载体）从金属获得电子，从而导致金属发生微生物腐蚀。因此，如果生物膜被抑制或破坏，微生物腐蚀发生的概率将大大减小。因此，控制微生物腐蚀的有效途径之一就是控制生物膜在材料表面的形成和生长。

1. 生物膜与腐蚀的关系

生物膜中的细胞密度比悬浮状态的要高，在较纯的系统中甚至可高出 5 ~ 6 个数量级，相邻位置细胞之间通过长时间接触可能产生生理相互作用，导致协同微生物作用。微生物不仅可将水中组分转变成不溶性的生物质，使之沉积于表面，还可将本身并不沉积的物质带到材料表面形成污垢，为厌氧腐蚀提供场所。有研究表明钢被 SRB 腐蚀的速率依赖于 SRB 对其代谢产物在材料表面的积累。在 SRB- 脱氢酶共同作用下腐蚀速率会比单纯 SRB 生物腐蚀速率高出 4 个数量级。而且 SRB 生物膜的非均质性会导致本地梯度差异并扩大腐蚀活性区域。

2. 生物膜下 SRB 腐蚀的加速作用

在研究厌氧菌生物膜下细菌腐蚀时发现，移去试片表面生成的生物膜和腐蚀产物后，点蚀电位移到活性区，随着生物膜的积累，就会发生点蚀。去除表面腐蚀产物，通过电子探针检测发现蚀孔中含有 FeS 晶体。因此可以认为，生物膜下 SRB 腐蚀被加速的机理可能有以下几个方面。

（1）细菌新陈代谢的活性可能是导致局部腐蚀产生的基础。微生物酶的生物电化学催化作用可加速腐蚀。SRB 产生的胞外高聚物（EPS）与 Fe 相互作用产生 Fe^{2+}，以及 EPS 将 Fe^{2+} 氧化成 Fe^{3+}，均加速腐蚀。

（2）生物膜下钢铁的腐蚀与腐蚀产生的铁硫化合物的分布有关。SRB 腐蚀产生的 FeS 膜所起的作用比细菌更重要，FeS 充当阴极，但只有溶液中存在 SRB（FeS）或有悬浮的 FeS 时才能充当阴极。厌氧条件下，SRB 与腐蚀产物的混合物提供 H_2S 使得 FeS 膜保持阴极活性。腐蚀速率被阴极去极化加速，但不受浓差极化限制。在这种情况下，SRB 沉积在疏松的 FeS 膜中而促进腐蚀。

（3）钢的氧化还原电位和自腐蚀电位与活性 SRB 数量的关系不大，其变化主要由体系中 SRB 代谢产物的硫离子浓度所决定。体系在 SRB 增殖期阳极反应速率加快，在衰亡期和残余期保持不变。此外，SRB 通过攻击晶界及选择性地清除奥氏体来影响对材料的腐蚀。微生物的腐蚀并不局限于某一种形式的局部腐蚀，而是点蚀、缝隙腐蚀、垢下腐蚀、电化锈蚀和冲刷腐蚀等多种形式并存。

（四）SRB 腐蚀的研究方法

SRB 的新陈代谢作用使得微生物膜内的环境与本体溶液不同，包括电解质组成、浓度、温度、pH 值、溶解氧等，表现为局部腐蚀。微生物腐蚀研究方法有用静态和动态腐蚀挂片测定腐蚀速度，扫描电子显微镜（SEM）观察生物膜的微区结构，环境扫描电子显微镜（ESEM）技术，塔菲尔直线外推法测定金属腐蚀速度，线性极化电阻法等研究方法。近几十年来，微生物腐蚀研究中经常使用一些电化学研究方法，分别简单介绍如下。

1. 腐蚀电位

通过测量微生物腐蚀过程的腐蚀电位随时间的变化关系，初步判断微生物腐蚀的发生过程。但测定腐蚀电位需要与其他手段配合才能确定微生物作用过程对它的影响，且只能得到定性的结果。

2. 氧化还原电位

在微生物腐蚀体系中存在着稳态的氧化还原电位，它可以提供一些有关环境变化的信息，如适合于硫酸盐还原菌生长环境，一般要求其氧化还原电位小于 –400mV（vs SCE）。但有些情况下，同样的氧化还原电位的微生物体系对不同金属的腐蚀速度影响相差很大。因此使用受到一定的限制。

3. 极化电阻技术

极化电阻测定通常是在线性极化区内测定电位和电流呈线性关系，测得 R_p，根据 $i_{corr} = B / R_p$ 关系准确计算出 i_{corr} 值，或利用 $1 / R_p$ 来表示腐蚀速率的变化。其优点是它对体系的扰动小，不会改变微生物的腐蚀历程且可以连续监测，缺点是它对均匀腐蚀可以测定腐蚀速率，而对局部生物膜和局部腐蚀体系只能提供一种趋势。

4. 极化曲线

极化曲线可以用来判断腐蚀反应的类型，如活化极化、扩散控制、钝化、过钝化等。目前，极化曲线的测量常常以动电位扫描的方式完成，可通过极化曲线形状及某些参数的变化来确定微生物对腐蚀的影响。动电位极化技术可以快速评定微生物对金属腐蚀行为的作用，可以获得较多的数据信息，如 Tafel 常数、腐蚀速率和孔蚀特征数据等，但需要严格控制试验条件才能得到平行数据。该技术对试样施加了大电位极化，试样只能使用一次，同时有可能对微生物的附着产生影响，从而影响了微生物的腐蚀过程，因此在长期的微生物腐蚀实验中不宜采用该方法。

5. 电化学阻抗谱（EIS）

EIS 的分析方法有等效电路分析法和数学关系分析法，但腐蚀体系要求满足因果性、线性和稳定性。目前 EIS 测量的频率范围可从 50μHz 到 65kHz，测试技术使用的难点在于对所测得的数据分析，有时需要与其他方法结合来使用，以便确定 EIS 所反映的腐蚀过程。EIS 对微生物腐蚀研究非常有用，由于研究电极施加很小的扰动信号，对体系的影响不大，可用于研究 SRB 的附着、繁殖、成膜以及产生等后续腐蚀过程。

6. 电化学噪声分析（ENA）

在两个同材质电极之间，通过连接一个零阻电流计，可以测得电流信号，在研究电极和参比电极之间连接一伏特计，即可检测噪声电位。电化学噪声的测量不需要对体系施加扰动，因此可用于微生物腐蚀研究，不会对微生物的生长繁殖产生干扰且可连续监测腐蚀过程，是一种非常有用的一种测量方法。最近有报道采用电化学噪声的均方差方法来评估微生物局部腐蚀发生的可能性。该方法使用时对仪器的性能和使用环境要求较高。

7. 电化学表面成像技术

电化学表面成像技术包括扫描参比电极（SRET）、扫描振动电极（SVET）、扫描 Kelvin 探针技术（SKPT）。扫描参比电极技术是利用具有稳定电极电位的微电极（约 20μm），对溶液中试样表面进行二维扫描，得到试样表面的电位、电流密度分布图，测定试样表面的阳极区、阴极区及其发展。该技术是测量腐蚀表面两点之间的电位差，由该电位差和两点距离及溶液电阻得到电流密度。扫描振动电极技术是在 SRET 基础上发展起来的，它是将两点的场强转换为具有与在振动方向上的电场成正比的幅值的正弦信号，然后从该信号中扣除振动频率，得到探针尖部测到的电流成正比的直流电流。SVET 与 SRET 相比具有信噪比高的特点。目前 SVET 的振动电极距表面材料保护硫酸盐还原菌 20～100μm，空间分辨率可达 5～10μm。SKPT 技术是利用 Kelvin 探针作参比电极，且不需要常用的鲁金毛细管来直接测量金属／电解质界面的电位差和金属的腐蚀速率，不需和电极表面直接接触。Stratmann 等[46]将该技术用于研究在金属表面有薄层或吸附电解质液层以及湿／干转变条件下金属的腐蚀电位和腐蚀速率。利用这些数据，得出电流密度／电位图形，研究金属表面腐蚀的动力学行为。SKPT 技术的最大特点是它不仅可测湿润的表面，而且可以测干燥的表面。近年来，原子力显微镜（AFM）使用逐渐推广，用于解释与金属表面生物膜相关微生物腐蚀现象，Bremmer 等[47]观察在培养基中在抛光和未抛光铜表面上细菌的生长状况，发现未抛光的铜表面点蚀与细菌电池有关。Steele 等[48]用 AFM 研究发现 316L 不锈钢腐蚀是在生物膜下 SRB 和好氧菌的协同作用加速腐蚀进行，并在云母片上直接观察出海洋 SRB 电池的半导体特征。Beech[49]用 AFM 研究钢铁表面 SRB 生物膜下的腐蚀状况。香港大学 Xu 等[50]用 AFM 研究了海水中 SRB 生物膜在实验室条件下对碳钢的腐蚀，并用 AFM 测定点蚀的深度计算腐蚀速度与失重法计算的腐蚀速度进行对比研究。

四、其他细菌引起的腐蚀

环境中有的微生物会对 SRB 的生长、代谢、繁殖产生促进或抑制作用。如铁细菌和腐生菌产生的沉淀附着生成锈瘤，使瘤下的金属表面缺氧，恰好为 SRB 提供了新陈代谢的场所，更加快了瘤下金属的腐蚀。而某些厌氧细菌如脱氮硫杆菌的存在不是与 SRB 争夺营养源，而是阻止 FeS 和 H_2S 产生，也就是抑制 SRB 的还原产物硫化物的积累，从而抑制硫化物所造成的腐蚀。现已知，SRB 和硫化细菌、反硝化细菌、聚磷菌之间存在着共生和竞争关系，如果在含水系统中加入硝酸盐、亚硝酸盐、钼酸盐等，可促进硫化细菌、反硝化细菌的生长，抑制 SRB 的生长。杜向前等[51]通过电化学阻抗谱、环阳极极化、扫描电镜和 X 射线能谱等方法研究了铁还原细菌 Shewanella algae 对 316L 不锈钢腐蚀行为的影响。电化学结果表明，*Shewanella algae* 使不锈钢的腐蚀电位发生负移；在含该细菌的介质中，不锈钢表面的阻抗值先增大后减小，在第 4 天达到最大，是初始阻抗值的 260 倍；不锈钢在无菌介质中的滞后环面积和特征电位区间（击穿电位与保护电位之差）小于其在有菌介质中的滞后环面积和特征电位区间，说明 *Shewanella algae* 对不锈钢点蚀的发生与发展起到抑制作用。观察到不锈钢表面为生物膜所覆盖，从生物膜氧消耗和电活性生物膜的角度，初步提出了 *Shewanella algae* 的腐蚀抑制机理，即在有氧环境中，316L 不锈钢在有菌介质中，其表面能够形成生物膜，并对不锈钢点蚀的发生与发展起到抑制作用。一方面，有氧环境下，环境介质／生物膜界面处的细菌通过好氧呼吸作用，阻止体相中的 O 向不锈钢表面扩散，抑制不锈钢表面的阴极反应，并抑制不锈钢的点蚀；另一方面，在生物膜／不锈钢电极界面处形成厌氧环境，*Shewanella algae* 生物膜作为一种电活性生物膜，在厌氧环境下它能够通过氧化环境介质中的电子供体，将电子直接传递到不锈钢电极的表面，从而抑制不锈钢表面点蚀的发生与发展。有氧环境下，*Shewanella algae* 生物膜使不锈钢电极的开路电势（OCP）发生负移，说明该细菌生物膜对不锈钢腐蚀的抑制作用，主要是能够使电极表面的阴极反应得到抑制。此外，有氧环境下，*Shewanella algae* 生物膜对 316L 不锈钢的腐蚀抑制机理，可能还包括生物膜的铁呼吸作用及生物膜与电极之间的直接电子传递作用对金属腐蚀的抑制作用。

黄怀炜[52]研究了本源细菌硫酸盐还原菌和腐生菌组成的混合微生物及单独存在硫酸盐还原细菌和腐生菌对碳钢的微生物腐蚀行为影响进行了深入研究。研究发现在混合微生物存在的条件下，微生物腐蚀最为严重，且通过 X 射线光电子能谱分析发现腐生菌能催化 Fe 生成 Fe^{2+} 和 Fe^{3+}，加速微生物腐蚀。

五、微生物在石油开采其他领域中的腐蚀作用

（一）海洋中石油烃类降解微生物与腐蚀[53]

海洋环境中的石油烃类会促进腐蚀性硫化物的生成，因此油水环境下的微生物腐蚀机理以硫化物的腐蚀破坏为主。此外，烃类降解过程产生的琥珀酸等酸性中间代谢物也会加剧腐蚀的发生。石油烃类降解微生物可直接或间接参与金属腐蚀过程。目前研究较多的直接参与到金属腐蚀过程的海洋石油烃类降解微生物，大部分属于硫酸盐还原菌。与海洋无油环境中分离得到的硫酸盐还原菌只能利用小分子有机酸（如甲酸和乳酸）不同的是，该类硫酸盐还原菌能通过直接降解大分子石油烃类获得自身生长所需的碳源，同时产生电子并将硫酸盐作为电子受体产生能量，加剧腐蚀。

比较典型的菌株是表 5-3 所示的 *Desulfoglaeba alkanexedens* strain ALDC，该菌

◆ 表5-3 厌氧烃降解微生物

纲	种	利用的碳氢化合物	代谢类型
α-变形杆菌	*Roseobacter* strain BS-TN	甲苯	光合作用
	Blastochloris sulfoviridis strain ToP1	甲苯	光合作用
β-变形杆菌	*Thanemaromatica* strains T1，K172	甲苯	反硝化作用
	Azoarcus spp. various strains	甲苯	反硝化作用
	Azoarcus spp.strains，TmXyN1，M3，Td3，Td15	甲苯，间二甲苯	反硝化作用
	Azoarcus spp.strain EbN1	乙苯，甲苯	反硝化作用
	Azoarcus spp. strain EB1	乙苯	反硝化作用
	Azoarcus spp. strain PbN1	乙苯，丙基苯	反硝化作用
	Azoarcus spp.strain pCyN1	对伞花烃，甲苯	反硝化作用
	Azoarcus spp.strain HxN1	烷烃类化合物（$C_6 \sim C_8$）	反硝化作用
	Rhodocyclus strain OcN1	烷烃类化合物（$C_8 \sim C_{12}$）	反硝化作用
γ-变形杆菌	*Vibrio* spp. NAP-4	萘	反硝化作用
	Halomonas spp.NS-TN	甲苯	反硝化作用
	Pscudomonas spp. NAP-3	萘	反硝化作用
	Ectothiorhodospira strain HdN1	烷烃类化合物（$C_{14} \sim C_{20}$）	反硝化作用
δ-变形杆菌	*Desulfovibrio* strain TD3	烷烃类化合物（$C_{14} \sim C_{20}$）	硫酸盐还原
	Strain NaphS2	萘	硫酸盐还原
	Clone 30	苯	硫酸盐还原
	Strain mXyS1	间二甲苯，甲苯	硫酸盐还原
	Strain EbS7	乙苯	硫酸盐还原
	Desulfobacterium strain oXyS1	邻乙基甲苯，邻二甲苯，甲苯	硫酸盐还原
	Desulfobacula toluolica	甲苯	硫酸盐还原
	Clone SB29	苯	硫酸盐还原
	Strain Hxd3	烷烃类化合物（$C_{12} \sim C_{20}$）	硫酸盐还原
	Strain Pnd3	烷烃类化合物（$C_{14} \sim C_{17}$）	硫酸盐还原
	Strain AK01	烷烃类化合物（$C_{13} \sim C_{18}$）	硫酸盐还原
	Desulfoglaeba alkanexedens strain ALDC	烷烃类化合物（$C_6 \sim C_{12}$）	硫酸盐还原
	Desulfuromonas		
	Geobactermetallireducens	甲苯	Fe（Ⅲ）还原
	Syntrophus clones B1-B3	烷烃类化合物 C_{16}	互养关系

能够利用环境中的 $C_6 \sim C_{12}$ 烷烃，在有硫酸盐存在的条件下，进行硫酸盐还原并引发金属腐蚀；若无硫酸盐等电子受体存在时，该菌则与产甲烷菌等形成互养共生关系，腐蚀作用也被减弱。除以上石油烃类降解微生物通过硫酸盐还原反应直接参与金属腐蚀过程之外，其他烃类降解微生物也会间接影响腐蚀过程。例如印度 Aruliah Rajasekar 带领的团队通过对兼性厌氧石油烃类降解微生物的研究，提出一种石油烃类降解微生物促进腐蚀的新假设：自土壤中分离的 *Bacillus cereus* ACE4、*Serratia marcescens* ACE2 和 *Streptomyces parvus* B7 可分泌过氧化物酶和过氧化氢酶，使其在降解烃类物质的同时，能够氧化二价铁离子形成三价铁离子，而三价铁离子对氧有更强的吸附能力，这加速了三氧化二铁的形成，进而促进腐蚀的发生。这个假设似乎可以解释在无硫酸盐还原菌时油气管道中仍然发生较为严重腐蚀的原因，但仍然需要进一步验证。此外，海洋和土壤环境不同，海水中分离到的烃类降解微生物是否具有类似的腐蚀机理，这方面的研究仍是空白。另一种烃类降解微生物间接影响腐蚀的方式，可能是通过产生酸性中间代谢物（如乙酸等）对金属产生影响，一方面其代谢产生的有机酸等物质有助于酸性微环境的形成，进而加速腐蚀；另一方面有机酸等中间代谢物可以作为群落中其他微生物（如硫酸盐还原菌、产甲烷菌等）的碳源，通过促进这种腐蚀微生物的生长而影响腐蚀。以上研究都需要考虑整个微生物群落的组成和功能，而非单一的石油烃类降解微生物，然而关于此方面的系统性研究也较少。

石油烃的降解机制还在研究中，但显然这些生化反应通过与各种电子受体结合，形成了与金属腐蚀相关的中间代谢产物和终产物，进而将石油烃的降解和微生物腐蚀联系到了一起。目前，海洋含油环境中微生物腐蚀方面的研究更多集中于厌氧环境的研究，如海底输油管线、船舶燃油和润滑油系统等，研究手段则集中于使用传统的微生物培养、电化学、表面观察和组分分析等技术相结合。

1. 油气开采

在海上油气田开发生产中，以钢铁为主要材料的海上钻井平台、采油平台及油水输送管线等普遍存在着严重的内外腐蚀，而这些海上油气开采平台的特殊环境，可为腐蚀性微生物的生存提供一定的条件。例如，与陆上油气开采不同，海上油气开采通过注入含较高浓度硫酸盐的海水来提高油气采出率，而陆上油气开采的注入水一般为硫酸盐浓度较低的地下水或河湖水，这种差异可能使海上油气开采设施的腐蚀速率远高于陆上油气开采设施。硫酸盐还原菌是油气开采行业引发微生物腐蚀的最主要微生物，所以硫酸盐还原菌已被油气开采行业作为管道腐蚀指标，以检测微生物腐蚀的发生。目前，对油气开采行业微生物腐蚀问题比较主流的看法是：石油烃类在油井、运输管道和开采设备中经过厌氧降解，其本身和产生的中间产物，如乙酸和乳酸等，都可作为硫酸盐还原菌的碳源和电子供体，使得硫酸盐还原菌得到富集和生长，通过阴极去极化和产生腐蚀性的硫化物，引发严重的微生物腐蚀。但 Brenda J. Little 等认为硫酸盐还原菌的作用被夸大了，其数量的多少和微生物腐蚀是否直接相关仍然存在争议。此外，并非所有的硫化物都是由硫酸盐还原菌产生，微生物通过还原亚硫酸盐及硫代硫酸盐等也可产生硫化物。

随着二代高通量测序技术的普及，使得油藏、输油管线和油气生产设备中更多无法通过纯培养获得的微生物得以被发现，研究者们逐渐认识到引发油气行业微生物腐蚀的微生物并非只有硫酸盐还原菌，产甲烷古菌和金属还原菌等其他多种微生物也会直接或间接促进腐蚀的发生。研究者对海上石油运输管线中的微生物群落进行分析发现：虽然可进行硫酸盐还原的脱硫弧菌是优势细菌，但同时也存在铁还原菌 *Pelobacter*，产甲烷古菌 *Methanobacterium*、*Methanosarcina*、*Methanolobus*，硫还原菌 *Geotoga*，发酵产酸菌 *Clostridia*、*Syntrophomonas* 等。其中，*Pelobacter* 可利用石油烃类等作为底物，还原三价铁离子形成硫化亚铁，间接促进腐蚀；*Geotoga* 还原硫单质形成硫化氢引发腐蚀；*Clostridia* 和 *Syntrophomonas* 等产酸细菌产生的乳酸等物质可促进硫酸盐还原菌的生长，且在金属表面形成酸性微环境，进而促进腐蚀；产甲烷古菌与 *Pelobacter* 和 *Syntrophomonas* 通过氢气作为电子传递载体而形成互养共生关系，此外产甲烷古菌本身也被证实可直接从金属表面获得电子而加速腐蚀反应。由此可看出，在海洋石油生产设备中，微生物腐蚀的发生并非单一物种与金属发生的单一反应，而是在多种微生物共同作用下发生的反应，因此很难界定在这种含有油相的复杂环境中，具体的微生物腐蚀机理是什么。

2. 船舶运输

船舶内部结构中含油区域主要包含油轮油舱、燃料油系统及润滑油系统，这些区域发生的微生物腐蚀问题直到近20年才开始引发人们的重视，存储在这些系统中的一般为原油的精炼产品。例如，船舶燃料油系统中装载的燃油即为原油的精炼产品，沸程为 $150 \sim 400℃$，是含碳原子数 $15 \sim 22$ 个的烷烃；汽油也用于发动机燃料，是指碳原子数为 $5 \sim 12$ 个的液体烷烃和环烷烃混合物；润滑油用于发动机润滑油、润滑脂等，是指碳原子数为 $20 \sim 50$ 个的烷烃、环烷烃和芳香烃。柴油是海洋船舶运输中最容易遭受微生物污染的燃料。柴油中的水分是影响微生物生长最重要的成分。据相关研究报道，燃料系统中 1mL 水相中存在的微生物个数约为 1000 个或者 40000 个，但每升油相中仅存在 50 个微生物。硫酸盐还原菌仅在水相中被检测到。燃料系统中水分主要来源于两个方面：柴油中本身存在的少量水分在发动机内壁上凝聚形成；柴油具有一定的吸湿性，潮湿的空气进入燃料系统后也增加了水分的含量。柴油微生物污染造成最严重的问题之一是引发微生物腐蚀，进而导致燃料系统穿孔，其中主要腐蚀微生物为细菌、酵母和丝状真菌。Gaylarde 等[54]汇总了部分燃料系统中分离得到的腐蚀微生物，这些微生物可利用燃料作为碳源进行生长繁殖，主要包括细菌中的 *Acinetobacter*、*Alcaligenes*、*Bacillus*、*Pseudomonas* 和多种硫酸盐还原菌；酵母中的 *Candida* 和 *Rhodotorula*；其他真菌中的 *Acremonium*、*Aspergillus*、*Cladosporium*、*Fusarium*、*Hormoconis*、*Paecilomyces*、*Penicillium*、*Rhinocladiella*、*Trichoderma* 和 *Trichosporon* 等。燃料油的性质根据油品标准的不同而呈现出一定的差异。随着环保要求的提高，为减少硫排放，很多国家要求降低柴油中的硫含量至 15mg/kg，使得低硫燃料成为现在的焦点之一。硫含量的降低会影响柴油的某些性质，如降低其润滑性，也有可能降低对微生物的抑制性。最近的研究模拟海上运输船舶的运输环境，对比了超低硫柴油、低硫柴油、高硫柴油及船用柴油对微生物腐蚀的影响，结果表明，四种不同硫含量的柴油都会发生生物降解，并促进硫酸盐还原反应的发生，进而引发严重的微生物腐蚀，其中船用柴油的促进作用最为明显。结果也表明，柴油中有机硫含量的高低对微生物腐蚀并无直接影响。

近几年，美国著名的石油微生物学家 Joseph M. Suflita 教授带领科学团队逐渐开展了海洋环境中生物柴油的厌氧降解与微生物腐蚀之间关系的研究。首先，他们将来自淡水和海水的接种物接种于生物柴油中，在厌氧条件下分析比较了生物柴油的降解程度和碳钢的腐蚀情况，结果发现尽管接种物来源不同，生物柴油都能在一个月之内被降解完，降解过程中产生了多种脂肪酸类的中间代谢物，并很快被微生物利用代谢掉；加入来自海水的接种源（港口沉积物含原油降解菌群的接种源和船舶压载舱的接种源）的生物柴油中，金属腐蚀呈现点蚀的腐蚀形貌；与未添加生物柴油的阴性对照组相比，生物柴油的降解明显促进了硫酸盐还原反应的发生。之后，该团队又重点研究了生物柴油对海水中微生物的影响和对微生物腐蚀的影响，发现生物柴油的加入导致梭菌目中海杆菌的数量增多，并加速硫化物的产生，进而促进点蚀的发生。该研究中一个比较有趣的结果是，尽管硫化物是此研究中造成微生物腐蚀的主要原因，但生物柴油的加入并没有使硫酸盐还原菌的数量增多，所以硫化物可能是由其他微生物产生的，遗憾的是其研究中并没有提及其他产生硫化物的微生物。

Joseph M. Suflita 的研究团队进一步研究了海军的两种新型生物柴油（Camelina-JP5 和 Fisher-Tropsch-F76）及其与传统化石柴油的混合油在海水环境中的生物降解和微生物腐蚀问题，研究再次证实了在海水中加入生物柴油，会促进硫化物的产生，进而加速碳钢的微生物腐蚀速度；两种新型生物柴油及其混合油在厌氧条件下都容易降解，因此在生物柴油的使用、运输和存储过程中，都要制定相关的微生物腐蚀防护策略以防腐蚀的发生。

3. 研究手段

海洋环境中微生物腐蚀机理的研究手段主要包括电化学研究技术、微生物学研究技术、分析化学及显微成像技术。其中电化学研究技术、分析化学及显微成像技术是海洋腐蚀领域的常规技术手段，已得到较为广泛的应用。但随着研究的深入，以上传统的微生物腐蚀研究手段能解决的问题非常有限，新技术的引入和应用成为趋势之一。目前海洋油水环境中研究微生物腐蚀需要克服的困难较多。首先，天然的海洋油水环境和微生物群落具有一定的复杂性，越来越多的研究表明微生物腐蚀的发生并非单一微生物的作用，而是多种微生物共同作用下的结果。基于分离培养的传统微生物学手段与上述其他技术手段相结合是目前经常使用的研究方法。但由于自然界中大部分微生物是不可培养的，尤其是油水环境中的微生物之间经常形成互养共生的种间关系，加大了获得纯培养菌株的难度。其次，分离培养出的微生物无法反映原位环境中的微生物群落结构特点，使得某些微生物（如硫酸盐还原菌）的功能被过分夸大，而基于高通量测序技术的组学技术能很好地弥补这些缺点。Iwona Beech 的团队使用宏基因组学和宏代谢组学技术，研究了海底原油运输管道中的微生物腐蚀特点，发现具有高腐蚀速率的输油管道中末端电子传递相关的功能基因较多，宏代谢组学同样也鉴定出石油烃类在厌氧条件下被降解，产生了琥珀酸等酸性中间代谢物。这些研究虽然还未成系统，但能从一定程度上解释油水环境中微生物群落作为一个整体而体现出的功能性特点。

（二）华南某成品油管道微生物与腐蚀

成品油管道在运输、装载、管道清管和水联合运输期间会引入水。为了节省成本，通常从附近的河流和湖泊中获取水资源。这些水资源将其生长所需的微生物和营养物带入管道系统，为成品油管道中的微生物提供了良好的生长条件[55]。据报道，近 1/5 的管道腐蚀失效案例和将近 40% 的管道内腐蚀与 MIC 有关。

1. 成品油管道内常见腐蚀性微生物群落

腐蚀微生物多是自然环境中硫铁循环的参与者。国内外学者对能引起微生物腐蚀的细菌进行了大量研究，SRB 在多数研究中被认为是引发微生物腐蚀的主要细菌，紧接着铁氧化细菌、产酸细菌、产甲烷菌和锰氧化细菌等也被证明会引起金属的腐蚀。其中广泛存在于油田水系统中的微生物有硫酸盐还原菌、铁细菌（IB）、腐生菌、产酸菌、硫细菌、酵母菌、霉菌、藻类、原生动物等。硫酸盐还原菌、硝酸盐还原菌（NRB）、铁细菌、产酸菌和腐生菌等是诱发管道内微生物腐蚀的主要微生物（表 5-4）。

2. 微生物群落协同腐蚀研究

在自然环境中材料表面腐蚀生物膜往往由各种各样的微生物组成，包括细菌、

◆ 表5-4 与金属腐蚀相关的微生物

类型	好氧性/厌氧性	特征	影响
硫酸盐还原菌			
脱硫弧菌属			阴极去极化通过吸收氢，阳极去极化通过腐蚀硫化铁，直接吸铁
脱硫杆菌属	厌氧	用 H_2 还原 SO_4^{2-} 为 S^{2-}；H_2 和 FeS 的产生	
脱硫肠状菌属			
硫氧化菌			
硫杆菌属		将 S^{2-} 和 SO_3^{2-} 氧化为 H_2SO_4	酸腐蚀金属
硫螺菌属	好氧		
硝酸盐还原菌			
克雷伯氏菌	厌氧	将 NO_3^- 还原为 NH_4^+；将 Fe^{2+} 氧化为 Fe^{3+}	溶解金属
铁氧化-还原菌			
嗜酸硫杆菌			铁和锰（氧化物）的氧化/还原
氧化亚铁		将 Fe^{2+} 氧化为 Fe^{3+}；将 Fe^{3+} 还原为 Fe^{2+}；锰或铁的氧化/还原	
纤毛菌属	好氧和厌氨		
铁细菌属			
球衣细菌属			
产酸细菌和真菌			
硫杆菌属	好氧和厌氧	产酸，如硝酸，硫酸和有机酸	溶解铁，螯合铜、锌和铁
醋酸杆菌属			
产黏液菌			
梭状芽孢杆菌属			能够结合金属离子的胞外生物高聚物
黄杆菌属	好氧和厌氧	胞外聚合物（生物膜）的产生	
杆菌			
假单胞菌属			

真菌、古生菌。成品油管道沉积物下环境同样如此，管线钢表面的生物膜是在多种微生物协同作用下产生的。当前对微生物协同作用研究采用最多的方式是将两种微生物进行混合，研究两种微生物之间的相互作用。因为研究对象少，对腐蚀机理的研究更加直接深入。拿最典型的腐蚀微生物 SRB 举例，Liu 等[56]发现 SRB 和铁氧化细菌（IOB）混合时，IOB 生成的好氧生物膜对氧气的消耗为 SRB 的生长提供了厌氧环境，两种菌共同存在下相比 SRB 或 IOB 单独存在时，加速了不锈钢表

面点蚀。同时，Xu 等[57]发现 IOB 新陈代谢对环境中有机物的消耗也使得 SRB 处于饥饿状态，使其更具有攻击性。Ismail 等[58]发现莓实假单胞菌会形成好氧生物膜，加速 SRB 局部腐蚀；除了形成厌氧环境，其他微生物与 SRB 代谢产物的反应也能加速 SRB 腐蚀，如硫氧化细菌可以将 SRB 的代谢产物 H_2S 氧化为 H_2SO_4；还有一种比较常见的是与 SRB 形成竞争关系，如 NRB 由于还原硝酸盐获得的能量比 SRB 还原硫酸盐获得的多，在石油生产中多用于抑制 SRB 造成的腐蚀。宗月等[59]发现光和细菌、脱氮硫杆菌、短芽孢杆菌、硫化细菌以及假单胞菌等与 SRB 存在或共生或拮抗或竞争的关系，会阻碍金属材料的腐蚀；除竞争关系，有些细菌会直接杀死 SRB，Zuo 等[60]发现短杆菌可以直接杀死 SRB，抑制 SRB 和 IOB 造成的腐蚀。

然而，单纯研究两种菌之间的相互作用并不能直接反应环境的真实腐蚀情况。由于不同的微生物，代谢能力不同，在油气管道环境中，微生物群落能形成竞争或协同代谢，导致整个腐蚀微生物群落对腐蚀的影响要比单一菌群或两种菌落混合复杂得多。例如，Yang 等[61]对循环水系统进行研究，发现不同腐蚀阶段、不同采样点、不同流入水源的条件下，腐蚀微生物的丰度与腐蚀产物的类和量差别很大。Valencia 等将采自温泉的细菌分离混合物作用下金属的腐蚀速度与来自纯培养且是相同菌株作用金属的腐蚀速度进行比较，发现前者对碳钢的腐蚀速率更高。罗丽等[62]对再生水配水系统中铁腐蚀过程的不同时间段内腐蚀产物形态结构及腐蚀微生物群落组成进行了研究。发现腐蚀初期（56 天以前），存在 IOB、铁还原菌（IRB）、硫氧化菌（SOB）以及其他异养细菌，其中 IOB 的生物量大于 IRB；而腐蚀后期（76 天之后），随着钝化膜的形成，生物质以及细菌多样性随之减少。大量研究证实，菌落之间的协同作用有助于促进生物膜的形成，并使生物膜量增加。微生物群落之间的协同作用主要体现在一种微生物会为另一种微生物的生长提供条件（pH、氧气、有机物等），进而影响金属的腐蚀。在自然环境下的腐蚀过程中，随着腐蚀的发展，微生物群落比例会发生明显改变。混合微生物群落由于代谢产物、有机物丰富程度和呼吸类型不同，会使得整体呈现的腐蚀情况比单独存在某种微生物复杂得多。

（三）油田集输管线微生物与腐蚀

1. 石油集输系统中硫酸盐还原菌的分布和多样性

罗丽等[62]分别用亚甲蓝比色法、MPN 法和 16S rRNA 基因序列分析方法，研究了中国长庆油田（陕北）石油集输系统中原油和水样中硫酸盐还原菌的分布和多样性。结果表明，从油井井口经石油计量站再到石油综合处理站的集输系统中，SRB 的数量依次为 9500 CFU/100mL、40000 CFU/100mL、76000 CFU/100mL。集输系统中水样中 SRB 的数量为原油样品的 100 倍以上。原油井口中高浓度的 H_2S 抑制了 SRB 的生长，SRB 数量较少；随着 H_2S 浓度的降低，抑制作用削弱并消失，使集输系统中 SRB 的数量逐渐增加。水样中 H_2S 初始浓度较低，SRB 数量较多，系统中 H_2S 的含量随着 SRB 数量的增大而逐渐增多。由 16S rRNA 基因的序列分析表明，能够同时在水样和原油样本中检测到与脱硫弧菌属（Desulfovibrio sp.）以及脱硫球菌属（Desulfococcus sp.）相关的 SRB 基因序列。但是，在水样中能够检测到与脱硫念珠菌属（Desulfomonile sp.）、脱硫弯杆菌属（Desulfotomaculum sp.）和脱硫八叠球菌属（Desulfosarcina sp.）相关的 SRB 基因序列，而在原油样本中未检测到。在石油集输过程中由于环境条件的变化，水样和原油样品中 SRB 的多样性都有一定的增加。

2. 油田集输管线 SRB/TGB 引起的微生物腐蚀

黄怀炜[52]利用失重法、扫描电子显微镜、激光共聚焦显微镜、X 射线光电子能谱分析及电化学测试手段（开路电位、电化学阻抗谱、极化曲线）对油田本源细菌硫酸盐还原菌和腐生菌组成的混合微生物及单独存在硫酸盐还原细菌和腐生菌对碳钢的微生物腐蚀行为影响进行了深入研究。首先，在硫酸盐还原细菌和腐生菌单独存在的条件下，两种微生物均能产生微生物点蚀。硫酸盐还原菌能够产生严重的微生物腐蚀，均匀腐蚀速率高达 0.818mm/a，是无菌空白组的 8 倍；同时造成了严重的点蚀，最大点蚀坑深度高达 49.12μm（2.24mm/a）。然而，腐生菌不会额外加重碳钢的均匀腐蚀速率，腐蚀速率与无菌空白组相当，达到 0.079mm/a，却造成了微生物点蚀，最大点蚀坑深度高达 16.34μm（0.75mm/a）。硫酸盐还原菌通过获取碳钢基体的电子来维持生命活动所需的能量，进而加速了微生物腐蚀；腐生菌利用氧气维持生命活动所需能量，催化微生物点蚀。此外，研究发现在混合微生物存在的条件下，微生物腐蚀最为严重，腐蚀速率高达 1.433mm/a，最大点蚀坑深度达 63.16μm（2.88mm/a）。其腐蚀机理为腐生菌能为硫酸盐还原菌创造局部无氧环境，利于其生长繁殖，加速微生物点蚀，且通过 X 射线光电子能谱分析发现腐生菌能催化 Fe 生成 Fe^{2+} 和 Fe^{3+}，加速微生物腐蚀。

（四）海底油气管道的微生物腐蚀

海上油气开采过程中通常使用采出水回注的方式进行生产，该过程极易向原油中混入微生物和沙石等腐蚀因素，加之大量来自海水中的有机物质、无机盐以及油藏内可溶性碳氢化合物，为微生物的生长繁殖提供了必要的能量来源，管道腐蚀失效的风险被进一步增加。油气储集层中的微生物群落结构以及代谢方式复杂且多样，其中不乏典型的腐蚀性微生物，油气集输系统中多相流集输管线、回注水管线以及污水处理装置等组成部分极易受到微生物腐蚀（microbiologically influenced corrosion，MIC）的危害。相关事故分析显示，超过 20% 油气管线故障和原油泄漏直接或间接地与 MIC 有关，其中超过 70% 由硫酸盐还原菌引起。长期以来，由于受限于检测手段，MIC 领域一直缺乏有关基于生物膜复杂性、材料与腐蚀产物之间关系的研究。近些年，环境微生物组学的快速兴起似乎能够用于解决以上问题，宏基因组学、转录组学以及代谢组学能够实现对实验室条件下无法复制的严苛环境中微生物种类、分布和代谢特征，以及腐蚀性 / 非腐蚀性代谢产物等因素进行多维度的检测，结合新型 MIC 缓解和治理方法，必然会为海上油气管线 MIC 相关研究的进展提供有价值的信息[63]。

1. 海底油气管道腐蚀性微生物的来源

（1）内源性微生物　早在 1926 年，Bastin 等从 Illinois 盆地的油田中成功分离出硫酸盐还原菌，提出了油气储集层中可能存在微生物的假设。在海洋环境中，海底沉积物 1m 以下的生态系统被称为"深部生物圈"，极限深度可达 4000m 以上，其中就包含了大量的海底油气资源。海底沉积层栖息着超过 90% 的海洋微生物，为海底油气储集层中微生物的多样性提供了可能。Spark 等[64]在欧洲北海油田中位于井下深度约 4.5km 的岩心中发现了微生物群落。通过 16S rRNA 序列比对，岩心和钻井泥浆中的微生物种类完全不同，证明了油藏极端环境下内源微生物的存在。海底油藏环境严苛，根据储层中流体化学物质特性（如甲烷、硫化物、挥发性脂肪酸等）以及微生物群落分析，表明油气储集层主要为无氧或低氧环境，油藏微生物群落为了适应恶劣的生存环境衍生出了复杂的代谢方式。值得注意的是，许多储集层中的微生物能够进行铁还原以及硫酸盐还原呼吸。在高温储集层中，产甲烷菌通常占据生态位成为优势群落，协同乙酸氧化过程在油藏内物质循环中发挥着重要的作用。当环境中硫酸盐含量较低时，微生物群落以发酵反应为主要驱动力，H_2、CO_2 和乙酸等发酵菌代谢产物作为底物，为产甲烷菌提供能量来源，通过共代谢和互养作用维持生长，微生物群落之间保持一定程度的代谢多样性是一种重要的生存机制。依据细菌代谢方式及产物的不同可以分为以下几类。

① 硫酸盐还原菌（SRB）　硫酸盐还原菌在自然界的分布十分广泛，并且在石油生态系统中扮演着重要的角色。SRB 是一类能够通过将硫酸盐、亚硫酸盐和硫代硫酸盐作为最终电子受体还原成 H_2S 从而获得能量的原核微生物。SRB 能够利用糖类、氨基酸、脂肪酸等百余种化合物作为电子供体，通过还原多种价态的含硫化合物最终完成新陈代谢过程。油藏中分离得到的 SRB 属于嗜温菌或嗜热菌，甚至在一些油井中分离得到了超嗜热 SRB，其最适生长温度超过 80℃。同时，部分 SRB 还能够耐受较高浓度的 NaCl，其浓度最高可达 23%。

② 产甲烷菌　产甲烷菌是一类专性厌氧菌，能够通过代谢氢、CO_2、乙酸盐、甲胺等低分子量物质获取能量，其最终产物为甲烷。产甲烷菌的生长活动

受到温度、盐含量、pH 和氧含量等因素的影响，甚至 10^{-6} 量级的氧浓度都会对其生长产生显著的抑制作用。目前，在油气藏生态系统中分离得到的产甲烷菌主要分布于古菌域广古菌门的 5 个目，包括甲烷微菌目（Methanomicrobiales）、甲烷杆菌目（Methanobacteriales）、甲烷球菌目（Methanococcales）、甲烷火菌目（Methanopyrales）和甲烷八叠球菌目（Methanosarcinales）。产甲烷菌代谢底物包括 3 种类型：氢营养型、乙酸营养型和甲基营养型。已发现的产甲烷菌并不完全严格依照以上叙述的底物进行代谢，据统计超过 70% 的产甲烷菌能够利用 H_2 作为电子供体还原 CO_2 产生 CH_4，如 *Methanofollis ethanolicus*、*Methanococcus* spp. 等，同时还能够利用 CO、丙酮酸盐或乙二醇等代替 H_2，但是其效率显著下降，仅为 H_2 作为电子供体时的 1%～4%。甲基营养型产甲烷菌如 *Methanococcoides* spp. 不仅代谢甲醇、甲胺等简单甲基化合物，而且一些较为复杂的甲基胺类化合物（如胆碱、甜菜碱等）同样可以维持其代谢需要。

③ 发酵菌　发酵菌是一类能够通过代谢糖类、多肽等底物，产生有机酸、CO_2 和 H_2 等发酵产物的微生物。发酵菌在产能反应过程中无需外源电子受体，通过将发酵底物的氧化过程与菌体内次级代谢产物的还原过程相互耦合获取能量。作为油藏微生物群落中重要的组成部分，发酵菌可以分为嗜热菌和嗜盐菌 2 个大类。已分离出的嗜热发酵菌大多数属于热袍菌属（*Thermotoga*）、石袍菌属（*Petrotoga*）、栖热腔菌属（*Thermosipho*），其最适生长温度为 50～70℃。通过比对分析从全世界范围内不同油藏分离得到的嗜热发酵菌的生存环境和代谢特点，其底物种类和生长温度都与油气储集层的原生环境高度相关，这一现象表明该类微生物为油藏原生细菌。嗜热发酵菌不但能够在高温条件下正常生存，在营养物质缺乏的情况下依然能够保持较好的活力。Takahata 等[65-66]通过检测发现日本 Kubiki 油田的石油产出水中 *Hyperthermophilic cocci* 的细菌浓度高达 4.6×10^4 个 /mL，即使在饥饿状态下也能够保持细胞活性长达 200 天以上，这一特性对其能够在油藏环境中长期生存至关重要。在有些含盐量较高的油藏环境中，嗜盐发酵菌能够通过积累可溶性有机质维持细胞与环境之间的渗透压平衡，而并非仅仅使用 Na^+、K^+ 等离子。

④ 铁还原菌　铁还原菌（iron-reducing bacteria，IRB）是一类能够将 H_2、有机物等作为电子供体，Fe^{3+} 作为终端电子受体的一类严格厌氧或兼性厌氧的细菌或古菌。研究人员在不同的油藏中分离得到了如脱铁杆菌属（*Deferribacter*）、地芽孢杆菌属（*Geobacillus*）等典型嗜热铁还原菌，其能够使用乳酸、氨基酸、醋酸盐等作为电子供体。在近中性的厌氧环境中，化学和生物过程中的三价铁氧化物作为电子收集单元极易被还原，研究证明三价铁氧化物在非硫化物沉积过程中主要受铁还原菌的代谢过程控制。在一些含硫化物的环境中，如油藏、海底沉积物等，较早的研究结果显示 Fe^{3+} 的还原过程是由于微生物成因的 H_2S 导致的。最新的研究已经

证实了铁还原菌能够利用三价铁还原酶直接进行反应，并且占总还原量的90%。

（2）外源性微生物 在海上石油开采过程中，为了保持油气储集层的压力，需要以不断注入海水或回注水的方式驱动原油的开采。同时，为了确保长距离油气管道的完整性以及安全运行，需要进行水压测试或周期性的管道停输检修。在以上操作过程中，海水中种类丰富且组成复杂的微生物不可避免地被引入到集输管道中，必然会在复杂的管网系统中形成生物膜且造成严重的微生物腐蚀。相较于陆地，海洋环境中微生物对于高盐、高压、高温等较为严苛的环境因素的耐受能力普遍更强，这意味着海上油气管道内的微生物及其生物膜的适应性更强且难以杀灭。Zhou 等[67]利用环境基因组测序分析手段对中国渤海某油田采出水中的微生物群落多样性进行了分析。该油田由于长期注入海水或采出水回注，导致储集层中被引入大量外源微生物。以该研究中样本 1 基于 RNA 的结果分析为例，丰度及活性排在前十的微生物包括博斯氏菌属（*Bosea*，68.8%）、不动杆菌属（*Acinetobacter*，7.0%）、鞘氨醇单胞菌属（*Sphingomonas*，3.2%）、嗜氢菌属（*Hydrogenophilus*，4.7%）、无色杆菌属（*Achromobacter*，3.0%）、短波单胞菌属（*Brevundimonas*，2.0%）、甲基杆菌属（*Methylobacterium*，1.9%）、埃希氏杆菌属（*Escherichia*，1.7%）、假单胞菌属（*Pseudomonas*，1.4%）、伯克氏菌科（Burkholderiaceae，0.4%）。该研究中发现了博斯氏菌属、甲基杆菌属和热硫还原杆菌属（*Thermodesulforhabdus*）等硫氧化细菌（sulfur-oxidizing bacteria，SOB），具有将不同价态的含硫化合物氧化为硫酸盐的能力。同时，该油井由于长期受到 SRB 及其产生的 H_2S 的污染，用于缓解该问题的硝酸盐类抑制剂的注入促进了硝酸盐还原菌（nitrate-reducing bacteria，NRB）的生长，通过竞争摄取电子供体的方式与 SRB 形成竞争性抑制，其中代表性的菌属有假单胞菌属、嗜氢菌属（*Hydrogenophilus*）、不动杆菌属和无色杆菌属等。另外一种涉及油藏内引入外源微生物的方式是微生物强化采油（microbial enhanced oil recovery，MEOR）。作为一种主要基于微生物学、分子生物学技术的三次采油方法，通过向油藏内注入特定的菌种或营养物质，利用其自身生长代谢特性或产生功能性产物（产酸、产气或产生物溶剂）来改变油气储集层内环境和微生物种群结构，进而降低原油黏度或溶解岩层以增加储层渗透率，从而达到提高采油率的目的。MEOR 相关微生物，包括醋酸杆菌属（*Acetobacterium*）、芽孢杆菌属（*Bacillus*）以及部分产甲烷菌等，能够在代谢过程中产生有机酸或生物表面活性剂。Kato 等[68]分离得到了一株产乙酸菌 GT1，其不仅可以利用有机物发酵产生乙酸，还能直接从铁单质中摄取电子，以上代谢特征极易引起微生物腐蚀。

2. 生物膜对腐蚀的影响

生物膜的形成是微生物抵御外界环境变化维持群落内稳态的基本生存机制，如图 5-6 所示。

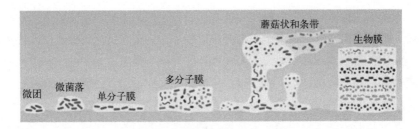

图 5-6　生物膜形成的一般过程示意图

处于悬浮状态的微生物通过附着、聚集等步骤逐渐成为复杂且稳定的混合微生物群落。相比于悬浮状态，微生物嵌入由胞外聚合物（EPS）构成的基质后不仅能够提高代谢过程的稳定性，还能加强互养微生物种群之间的协同作用，这一特性使得腐蚀性微生物的危害进一步增加。海上油气集输系统由复杂的管道网络构成，多相流的传输形式以及部分管网中较低的流速加快了腐蚀性生物膜以及沉积物在弯头、焊缝和阀门等腐蚀敏感区域的形成和堆积，进一步减缓了管道内物料的流速，最终导致油气运输停滞。在实际工况下，腐蚀性生物膜由微生物胞外聚合物（蛋白、多糖、核酸等）和腐蚀产物（FeS、$FePO_4$ 和 $FeCO_3$ 等）共同构成。由于 EPS 所构成的三维网状结构（宏观上多呈现出黏液状），强化了细菌之间以及细菌与腐蚀产物之间的黏附性。同时，细菌生物膜中往往含有如氨基酸、糖醛酸等含有大量负电荷基团的有机物，能够通过螯合、吸附等方式沉淀金属阳离子，进一步刺激腐蚀性微生物与金属离子之间的相互作用以及电子传递过程。由于环境微生物种类复杂，所构成的微生物群落以及代谢产物多样，在生物膜中往往包含不同化学浓度梯度以及氧化还原电位的微环境。从微生物代谢多样性的层面分析，这种结构使生物膜内的不同代谢类型的微生物之间建立了更有利的共生条件，促进了共代谢和互养作用。但是从微生物腐蚀的角度分析，浓差电池的产生极易造成金属表面局部阴阳极的形成，是引起油气管线局部腐蚀主要的原因之一。腐蚀性微生物对于油气管网的影响可以总结为以下 3 点：①微生物及其分泌的 EPS 作为有机沉积物率先附着并沉积，使管道内环境的理化性质发生改变；②腐蚀性微生物的代谢活动及其产物会加速管道内腐蚀产物的堆积；③腐蚀性生物膜的沉积会改变原有沉积物的性质，从而进一步加速腐蚀。

3. 海底油气管道微生物腐蚀机理

（1）微生物代谢产物腐蚀理论　SRB、发酵菌等微生物能够产生具有腐蚀性的代谢产物，如硫化物或有机酸等，该过程被称为化学微生物腐蚀（chemical microbiologically influenced corrosion，CMIC）。这些腐蚀性代谢产物与金属材料发生反应后极易在管网内形成沉积物，在促进内腐蚀进一步发展的同时还会造成管网堵塞。以 SRB 为例，其产生的 H_2S 微溶于水后产生 HS^- 使局部环境呈酸性，造成管网内部的局部腐蚀穿孔，解离出的氢也会富集在材料的缺陷处，造成氢渗透或开裂。同时，H_2S 扩散到金属表面发生反应生成具有导电性的无定形 FeS 产物层，随后经过反复溶解 $Fe(HS)^+/HS^-$ 再沉积，腐蚀产物层中积累了更多的 HS^-，进一步加速阳极溶解速率。有机酸的产生同样对油气管网具有很强的腐蚀性，发酵菌及其代谢产物在腐蚀性生物膜中的作用近些年得到了广泛关注。研究发现，醋酸菌能够在厌氧条件下借助 Wood–Ljungdahl 通路中的金属蛋白/金属酶以 H_2 和 CO_2 为底物生成乙酸，即使生物膜中有机酸的浓度很低，也能增加金属腐蚀的风险。

（2）电活性微生物腐蚀理论 具有电活性代谢能力的微生物通过胞外电子传递（extracellular electron transfer，EET）的方式从金属氧化过程中提取电子，或者将细胞内有机物彻底氧化后释放的电子传递到细胞外的电子受体（如硫酸盐、硝酸盐或金属难溶物等），以上过程能够诱发或加速腐蚀，被称为电化学微生物腐蚀（electrochemical microbially influenced corrosion，EMIC）。目前，胞外电子传递主要有 3 种机制：直接电子传递（direct electron transfer，DET）、间接电子传递（mediated electron transfer，MET）和电运动机制（electrokinesis）。直接电子传递是指细菌通过外膜的细胞色素 c 直接与电子受体接触，其电子传递效率较高，但生物膜与电子受体之间的接触面积直接决定了电子传递效率的上限，且无法进行较远距离的电子传输。间接电子传递是指细菌通过内源或外源的电子穿梭体，在细菌与电子受体之间通过往复的氧化还原反应实现较长距离的电子转移。电运动机制是指细菌通过将电子传递到细胞膜表面，然后依靠布朗运动或鞭毛驱使细胞撞击电子受体表面，撞击瞬间完成电子传递过程。CMIC 与 EMIC 在油气管道内腐蚀性生物膜中存在着平衡与转化。CMIC 很大程度上依靠碳氢化合物等有机碳源的降解与硫酸盐或硝酸盐的还原反应耦合驱动腐蚀的发生，而 EMIC 则是微生物主动驱使腐蚀过程，两者之间的转化取决于可用的有机碳源是否充足。以典型腐蚀性微生物 *Desulfovibrio vulgaris* 为例，当作为有机碳源的乳酸充足时，*D. vulgaris* 的 CMIC 过程导致 FeS 为主的腐蚀产物堆积，而当环境中可用的乳酸含量逐渐减少时，*D. vulgaris* 的代谢模式发生了转变，利用从 Fe^0 直接获取电子的方式对 CMIC 过程中的能量缺口进行代偿。从局部腐蚀形貌变化情况来看，可用有机碳源减少至 10% 时，其腐蚀程度最严重。而将有机碳源全部去除后，腐蚀程度显著减弱，表明 EMIC 过程并不能维持 *D. vulgaris* 全部的代谢需求，仅可以作为腐蚀性微生物解决环境突变的一种应对策略。

（3）腐蚀微生物之间的协同与拮抗 由于实际腐蚀环境中多变的物理化学因素，腐蚀性微生物膜中涉及十分复杂的代谢过程。如图 5-7 所示，环境微生物的多

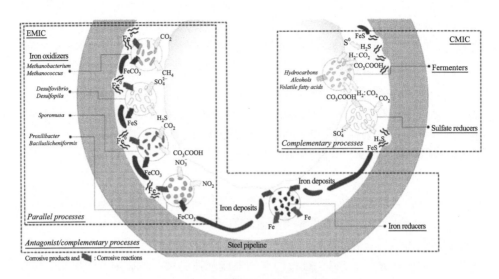

图 5-7 涉及海底油气管道腐蚀机理汇总

样性结构使得不同种类微生物之间在应对外界环境变化时存在协同和拮抗的相互作用，最终通过群落演变、生物膜成熟直至形成具有腐蚀性的复杂微生物群落。在油气集输系统中，腐蚀性生物膜中微生物之间相互协同互补的代谢模式扮演着重要的角色。实际服役环境中，在同一区域的腐蚀产物沉积层中往往能够同时分离得到发酵产酸菌以及具有氢代谢特征的菌种，此类微生物多出现在含有采出水的油气生产设施中，通过发酵反应代谢挥发性脂肪酸、醇或碳氢化合物来生长，发酵过程中产生的氢被生物膜的氢营养型微生物消耗，如产甲烷菌。有机酸类代谢产物不仅能够直接对金属造成腐蚀，发酵产生的 H_2 还能够还原单质硫，从而产生大量的硫化氢。以上过程表明，发酵产酸菌能够通过产生甲酸、乙酸等途径来刺激电活性微生物的生长，从而加速金属腐蚀进程。此外，当铁还原菌和铁氧化菌同时存在于生物膜中时，IOB 能够通过促进金属氧化析出腐蚀产物（铁氧化物和铁硫化物），形成保护性腐蚀产物层，限制金属表面与腐蚀环境直接接触。然而，IRB 利用金属氧化沉积物作为电子受体，导致金属表面再次暴露于腐蚀产物和腐蚀性微生物。

六、腐蚀的防治

硫酸盐还原菌腐蚀的抑制是当前原油开采、油品储藏运输、工业循环冷却水领域的一项重要的课题，常见方法如下。

紫外照射：利用紫外线处理油田注水可杀灭水中 SRB，一般紫外灯在 260nm 波长附近有很强的辐射，而这个波长恰好能为核酸所吸收，因而照射时间较长一些就能使 SRB 致死。安装过滤器和反冲洗装置，选择适当孔径的过滤器能阻止 SRB 进入注水井中。另外，用超声波或放射线处理也可杀死 SRB。

改变介质环境：调整介质的 pH 值的方法，当 pH 值低于 4 时，SRB 会停止生长。注入高矿化度水或 NaCl 水，通过渗透压降低细胞内部的含水量，抑制 SRB 生长。研究表明，当注入水矿物质含量达 160g/L 时，SRB 生长数量减少 50%。周期性地注入热水（60℃），也可杀死硫酸盐还原菌。

阴极保护：在硫酸盐还原菌存在下，控制钢铁电位比普通电位负 100mV，有比较好的保护效果。

化学方法：化学方法是最简便又行之有效的方法，目前在油田中被广泛采用。主要是通过投加杀菌剂杀死 SRB 或抑制 SRB 生长。目前投加杀菌剂存在的主要问题是 SRB 产生抗药性，如何防治抗药菌，杀菌剂现场使用中与其他水处理剂的配伍性，杀菌剂对基体金属的腐蚀性，杀菌剂的加药方式等。

从材料的制备和选用上：选择使用抗微生物腐蚀的材料，由于各种金属及其合金或非金属材料耐微生物腐蚀剂的敏感性不同，通常铜、铬及高分子聚合材料比较耐微生物腐蚀，可以通过对材料的表面进行处理或在基体材料中添加耐微生物腐蚀元素或在金属表面涂敷抗微生物腐蚀的纳米氧化物，如 TiO_2 等，达到防治 SRB 腐蚀的目的。总之，为了更好研究微生物腐蚀行为，利用先进的科学技术，加强对生物膜结构成分的研究以及微生物在生物膜下的生长代谢机理，用热力学理论、扩散理论和模糊逻辑学等方法，引入或建立数学模型，加深对微生物腐蚀的认识。对于微生物腐蚀的防治，应从环境保护的角度考虑，寻找基于微生物自身特点的防治方法。

自 1987 年 Iverson 首先发现细菌可以抑制淡水及海水中铜的腐蚀以来，研究者们陆续发现了几种微生物抑制金属腐蚀的机理。这些机理大致可归纳如下。

1. 生物驱除

在油田回注水中，高浓度的硫酸根离子能引起 SRB 的大量繁殖，致使管道腐蚀加速，产生 H_2S、FeS 堵塞管道和地层，并严重腐蚀注水管线和钻采设备，油田的正常生产受到危害，造成巨大的经济损失。由于微生物群落可以释放多种信号分子相互"沟通"，从而形成协同或竞争代谢。因此，研究者们采用生物驱除（biocompetitive exclusion，BE）策略来抑制 SRB。方法之一是向环境中添加反硝化细菌（denitrifying bacteria，DNB）繁殖所需要的硝酸盐或亚硝酸盐，使得 DNB 在与 SRB 生存竞争中处于优势。因为 NO_3^- 还原释放的能量比 SO_4^{2-} 高，且 DNB 需要的氧化还原电位（oxidation-reduction potential，ORP）高于 SRB，因此优先发生的是硝酸盐还原反应。DNB 占优势，因而抑制了 H_2S 的产生和 SRB 的繁殖，减少了

SRB 对腐蚀的影响。Lin 等[69]从腐蚀的碳钢和不锈钢上分离到 40 株 DNB，分别测试它们在加入硝酸钠后对碳钢和不锈钢的腐蚀影响，发现大部分菌株可以抑制碳钢的腐蚀，但对不锈钢却可能抑制腐蚀，也可能毫无作用。

庄文等[70]对绥中 36-1 油井 B 区油井采出液中的细菌进行分离培养及初步鉴定，纯化出了一株生长旺盛、硝酸盐还原能力强的硝酸盐还原菌菌株 B92-1，对其进行了常规鉴定及 16S rRNA 分析，并进行了该菌株对富集的硫酸盐还原菌的竞争性抑制实验。研究结果表明仅仅投加硝酸盐、亚硝酸盐作为电子受体对其中硝酸盐还原菌的激活作用以及产抑制硫化物产生的能力有限，而同时加入分离自采出液的 NRB 则对硫酸盐还原菌的生长和产硫化物活性都产生了明显的抑制，并且亚硝酸盐的抑菌效果优于硝酸盐。硫酸盐还原菌的生长代谢可导致油藏酸化，进而引发一系列环境和腐蚀等问题。杨德玉等[71]通过补加硝酸盐（NO_3^-）及对硝酸盐还原菌的调控抑制了 SRB 活性，进而控制油藏酸化，其从大庆油田水驱采出液中分离筛选出了 1 株兼性自养的 NRB 菌株 DNB-8，并分析了在有机碳源充足的条件下不同浓度的 NO_3^- 结合使用该菌株抑制 SRB 富集培养物 SO_4^{2-} 还原活性的作用效果与机制。结果表明，浓度 ≤ 1.0mmol/L 的 NO_3^- 无法抑制 SRB 的 SO_4^{2-} 还原活性；NO_3^- 浓度 > 1.0mmol/L 可有效抑制 SRB 的 SO_4^{2-} 还原活性。此时，NRB 对有机碳源的竞争以及在利用 NO_3^- 的同时产生的 NO_2^- 是抑制 SRB 活性的主要机制。另外，大庆油田采出水中 SRB 富集培养物的细胞内存在异化 NO_3^- 还原生成 NH_4^+ 的代谢途径（NO_2^- 为中间产物）。当 NO_3^- 浓度较高时，SRB 可能通过该代谢途径减轻 NO_2^- 引起的抑制效应。有研究显示在混菌培养系统中，脱氮硫杆菌（thiobacillus denitrificans，TDN），通过其反硝化过程产生的代谢产物而改变了 SRB 的生长环境，从而抑制 SRB 生长并减少了硫化氢的生成。Sandbeck 等[72]报道 TDN 能将 SRB 产生的还原性硫化物氧化成 SO_4^{2-}，阻止 FeS 和 H_2S 产生，既控制了 SRB 引起的腐蚀，又解除了因 FeS 造成的堵塞。刘宏芳等[73]在土壤中分离出了一株 TDN，研究发现当将该菌株与 SRB 混合培养时能够阻止 SRB 生物膜的形成，不仅能降低生物膜的粗糙度，还能增强生物膜的致密性，同时由于脱氮硫杆菌的存在，生物膜内腐蚀性物质硫化物含量明显降低，从而抑制了 SRB 的腐蚀。乔丽艳等[74]、张冰等[75]有针对性地开发了可以促进反硝化菌生长的 DN-1001 型反硝化药剂，且在室内对所研制的反硝化药剂进行了对比评价与适应性评价，实验结果显示，DN-1001 反硝化药剂在加药浓度为 400mg/L 时，能够有效抑制 SRB 生长并抑制其产生硫化物。有研究显示铁还原细菌也可以驱除 SRB。4 种不同属的 IRB（假单胞菌、微球菌、节杆菌和弧菌）能够在非无菌工业系统中通过抑制 SRB 而降低 MIC，这些生物不但能够去除腐蚀产物，还能保护金属免受进一步的腐蚀。Jayaraman 等[76]测试了有假单胞菌 Pseudomonas fragi K 和 SRB 时 SAE1018 钢的腐蚀情况，结果表明 P. fragi K

表现出对 SRB 的抑制能力，可降低 SRB 引起的微生物腐蚀。

2. 分泌腐蚀抑制剂

微生物可以通过分泌腐蚀抑制剂来减缓金属腐蚀，根据腐蚀抑制机理的不同可分为缓蚀剂氨基酸类和抗生素短杆菌肽等。

目前对氨基酸类减缓金属腐蚀的原理研究较多，具体有以下过程：铁、铜等金属的最外层轨道未完全充满，能够接受 N、O、P、S 原子中的孤对电子，含 π 电子的有机化合物中的电子也可以填充其空轨道；同时，Fe、Cu 等原子中的电子又能够进入有机化合物中的空轨道形成反馈键，两者形成配位键而发生化学吸附；天冬氨酸、谷氨酸、组氨酸、蛋氨酸、色氨酸、甘氨酸等氨基酸都含有 N、O 等原子，这些原子均含有电负性极强的孤对电子，可以给 Fe、Cu 等的空轨道提供电子，通过化学吸附形成自组装膜（self-assembled monolayers，SAMs），从而可以保护金属；自组装膜是构膜分子通过分子间及其与基底材料间的化学作用而自发形成的一种热力学稳定、排列规则的分子膜，将有机物分子在金属表面形成致密、有序的自组装膜，可以阻止腐蚀介质对金属的腐蚀。

聚天冬氨酸是天然存在的聚氨基酸之一，也是目前研究较多的一种无公害、无毒的新型绿色阻垢缓蚀剂，能与铁、铜、钙、镁等多种离子形成螯合物附着在金属表面，从而阻止金属腐蚀。Örnek 等[77]发现枯草芽孢杆菌（*Bacillus subtilis*）分泌的聚天冬氨酸可以有效减少铝 2024 的点蚀，也可以抑制金属铜在 LB 培养基和人工海水中的腐蚀。盖洁超等[78]发现聚天冬氨酸在盐酸介质中对 N80 钢片表现出了很好的缓蚀性能，缓蚀效率高达 83.11%。李春梅等[79]用电化学阻抗谱法证明了不同质量浓度的聚天冬氨酸在 1mol/L 的盐酸中对 45# 碳钢均表现出一定的缓蚀保护能力，缓蚀率可达 80.66%。Zhao 等[80]研究了用聚天冬氨酸制备的涂层对镁合金的形貌和耐蚀性影响，结果表明用聚天冬氨酸制备的涂层由许多均匀的海胆状微球组成，涂覆后合金的耐蚀性能显著提高，且该涂层可以逐渐被生物降解。谷氨酸是一种酸性氨基酸，其分子结构中同时含有一个氨基和两个羧基，聚谷氨酸具有较好的阻垢、缓蚀性能。Örnek 等[77]研究发现，地衣芽孢杆菌（*Bacillus licheniformis*）分泌的聚谷氨酸可使铝 2024 的腐蚀速率减缓 90%。枯草芽孢杆菌 NX-2 经发酵产生的聚谷氨酸是一种可生物降解的水溶性聚氨基酸，聚谷氨酸与钨酸盐经过复配后的最佳缓蚀率高达 96.23%。郑红艾等[81]研究了辛酰谷氨酸、丝氨酸和苏氨酸等氨基酸类物质在 0.5mol/L HCl 溶液中对金属铜的缓蚀作用，结果表明 1mmol/L 的辛酰谷氨酸对铜的缓蚀效果最好。另外，组氨酸、蛋氨酸（甲硫氨酸）、色氨酸、甘氨酸等氨基酸的缓蚀效果也引起了研究者们的注意。张哲等[82]发现组氨酸衍生物、谷氨酸衍生物的 N 原子和 O 原子能够与 304 不锈钢的 Fe 原子形成化学键，发生化学吸附，形成自组装膜，从而起到缓蚀的作用。Goni 等[83]采用失重法和电化学法研究了含有酯官能团的蛋氨酸聚合物对软钢的缓蚀可行性，结果表明该物质通过化学吸附和物理吸附作用吸附在金属表面并形成一层薄膜，保护金属免受腐蚀。Abdel-Fatah 等[84]用动电位极化、电化学阻抗谱等测定了色氨酸、酪氨酸和丝氨酸对 T22 低合金钢的腐蚀影响，结果表明腐蚀抑制效率为色氨酸＞酪氨酸＞丝氨酸。Dehdab 等[85]通过量子化学计算得出同样的结果，他们认为，色氨酸之所以比其他两种氨基酸的缓蚀效果强是因为形成的 Fe- 色氨酸配合物最稳定，色氨酸能更好地吸附在金属表面。王强等[86]用 L- 组氨酸和肉桂醛合成席夫碱，研究发现席夫碱浓度为 200mg/L 时，A3 碳钢的缓蚀率可以达到 97.36%。黄开宏等[87]发现色氨酸可以与 Q235 碳钢发生化学吸附而吸附于碳钢表面，另外，色氨酸可以与碘化钾发生协同效应，经复配后的缓蚀率可以达到 92.43%。刘培慧等[88]研究发现色氨酸在 3% NaCl 介质中对铜有一定的保护效果。赵勇等[89]发现甘氨酸的加入使钢铁表面转化膜的耐蚀性获得显著提高。氨基酸类物质不仅通过形成自组装膜来抑制金属腐蚀，一些微生物分泌的多肽类物质还可以作为抗生素抑制腐蚀菌的活性。Jayaraman 等[76]使用基因工程菌 *Bacillus subtilis* 形成生物膜，其分泌的抗菌肽可以抑制碳钢及不锈钢上的 SRB。Korenblum 等[90]发现 *Bacillu firmus* 形成的抗生素能够显著降低 SRB 的活性，减少 SRB 的细胞数量。比起使用高剂量的化学杀菌剂，利用生物膜内产生的抗生素短杆菌肽抑制 SRB 的生长无疑是更好的选择。

3. 生成胞外聚合物

在某些情况下，细菌的代谢产物如胞外聚合物已足以发挥保护作用。研究者发现蛋白质分子中的—（C＝O）—和—COO—，多糖分子中的—C—OH、—CH$_3$、—CH$_2$—、—COO—等官能团能与 Fe（Ⅱ/Ⅲ）结合，逐渐形成"络合物 - 腐蚀产物"保护层，起到缓蚀的作用。Chongdar 等[91]发现 *Pseudomonas cichorii* 在低碳钢表面形成的 Fe-EPS 复合物是抗腐蚀作用的关键。Dong 等[92]分离出了嗜热 SRB 的 EPS 并评估了其对碳钢腐蚀作用的影响，研究发现 EPS 的保护效果与溶液（含有 3%NaCl）中 EPS 的浓度有关，吸附于碳钢表面的 EPS 层可以通过阻隔氧气来保护碳钢减少腐蚀。许萍等[93]研究发现在碳钢表面浸涂罗伊氏乳杆菌的代谢产物 EPS，能够使碳钢的腐蚀速率降低 25.60%，罗伊氏乳杆菌 EPS 主要通过改变碳钢界面晶体间的转化以及腐蚀产物的稳定性，从而降低碳钢的腐蚀速率。

不同类型的 EPS 对金属腐蚀的抑制作用也可能不同。Blanca 等[94]从一株好氧菌 *Pseudomonas* NCIMB 2021 中提取出松散结合（loosely bound，LB）的 EPS（含更多的糖类）、紧密结合（tightly bound，TB）的 EPS（高浓缩蛋白），再将它们和牛血清蛋白（bovine serum albumin，BSA）对比，研究了其在静态曝气人工海水中对 70Cu-30Ni 合金的电化学行为，发现没有生物分子时金属表面有较厚的两层氧化物层，外层是铜氧化物沉积层，内层是镍氧化物层，有生物分子时金属表面有一层较薄的铜镍混合氧化层，氧化层表面覆盖着一层主要由蛋白质组成的吸附有机物层，生物大分子的存在减慢了阳极反应，LB EPS 比 BSA 抑制合金腐蚀的效果更好，TB EPS 没有明显的效果。Gubner 等[95]用 3 种不同类型的 EPS（释放到培养基中的 LB EPS、TB EPS 和由连续培养的 *Pseudomonas* NCIMB 2021 产生的 EPS）来处理 AISI 304 和 316 不锈钢，实验发现尽管程度不同，但所有的 EPS 都能够显著降低生物体在不锈钢表面的附着能力，从而减缓不锈钢的腐蚀作用，而表面疏水性和粗糙度的变化都不影响附着力的改变。

4. 降低溶解氧

好氧生物膜能够通过好氧呼吸作用消耗金属表面的溶解氧，降低与金属表面接触的氧浓度，从而减缓金属表面的溶解反应，达到抑制腐蚀的效果。Jayaraman 等[76]认为好氧生物膜消耗氧气是抑制金属腐蚀的主要原因。在有氧条件下，底物降解后产生的能量被输至呼吸链，氧气的减少导致阴极部分反应速率下降，金属溶解速率也随之降低，与无菌对照组相比，含菌时溶解氧降低可使低碳钢质量损失减少 96%。宋秀霞[96]的研究表明海藻希瓦氏菌能够依靠代谢作用消耗溶解氧，抑制试样的腐蚀。但张倩[97]研究了封闭环境中硫代谢细菌（SRB 和 SOB）对不锈钢的腐蚀作用机理，发现有氧环境能够抑制 SRB 的代谢活动，有利于修复不锈钢钝化膜，与无氧环境相比有效减缓了不锈钢的腐蚀。尽管大部分研究认为减少生物膜中的氧气有利于抑制金属腐蚀，但是细菌好氧呼吸和腐蚀的关系一直存有争议。一方面，氧气的减少降低了金属的溶解速度；另一方面，氧气的减少还有利于 SRB 的生长，使金属腐蚀速度增加。另外，细菌在好氧呼吸过程中也会产生 H_2O_2，而 H_2O_2 的氧化还原电位比氧气还要高，从而会加速金属腐蚀。

5. 形成生物膜屏障

生物膜除了呼吸作用主动消耗氧之外，有研究者认为生物膜也可以作为物理阻挡层，保护材料免受各种其他腐蚀剂如酸性化合物或氯离子的影响。Jayaraman 等[76]发现在含成膜性能好的恶臭假单胞菌（*Pseudomonas putida*）的 LB 培养基中碳钢腐蚀速度很小，但是在含成膜性能差的变青链霉菌（*Streptomyces lividans*）的 LB 培养基中碳钢的腐蚀速度和无菌时相似。Little 和 Ray[98]认为细菌生物膜可以抑制低碳钢、铜、铝和不锈钢的腐蚀，他们发现生物膜分泌的腐蚀产物形成了扩散屏障，阻挡了腐蚀介质与试片表面的接触，从而抑制金属腐蚀。王蕾等[99]曾报道了芽孢杆菌属对金属的腐蚀影响，研究发现大多数芽孢杆菌属菌株形成的生物膜是有益生物膜，能够被用来抑制金属的腐蚀，并能有效抑制 SRB 诱发的腐蚀。SRB 在金属保护中通常扮演着有害的角色，而有研究者发现 SRB 能够在 0.1mol/L NaCl 的近中性介质中保护钢免受氯化物侵蚀，该种意外的保护作用可能是由侵蚀性 Cl⁻ 从金属表面分离引起的，即 SRB 生物膜可能充当被动扩散屏障。

6. 分泌生物表面活性剂

Dagbert 等[100]研究了 *Pseudomonas fluorescens* 分泌的表面活性剂对 304 不锈钢的腐蚀影响，生物表面活性剂可以迅速吸附在 304 不锈钢表面形成保护层，减缓不锈钢的腐蚀，由于生物表面活性剂较氧化物吸附速度快，因此他们推测，在以 O_2 为主要腐蚀物质的介质中，生物表面活性剂可以减缓溶解氧的扩散传播。

7. 噬菌体控制

利用噬菌体可以除去产生腐蚀的细菌。噬菌体可以溶解腐蚀细菌的细胞，分解胞外多聚物，还能破坏金属表面的生物膜。目前将噬菌体应用于金属腐蚀抑制的研究较少，Mathews 等[101]使用靶向噬菌体生物防治技术改变微生物群落，以减少特定的产生硫化物的细菌，从而控制微生物诱导混凝土腐蚀（microbiologically induced concrete corrosion，MICC）。

8. 非生物膜屏障

微生物不仅可以通过形成生物膜屏障抑制金属腐蚀，不能形成生物膜的微生物也可以通过产生其他屏障减缓金属腐蚀。Xu 等[102]利用不能形成生物膜的突变株希瓦氏菌（*Shewanella oneidensis*），在厌氧条件下将 Fe^{3+} 还原为 Fe^{2+}，Fe^{2+} 进入液相主体消耗了氧气，生成的产物附着在金属表面，形成一道屏障，从而加强了腐蚀防护。一些微生物的存在可以改变金属表面钝化层的组成，使其更能耐受腐蚀。Volkland 等[103]发现如果溶液中存在足够量的磷酸盐，则红球菌（*Rhodococcus* sp.）菌株 C125 和恶臭假单胞菌 Mt2（*Pseudomonas putida* Mt2）于好氧条件下，会在非合金钢上形成基底蛋白 $[Fe_3(PO_4)_2]$ 膜，钝化了钢的表面，能够完全抑制腐蚀过程。

油气管道中清理内部 MIC 广泛使用物理刮擦与非氧化性杀菌剂相结合的方法。传统的杀菌剂有戊二醛、三氯异氰脲酸（TCCA）和四羟甲基硫酸磷（THPS）等。然而，由于使用机械破坏的方式导致腐蚀性微生物从破损的生物膜中扩散出来，重新弥散到管网中导致腐蚀性微生物充分地扩散，反而进一步加剧了腐蚀。同时，部分管道内长期形成的保护性铁氧化物沉积层也会被清除，导致基体重新暴露在外面。长期使用杀菌剂对油气集输管网进行清理，不仅会导致管内微生物群落的改变，且新的微生物群落的种群结构不可预测，不一定具有更低的腐蚀性。此外，杀菌剂的使用对于部分顽固微生物会产生耐药性，还有污染环境的风险。为了解决海上石油设施以及油气集输管网中由微生物导致的 H_2S 酸化问题，向系统内注入硝酸盐被认为是一种低成本、高效率的解决方案。外注硝酸盐可以刺激 NRB 的生长，NRB 和 SRB 都可以利用乙酸、乳酸或长链脂肪酸作为能源，能够与 SRB 竞争电子供体。对于相同的电子供体，硝酸盐还原过程能够获得更多的能量。以乙酸为例，被 NRB 和 SRB 氧化的自由能变化见式（5-1）和式（5-2）。

$$5CH_3CO_2^- + 8NO_3^- + 3H^+ \longrightarrow 10HCO_3^- + 4N_2 + 4H_2O$$

$$\Delta G_0' = -495\text{kJ/mol} \tag{5-1}$$

$$CH_3CO_2^- + SO_4^{2-} \longrightarrow 2HCO_3^- + HS^-$$

$$\Delta G_0' = -47\text{kJ/mol} \tag{5-2}$$

这些反应表明,硝酸盐存在时 NRB 的活性更强,能够抑制 SRB 的生长,从而减少 H_2S 的生成。在 SRB 和 NRB 共培养条件下,用于硫酸盐还原的电子更倾向于转移到硝酸盐还原中。此外,由于 NRB 的反硝化作用 NO_3^- 被还原为 NO_2^-,强烈抑制了 SRB 细胞中亚硫酸盐还原酶的活性。然而,外注硝酸盐的 MIC 抑制方法也存在一些缺陷,如果硝酸盐耗尽,具有硫酸盐代谢能力的微生物群落会重新占据优势。同时,Schooley 等[104]发现 NRB 同样具有增加腐蚀风险的可能,硝酸盐还原与铁的氧化反应具有良好的热力学特性,在生物催化作用下 NRB 从该氧化还原反应中获得能量,NRB 作为腐蚀微生物在一周内能够对 C1018 碳钢造成严重的局部腐蚀,最大点蚀坑深度达 14.5μm。

掠食性微生物蛭弧菌及类似细菌(*bdellovibrio* and like organisms,BALOs)和噬菌体作为一种新型的基于微生物手段的防腐方法得到了广泛关注。当 MIC 系统引入 BALOs 或噬菌体时,腐蚀性微生物及其生物膜会被作为猎物而被捕获并遭到破坏。它们有着相似的生存方式,首先通过入侵或感染进入宿主体内,然后分泌各种裂解酶分解并吸收宿主体内的营养物质完成自身的繁殖和复制,直到宿主死亡破裂后进行下一次"捕猎"。Forti 等[105]、Yang 等[106]发现 SRB 的活性在与 BALOs 共存的条件下受到显著抑制,浸泡 60 天后,X70 钢的腐蚀速率由 19.17mg/(dm^2·d)下降到 3.75mg/(dm^2·d)。相比于传统杀菌剂的方法,BALOs 和噬菌体首先克服了微生物耐药性的问题,BALOs 可以侵入由混合细菌组成的微生物群落,破坏顽固的生物膜,从而削弱生物膜对外环境的抵抗。此外,BALOs 和噬菌体还可以避免重复接种,并通过增殖在腐蚀体系中长期保持有效浓度直至目标微生物被杀灭,显著降低了由于杀菌剂过量使用造成的环境污染。

目前关于防止 SRB 腐蚀的微生物主要包括以下几种。

(1)脱氮硫杆菌。脱氮硫杆菌是严格自养和兼性厌氧菌,能将还原新型无机硫化物作为能源,将其氧化成 SO_4^{2-},在无氧条件下可将 NO_3^- 还原成游离氮,反应式为 $5HS^- + 8NO_3^- + 3H^+ \rightarrow 5SO_4^{2-} + 4N_2 + 4H_2O$。SRB 和脱氮硫杆菌之间属竞争关系。

(2)硫化细菌。硫化细菌是好氧性自养菌,可通过与 SRB 产生的 H_2S 等硫化物发生氧化还原反应生成硫酸盐,来降低环境中的 H_2S 浓度。朱增炎等[107]研究发现,土壤中硫化细菌和 SRB 的增长趋势相反,即在两种菌的生长曲线中,当硫化细菌处于峰值时,SRB 量处在较低值。但是,由于 H_2S 浓度过高会抑制硫化细菌的生长,因此该方法主要用于筛选耐高浓度硫化物的硫化细菌。

（3）光合细菌。SRB 主要是通过其代谢产物产生的 H_2S 对金属造成腐蚀的，某些光合细菌恰好可以去除 H_2S，从而控制 SRB 对金属的腐蚀。研究较多的去除硫化氢光合细菌是绿硫细菌中的栖泥绿菌，它可将硫化物氧化为元素硫。

（4）短芽孢杆菌。早在 1992 年，Azum 等[108]认为，*Bacillus brevis* Nagan 能分泌短杆菌肽 S。Jayaraman 等使用这种菌形成生物膜，分泌短杆菌肽 S，抑制304 不锈钢上的 SRB，并且认为，*Bacillus subtilis*、*Bacillus brevis* 及 *Bacillus brevis* 18 都可抑制 SRB 菌落的形成，*Bacillus subtilis*、*Bacillus brevis* 有效期为 7 天，而 *Bacillus brevis* 18 抑制 SRB 高达 28 天。

（5）假单胞菌。Jayaraman 等[76]实验表明，假单胞菌能阻碍 SRB 对软钢的腐蚀。但是，假单胞菌不能产生抗生素，所以目前其抑制 SRB 腐蚀的机理尚不明确。田园[109]采用腐蚀失重法和塔菲尔曲线外推法筛选出了 4 株能够抑制 Q235B 碳钢腐蚀的细菌，分别为蜡状芽孢杆菌、荧光假单胞菌、红串红球菌和腐蚀节杆菌，而诸多研究均表明假单胞菌不但可以减缓金属腐蚀，且其所有谱系均可降解烷烃，是常见的石油烃类降解菌，将碳钢样片在水、LB 培养基和油田采出水中浸没13 天，用光学显微镜粗测碳钢样片表面的腐蚀产物厚度，结果表明接种该菌后碳钢样片的腐蚀产物厚度较未接种该菌的薄，分别从 198μm、59μm、106μm 降低至122μm、34μm、87μm。碳钢样片的宏观、微观形貌表明接菌后的碳钢样片腐蚀程度比未接菌的轻，此外，LB 培养基也具有良好的腐蚀抑制能力。腐蚀失重结果表明碳钢样片在各腐蚀环境下浸没 13 天后，接菌的碳钢质量损失分别比未接菌的减少了 32.23％，54.07％和 78.34％。腐蚀电位测定结果表明，接菌后三种腐蚀环境中的电位均正向移动，其中，油田采出水中碳钢样片的腐蚀电位正移动最多，缓蚀效果最明显。X 射线衍射（XRD）结果表明荧光假单胞菌通过呼吸作用消耗了 O_2，阻止了铁氧化物的进一步氧化。傅里叶变换红外光谱（FT-IR）、X 射线光电子能谱（XPS）结果表明该菌可通过—C≡O—、—COO—、—C—OH 官能团与 Fe（Ⅱ/Ⅲ）结合，形成"络合物 - 腐蚀产物保护层"而减缓腐蚀。XPS 结果还表明该菌的加入不仅降低了油田采出水中有机物的浓度，且其与腐蚀产物形成的阻隔屏障起到了物理阻隔的作用，阻隔氧气接近金属表面。Py-GCMS 结果表明该菌对原油中 C_{12} 至 C_{20} 的烷烃具有良好的降解能力。

第三节　微生物在含油污泥处理中的应用

在石油、天然气的生产和加工过程中，沉积于油罐罐底的罐底泥、污水池池底的活性污泥以及石油作业时形成的落地油泥等多种形态的含油混合物，被统称为含油污泥。含油污泥多为黑褐色黏稠状，含油率10%～50%，含水率＞50%，是典型的多相体系。含油污泥一般由水包油（O/W）体系、油包水（W/O）体系以及悬浮固体组成，是稳定的悬浮乳状液体系，脱水效果差，污泥成分和物理性质受污水水质、处理工艺、药剂种类及投加量等因素影响，差异性大，处理难度高；含油污泥的含油量差别较大，部分具有回收再利用价值；含油污泥含有苯系物、酚类、蒽、芘等有毒物质，部分有毒物质已被列入《国家危险废物名录》中，若不加以处理直接排放，会对周围土壤、水体、空气造成污染。美国、荷兰、加拿大等国家将含油污泥列为危险废物，针对性研究适合油田的处理方法并采用现场修复策略来大规模处理含油污泥。

2019年，我国石油石化行业产生的含油污泥量在1200万吨以上，对其进行"三化"（减量化、无害化、资源化）处理势在必行。国内外常用焚烧法、生物处理法、热洗涤法、溶剂萃取法、化学破乳法、固液分离法等处理含油污泥，但这些方法因投资、处理效果及操作成本等原因，未能在国内普及应用，导致我国含油污泥问题一直难以得到有效解决。而目前，单独的生物法和非生物法修复技术越来越难达到HJ607—2011《废矿物油回收利用污染控制技术规范》的要求。因此，国内外大多数石化企业开始寻找含油污泥的联合处理方法，以达到其资源利用的最大化，来应对全球变暖和减少温室气体的排放。付亚荣提出了含油污泥的分子渗透处理和生物降解处理的新方法，将土壤中85%～95%的原油分解，被污染土壤达到环境可接受的条件，但在工艺设计、原油降解菌种和反应控制上仍有困难[109]。

一、含油污泥的利用与处置方法

在众多的利用处置方法中，生物法具有成本低且无二次污染的优点。近年来，随着微生物学的不断发展，微生物法受到广泛关注，从含油污泥中分离的微生物能更好地应对其中的不利因素，降解效率会显著提高。利用基因工程构建"高效降解菌"，结合计算机大数据建立"菌种信息库"，将会为微生物法的发展带来新的可能。

目前现有的利用处置含油污泥的方法多种多样，比如焚烧法、填埋法、生物法等。焚烧法因能耗高及二次污染大，已逐步淘汰；填埋法和固化法对前期处理方法的处理效果依赖较大；生物法具有耗能小、无二次污染的优点，其中的微生物法更是以投入少、效果好的特点，得到快速发展。相较于其他利用处置法，微生物法在低含油污泥的处置方面更是能达到事半功倍的效果，而且处置的污泥回用后，还可以增加土壤腐殖质含量。

二、含油污泥处理标准

油气田含油污泥的处理标准，通常取决于处理后污泥的用途，一般来说，国内外对于这类污泥的最终处置都是筑路、填埋，为避免对填埋区土壤造成不良影响，各国都对含油污泥处理后的重金属含量、油含量等提出了严格要求，例如美国、法国对填埋处置的含油污泥要求其含油量≤2%（油的质量分数），对筑路处置的含油污泥要求其含油量≤5%（油的质量分数）。

我国对于含油污泥的处理也制定了相关标准，如《危险废物填埋污染控制标准》（GB 18598—2019）等，但并没有针对含油污泥处理后的含油量制定量化指标，只在《农用污泥污染物控制标准》（GB 4284—2018）中对污泥中的矿物含油量作出了规定，为≤0.3%（油的质量分数）。对于含油污泥中的重金属含量，《农用污泥污染物控制标准》（GB 4284—2018）也作出了规定，如Cu含量为500mg/kg，As含量为75mg/kg等，并对重金属排放量进行了规定。

三、油气田含油污泥治理技术

1. 减量处理

减量处理是利用物理化学方法将污泥中的颗粒物分离出来，从而实现污染物减量化的处理措施。该方法具有成本低、易于操作的特点。

（1）机械脱水　机械脱水是对含油污泥进行调质、分选等多种预处理后，然后高速离心，将油、水、泥三者相分离，然后再根据处理效果，利用固化技术、生物技术等进行辅助处理，实现含油污泥的无害化。一般来说其流程如下。

① 用絮凝剂调节含油污泥的颗粒结构，增强含油污泥脱水性。

② 用真空过滤脱水机、高速离心机等设备进行脱水。其中，絮凝剂是难降解的物质，处理不好会导致二次污染，因此选择适用范围广、无毒无害的高效、高分子絮凝剂是需要考虑的关键问题，微生物分泌的高分子絮凝剂是一个较好的选择。

（2）焚烧　焚烧是污水处理厂处理含油污泥的主要办法。在将含油污泥脱水后，送入浓缩罐内，升温到60℃，然后加入絮凝剂，进行搅拌和重力沉降，再分层脱水。含油污泥在经过上述处理后，可再次脱水并烘干，制成泥饼后在焚烧炉内焚烧，最后再对灰渣进行处理。焚烧处理的效果非常明显，可以去除多种有害物质，但焚烧过程中也会释放一些有害气体，对大气造成二次污染。最后，焚烧处理对设备的要求较高，这也是很多油气田所不具备的条件。

2. 固化处理

早在1984年，Morgan等[110]对含油污泥进行了固化处理，并测试了多种固化剂。研究结果表明，新鲜和陈旧的水泥窑粉尘被认为是最佳的固化剂，具有良好的抗压强度。李利民等[111]对长庆油田产生的含油污泥进行了固化处理，开发的配方可以有效地固化含油污泥，固化后的含油量从处理前的80000mg/L降低到0.4mg/L，污泥固化后的硫含量由4mg/L减少为0.4mg/L。固化污泥的压缩强度为3MPa。岳泉等[112]采取直接加入凝固剂的方法对大庆油田第四采油厂的污泥进行固化处理。结果表明，当促凝剂B的质量分数为10%时，固化污泥压缩强度为4.23MPa。固化污泥浸出液的所有参数达到了国家污水综合排放标准，固化后的污泥可进行安全填埋。胡耀强等[113]研究了影响固化含油污泥中油迁移的影响因素。实验结果表明，当含油污泥超过9.56MPa的压力强度时，油泥中未发现油的存在。由此证明，固化的方法是可靠的含油污泥处理方法。

3. 资源化处理

（1）热解　在缺氧环境中，含油污泥中的有机质可以分解成固体碳、液态燃料油等，这都是可以再次利用的资源。相关研究发现，通过热解的方式对含油污泥进行处理，可以更有效地回收油气，再次开发残渣的利用价值，具有较好的效益。

（2）焦化　焦化处理是利用渣油、重质油的焦化反应，实现高温裂解或热缩和的技术。从目前各油气田的实际情况来看，对含油污泥进行焦化处理的方式主要包括以下两种。

① 先对含油污泥进行脱水处理，然后用合适的催化剂进行混合，放入焦化反应釜内，实现焦化反应，经过缩合、裂解后，产生不凝气、焦炭、液相油品等。

② 向含油污泥内添加适量的碳化添加剂、强度添加剂，然后通过焦化反应产生含碳吸附剂等产品。

（3）溶剂萃取　溶剂萃取是指利用萃取剂来溶解含油污泥，在搅拌和离心后，利用萃取剂把油、有机物提取出来，再进行回炼，产生可供使用的燃料油。利用回收蒸馏技术，还可以对萃取剂进行循环利用。但需注意的是，萃取剂通常需要与其他技术共同应用才可以起到较为理想的回收效果，如与分散剂联合使用，与机械剂联合使用，与低频声波联合使用等。

4. 生物处理

生物法处理含油污泥是指利用动物、植物或微生物，将总石油烃（total petroleum hydrocarbons，TPHs）降解为无毒无害物质的方法，主要包括植物法、动物法和微生物法等。利用高羊茅、苜蓿、大豆、圣奥古斯汀草和黑麦草等处理含油污泥时，TPHs降解率普遍偏低。土壤中的线虫通过自身的生长繁殖，不但可以吸收降解TPHs，还可以增强土壤中相关酶的活性，但是土壤中的TPHs含量过高，会导致线虫数量急剧减少。植物法仅适合用于修复大面积的原油污染土壤，而且植物根系大多集中在土壤表层，无法降解深层的TPHs，生长出来的植株的安全性也有待进一步考察。同样的，土壤中的动物可利用的有机物种类和含量都十分有限，导致动物法的降解效率低下。自然界和被石油污染的环境中，有着种类繁多、能以TPHs作为碳源和能源的微生物，将它们加以培养，可以快速、高效、彻底地降解TPHs。微生物通过新陈代谢作用，将含油污泥中的TPHs加以吸收、转化、分离，最终降解成CO_2、H_2O和其他无毒无害物质。微生物自身可产生多种酶，再加上其超常的繁殖变异能力，使得其可用于环境污染治理的多个方面。生物处理方法有两种，一种是增加油泥中的营养成分含量，然后充气，含油污泥中的微生物大量地生长和增殖，以实现污染物的有效降解。另一种是向含油污泥中加入微生物制剂，可以降低油泥中的石油烃含量。利用微生物对含油污泥进行处理，影响处理效果的因素包括以下几种。

① 微生物的种类、菌种数量。

② 微生物的生长环境，如营养物质的含水率、温度、氧气浓度等。

③ 污染物的生物化学特征。不同的微生物对含油污泥的降解能力不同。多种微生物或菌株混合，往往能起到更为理想的降解效果。

微生物处理的最终产物是水、二氧化碳等无害物质，不会对环境产生二次污染，也不会导致污染物转移，且费用不高，是含油污泥无害处理的重要研究方向。

大量的文献研究表明，外加的细菌可以使石油烃的降解率达50%。Biswal[114]等利用实验室富集培养的微生物进行了含油污泥的降解研究。研究结果表明，经过60天的生物降解之后，含油污泥中的残留油分含量由5%降低到3.0%。Verma[115]等考察了菌株对含油污泥中石油烃、沉淀物、重金属、水的降解能力。研究结果表明，芽孢杆菌菌株能够降解$C_{12} \sim C_{30}$的烷烃和芳烃，该菌株具有相当大的降解油泥的潜力。Liu[116]等对胜利油田的含油污泥进行了场规模的生物修复研究。结果，生物修复后的污泥的物理-化学性质得到显著提高，处理后的所有含油污泥中总石油烃的降解物和多环芳烃降解物都增加。Tahhan[117]等研究了连续接种烃降解菌对土壤中的石油烃降解影响的动态效果。结果表明，增加细菌团的量将导致土壤中超过30%的总石油烃的总体去除。烷烃的去除率略有增加，通过加入细菌团，芳烃和沥青质去除率显著增加。

李彦超[118]以胜利油田的含油污泥为研究对象，提出了一种油田含油污泥化学与微生物综合处理技术。该技术实现了含油污泥处理的减量化、资源化、无害化，不仅工艺流程简单，处理费用低，操作安全可靠，而且回收了原油。现场试验表明，该技术对不同类型的油田含油污泥都有较好的处理效果，为现代油田的环保开采及可持续发展提供了一种新方法。

目前微生物法主要有地耕法、堆肥法、生物强化法和生物泥浆法等。

（1）地耕法　地耕法是指在露天环境中将含油污泥和土壤混合均匀后，平铺大约 10cm 厚，TPHs 在土壤内源微生物的新陈代谢作用下，被降解为 CO_2、H_2O 和其他无毒无害物质。地耕法若配合外源菌剂使用，TPHs 去除率会大大增加，而且十二烷基硫酸钠（SDS）可促进 TPHs 的生物降解，且只有在超临界浓度下加入，才有利于沥青质的降解。地耕法在处理过程中若加入外源菌种（假单胞菌、白腐菌等）和表面活性剂，可大大提高降解效率。处理过程中需调节污泥的温度、湿度、C/N/P 比值、pH 等条件，以优化 TPHs 的降解环境。

（2）堆肥法　堆肥法也称堆腐法，是将含油污泥与木屑、碎稻草、泥炭、树皮、草等填充剂混合堆置，通过微生物将 TPHs 降解为简单无机物的过程。这一降解过程中释放的能量，可以促进微生物进行自身活动和生长繁殖。一般情况下，添加外援混合菌的处理效果比单菌的效果更好。将芬顿（Fenton）氧化法与氧化堆肥联用，则可降解难降解的芳香烃和沥青质，但氧化剂浓度对其去除率的影响较大。堆肥法虽然可以充分利用生活废弃物，为微生物的生长提供依附地和调节体系温度和湿度，但其处理过程会产生大量恶臭性气体，造成大气污染，且其占地面积大，一般情况下只能处理少量含油污泥。

（3）生物强化法　生物强化法是指在处理含油污泥时，通过营养强化、外源菌强化等手段，强化微生物的降解作用。其中营养强化在微生物法的发展初期运用较多。近年来，向含油污泥中添加高效石油烃降解菌剂的外源菌强化法，得到快速发展，此方法可以快速降解含油污泥中难降解的脂肪烃和多环芳烃等。投加的高效石油烃降解菌剂可来自原体系，也可以是外源菌种。菌剂中的菌种可以是单一的，也可以是混合菌，一般来说多菌种联合处理含油污泥的效果，比单一菌种的处理效果好。生物强化法是目前应用最为广泛的方法，且多与其他方法联用，其难点在于高效降解菌群的构建。处理温度在 30℃左右，pH 在 7 左右时，适合大部分菌种生存。外源表面活性剂可以降低油水界面的表面张力，促进 TPHs 从土壤表面向水界面的扩散过程与乳化作用，从而提升降解菌群的降解效率。

（4）生物泥浆法　生物泥浆法将含油污泥与水、营养物及高效石油烃降解菌混合，降解菌将溶解在水相中的 TPHs 转化为 CO_2、H_2O 和其他无害物质，从而实现污泥的稳定化。生物泥浆法对 3 个苯环以下的低分子量多环芳烃（polycyclic aromatic hydrocarbons，PAHs）的降解效果较好。将生物泥浆反应器和固态堆肥法联用，可以显著提高 TPHs 的去除率。生物泥浆法的处理效果较好，但只能处理少量含油污泥，其设备的研发、维修也提高了处理成本，故实际应用阻力大，只在少许中试中存在。

综上所述，微生物降解 TPHs 的关键，是合适的降解菌群的构建，降解菌群的降解效率，与降解温度、pH、湿度、TPHs 的种类、外源添加物种类、接种量等都有密切的关系。一般情况下，自然界中能在含油污泥和油污土壤中生长的微生物，都对 TPHs 有潜在的降解能力。近年来，微生物降解 TPHs 朝着多方法联动的方向发展，但大多以外源菌强化法为基础。

四、生物法处理含油污泥的实际应用

许增德等[119]针对胜利油田现河采油厂和滨南采油厂联合站罐底污泥的含油污泥进行了微生物处理技术研究工作。主要是利用微生物分离含油污泥的油、泥和降解污泥中的污染物的性能，达到油泥分离和污染物降解的目的。经过了微生物的分离、筛选和诱导培养，选育到了合适的菌株，利用该菌株对含油污泥经厌氧处理后再进行好氧脱油实验，对污泥中脱出原油进行回收。结果表明：所选菌株可以使含油 23000mg/kg 的含油污泥在 4h 内脱油到 10100mg/kg，脱油率达到 56.1%；随着时间的延长，油去除率越高，降解效果越明显，当处理时间为 60 天处理后的污泥达到排放标准。

付茜[120]使用维生素 D 协同羟基磷酸钙诱导植物和动物纤维形成的含油污泥处理剂处理含油污泥，能将污泥中 96% 以上的原油分解。含油污泥的处理剂各组分质量分数为：羟基磷酸钙 5.5% ~ 6.0%，香豆子 8.0% ~ 8.5%，香豆粉 13.5% ~ 15.5%，梨树叶粉 12.5% ~ 13.0%，香附子 5.0% ~ 5.5%，骨粉 7.5% ~ 8.0%，棉花秸秆粉 10.5% ~ 11.0%，甘蔗渣 8.5% ~ 9.0%，维生素 D 0.05% ~ 0.1%，其余为钙基膨润土。其技术原理是，维生素 D 协同羟基磷酸钙诱导植物和动物纤维经过发酵产生各种微生物，与含油污泥混合后，利用微生物的降解作用对含油污泥进行生物降解。微生物将含油污泥中的污染物作为营养物质供自身的生长和繁殖，其代谢产物为简单的有机或无机物质，如甲烷、二氧化碳和水等。含油污泥中的降解微生物在好氧条件下，在加氧酶的催化作用下，有机物氧化为二氧化碳、水及其他最终产物，电子受体为原子氧；厌氧呼吸时，其他无机物作电子受体（骨粉中的 Ca^{2+}、Mg^{2+}、Na^+、Cl^-、HCO_3^-、F^- 及柠檬酸根等离子），将含油污泥中的有机物氧化为甲烷，硫酸盐还原为硫化物，硝酸盐还原为氮气或铵盐。

现场应用时将含油污泥收集到铺有防渗塑料布的场地上，加入含油污泥的处理剂，混合均匀，边翻动边加入 2% 的水混合均匀后，堆成梯形体或圆锥台体，并用防渗塑料布将其盖严。控制含油污泥与含油污泥处理剂的质量比在（100：15）~（100：20）。

由于来源不同，含油污泥性质差异较大，烃类含量和组分有所不同，因此堆放处理时间不尽相同。例如，对某油田联合站原油储罐中清理出的含油污泥处理，加入 15% 含油污泥处理剂，自堆放第 10 天开始取样测定含油污泥中的原油含量，检测数据见表 5-5。

◆ 表5-5　含油污泥中原油含量检测数据

堆放时间	样品质量 /g	皂化提取物质量 /g	非皂化物质量 /g	原油含量 /%	处理效率 /%
处理前	24.98	0.14	12.47	49.9	—
10d	25.12	0.21	0.47	1.9	96.2
11d	25.09	0.20	0.45	1.8	96.4
12d	25.76	0.21	0.41	1.6	96.8
13d	25.50	0.21	0.41	1.6	96.8
14d	25.36	0.22	0.42	1.7	96.6
15d	25.81	0.22	0.45	1.7	96.6

由表 5-5 可知，堆放 10 天后，含油污泥中的原油含量已经降至 1.9% 以下，处理效率在 96% 以上。10～15 天，原油含量略有变化，总体处理效率均在 96% 以上，说明处理剂处理效果良好。最终确定堆放处理时间为 12～15 天。

宋绍富[121] 采用微生物堆制法对延长油田含油污泥进行处理，以除油率为指标，分别研究了不同菌种、接种量、调理剂及堆制时间等因素对处理效果的影响。结果表明：增加堆制时间与接种量，除油率提高。经过 35 天堆制处理，YC-1 菌与 YC-13 菌的除油率分别达 43.41% 和 54.02%。YC-1 菌采用土作为调理剂时除油率为 40.01%，优于采用土＋荞麦皮的 19.05%，而 YC-3 菌采用土＋荞麦皮作为调理剂时除油率为 32.55%，略优于采用土作为调理剂的 25.38%。

徐开慧等[122] 以新鲜牛粪、含油污泥和玉米秸秆为原料，加入堆肥菌剂、降油复合菌剂和固肥菌剂。堆肥菌剂为 4 种，分别是绿色木霉（Trichoderma）、米曲霉（Aspergillus oryzae）、枯草芽孢杆菌（Bacillus subtilis）、铜绿假单胞菌（Pseudomonas aeruginosa）。将绿色木霉、米曲霉置于 28℃、120r/min 的恒温振荡条件下培养 2 天以上，等菌液变浑浊后待用；将枯草芽孢杆菌、铜绿假单胞菌置于 37℃、120r/min 恒温振荡条件下培养 24h 以上，等菌液变浑浊后待用。将上述绿色木霉、米曲霉菌液和枯草芽孢杆菌、铜绿假单胞菌菌液按体积比 2：1 制成混合菌剂，置于 30℃、120r/min 的恒温振荡条件下发酵，待菌落数大于 1×10^{10} CFU/mL 后，添加适量腐殖质变成固体混合菌剂，密封保存，备用。降油复合菌剂为 6 种，分别为枯草芽孢杆菌、暗黑微绿链霉菌（Streptomyces atrovirens）、苏云金芽孢杆菌（Bacillus thuringiensis）、铜绿假单胞菌、嗜碱性假单胞菌（Pseudomonas *alcaliphila*）、鲁菲不动杆菌（*Acinetobacter lwoffii*）。将 6 种菌分别进行相同一次扩培后，等体积比混合配成混合菌悬液，置于 37℃、200r/min 的恒温振荡条件下发酵，使菌落数达到 1×10^{10}CFU/mL 以上，添加适量腐殖质制成固体干燥菌剂，密封保存，备用。固肥菌剂：将相同一次扩培后的圆褐固氮菌（*Azotobacter chroococcum*）、巨大芽孢杆菌（*Bacillus megaterium*）按体积比 1：1 制成混合菌剂，置于 37℃、200r/min 的恒温振荡条件下发酵，使菌落数达到 1×10^{10}CFU/mL 以上，添加适量腐殖质制成固体干燥菌剂，密封保存，备用。采用堆肥强化微生物法在陇东油田现场处理含油污泥。结果表明，堆肥强化微生物法现场处理含油污泥具有明显的升温现象，最高温度可以升至近 60℃。pH 降低说明腐殖质转化成了腐植酸。C/N 最终稳定在 0.1（质量比）左右，485、685nm 下的吸光度比（*E4/E6*）最终降至约 0.03，由此说明腐殖质的缩合度和芳构化程度很高，腐熟情况良好，堆肥达到了深度腐熟，总石油烃（TPH）降解率可以达到 89.7%。

闫毓霞[123]以胜利油田滨一污水站长期堆放的含油污泥为研究对象，采取工程措施创造有利于土著微生物生长繁殖的条件，强化其石油降解活性，以修复 480m³的含油污泥。测定了不同修复阶段污泥的油含量、不同种类微生物数量和污泥基本理化性质的变化情况，并与加入菌剂和未做任何处理的对照区块进行对比。对初始油含量为 126g/kg 的污泥，利用内源微生物进行 230 天的修复后，油含量下降了 42.8%，持水量明显增加，生物毒性降低。结果表明，利用内源微生物进行含油污泥的生物修复可在一定程度上去除石油污染物是一种有效的含油污泥处理方法。

毛怀新等[124]从马岭、华庆、西峰等区块的井场中取得的土壤样品中分离、筛选出纯种降解原油的微生物 14 株，用灭菌柴油对筛选出的 14 种降解菌进行实验，测定第 7 天降解率，降解率达 30% 以上的有 8 株菌。为了使降解过程更有针对性，提高降解效率，用这 8 株菌分别进行原油降解试验，根据原油降解前后的图谱变化情况，确定不同菌种的微生物对原油中不同类型化合物的降解效果。再利用微生物降解具有协同作用的特点，挑选对饱和烃、芳香烃和非烃、沥青质都具有较高降解能力的菌种 XH4-1、XH4-3、HC-3-5，按 1：1：1 的接种量混合培养降解效果显著。混合菌与单株菌降解效果比较 XH4-1、XH4-3、HC-3-5 混合培养第 8 天后，对初始含油率为 10% 的油泥降解率高达 92%，降解效果优于单株菌。

针对油井分布相对集中，修井作业频率较高、单次作业产生油泥量少、油泥拉运方便的区块，采用生物预制床对油泥进行处理。利用该混合菌现场对含油率为 13.37% 的油泥经 36 天降解处理，油泥中原油含量降为 0.21%。10 月份在微生物处理后的预制床中种植植物，可以正常发芽生长，1 个月后进行检测，含油率为 164mg/L。

针对地处偏远、单次修井产生油泥量大、油泥不宜集中处理的情况，采用原位地耕方式对油泥进行处理，适合于春、夏、秋季。处理过程为：根据井场油泥量，在井场上光照时间长、通风效果好、不影响其他作业过程的地方挖生物处理池、铺防渗布，处理池深度 35～40cm。收集井场油泥至处理池、粉碎其中较大块状物，将含油污泥、木质素均匀混合，喷洒营养液后堆放 24～48h。将菌剂溶于水，放置 2h 后均匀喷洒在油泥中翻均匀，处理过程中保持土壤水分在 35%～45%。处理过程中每 3 天翻耕油泥 1 次，同时洒水。处理至第 20、35 天分别喷洒菌剂和营养液，喷洒剂量为第一次加量的 50%。结果显示：7%～15% 的油泥，夏季经过 36 天处理，含油率可降至 0.3% 以下。秋季经过 50 天处理，含油率降至 0.3% 以下。

李斌等[125]通过对杏 60-17 井小修污油泥室内试验发现：①含油污泥接种微生物 5～10 天后污泥含油量才会出现明显的变化。②接种量为 6% 的样品降解幅度高于接种量为 3% 的样品，且增加幅度随时间而提高。③在同一降解周期中含油量为 5.6% 的降解率达到了 80%～90%，而含油量在 11.60% 与 23.19% 的样品降解率只有 50% 左右，说明微生物的降解能力因含油量太高而受到抑制。为了进一步验证含油污泥微生物降解技术在现场的适用性，在杏 58-20 井和坪 38-32 井 2 个井场划出 575m² 和 450m² 的面积做污泥处理场地，分别对掺混后的杏北 143.75m³、坪桥 112.5m³ 的含油污泥进行微生物降解处理。经过近 4 个月的处理以及定期对处理现场含油污泥微生物降解试验进行监测，污泥含油量有较大幅度的变化。坪 38-32 井场污泥含油由试验前的 6.7% 降至目前的 0.68%，杏 58-20 井场污泥含油由试验前的 7.47% 降至目前的 0.55%，降解率在 90% 以上且污泥含油量都降至 1% 以下，现场试验效果显著。

顾岱鸿等[126]以安塞油田地面污泥为样本，在确定污泥物理化学性质的基础上，通过试验给出了不同污泥含油量和不同微生物接种量对降解速率影响的关系曲线。根据试验结论，综合考虑处理周期和成本，确定待处理污泥的含油量上限为 8%，最佳微生物接种量为 6%。按此条件进行现场施工，经过 100 天的降解，污泥含油量降至 1% 以下，达到国家环保排放标准。

五、联合处理技术在含油污泥处理中的应用[127]

目前，国内外应用较多并且比较典型的含油污泥联合修复技术包括筛分流化 - 调质 - 机械脱水技术、电化学生物耦合修复技术、污泥离心脱水 - 超热蒸汽喷射处理技术、热洗耦合处理技术、微生物 - 植物联合修复技术等。通过运用这些联合处理技术，将每年产生的大量含油污泥无害化处理、资源化利用，减少含油污泥中油蒸发导致的大气污染，以及因堆放发生渗漏导致的土壤和水污染。

1. 技术原理

（1）微生物处理技术原理　含油污泥中石油降解菌以石油烃类作为唯一碳源进行增殖，将石油烃类进行吸附降解并最终完全碳化。石油成分复杂，包括烷烃、环烷烃、芳烃等，其降解性因其所含烃的结构和分子大小而不同，导致降解效果存在差异；其中直链烷烃最容易降解，而环状芳烃类结构比较稳定，二环、三环芳香烃较容易降解，五环及以上很难被降解，速度也比较缓慢。

（2）植物修复技术原理　该技术原理主要是植物转化或植物降解作用，通过植物体内的新陈代谢作用将吸收的石油烃污染物进行分解，或者通过植物分泌出的化合物（例如各种酶等）的作用对植物外部的污染物进行分解。同时，植物也有很强的吸附作用，其羽状根系具有强烈的吸附作用，可以将有机污染物吸附在根系表面及周围的土壤中，从而使其无法发生运移，这种特点也使得植物修复技术与生物修复技术进行联合，发挥更强的耦合作用。

（3）电化学处理技术原理　电化学处理是一项新兴的含油污泥处理技术，通过电渗析、电迁移和电泳等联合作用进行含油污泥的降解。在实际的修复过程中，当土壤中插入电极后会发生类似水的电解的反应。土壤中的石油烃类污染物在电场作用下随土壤孔隙液产生定向移动，并在电极附近发生一系列氧化还原反应，类似裂解与水解酸化反应，最后生成 CO_2 和 H_2O。

（4）联合处理技术原理　目前国内外常用的生物联合处理方法包括电化学 - 微生物耦合处理技术和微生物 - 植物联合处理技术。电化学 - 微生物法是一种将电场与生物法相结合的技术，在适当的电场作用下，微生物改变了原有的电位差，破坏了微生物细胞内外的离子量，从而加快了微生物对营养物质的利用，同时电化学修复时会发生类似于电解水的反应，阴极、阳极会产生氢气、氧气和一些带电离子，可被微生物利用提高代谢污染物的能力。

2. 各类生物处理技术的应用

（1）单一的微生物处理技术　薄涛等[128]在好氧和厌氧条件下，从油田被污染的土壤中分离纯化出四株能降解石油烃的微生物菌株 CH1-4，为假单胞菌属。

通过生理特性实验，确定了其生长的最适 pH 值，油泥中石油烃类的降解率达85%。按照文中微生物处理含油污泥的现场施工方案，可使处理后油泥中烃类物质含量小于 3000mg/kg（符合国标 4284—2018 要求）。

许增德等[119]在好氧和厌氧条件下，从油污土壤中分离纯化出 4 株能降解石油烃类的微生物 CH1、CH2、CH3 和 CH4。经鉴定菌株 CH3 为假单胞菌属，通过生理特性实验，确定了其生长的最适 pH 值为 7.5，油泥中石油烃类的降解率达 85%。按照文中微生物处理含油污泥的现场施工方案，可使处理后含油污泥中烃类含量<1500mg/kg。

罗翔等[129]针对江苏油田含油污泥有机质含量高、难以固化的处理难点，通过采用微生物降解含油污泥有机质和无机胶凝材料固化含油污泥，达到含油污泥无害化处置和高效综合利用的目的。研究了三种微生物菌剂和固化剂掺量对含油污泥固化体性能的影响。研究结果表明：ZS 微生物菌剂降解含油率效果最好，90 天含油率降低了 52.13%；ZS90（ZS 型微生物处理 90 天的含油污泥）+20% 固化剂 HD，其固化体 7 天无侧限抗压强度大于 1.5MPa，达到了标准（JTJ 034—2000）要求。

（2）电化学生物耦合处理技术　电化学生物耦合处理技术是通过实验室和油田现场试验后提出的新型含油污泥处理方法，是电场耦合和生物降解同时进行的一种处理技术，包括电化学 - 生物浸滤技术联合、电化学注入营养底物或降解菌、电化学方法刺激强化降解菌代谢 3 种类型。Maini 等[130]提出采用生物浸滤与电动力学相结合的方法对金属污染土地进行修复：在生物浸滤过程中，细菌将还原的硫化合物转化为硫酸，酸化土壤并活化金属离子；在电动力学过程中，直流电使土壤酸化，同时通过电迁移将金属运至阴极；在复合过程中，电动力学通过去除抑制因子，刺激硫氧化，使土壤硫酸盐浓度增加 5.1 倍，硫氧化细菌预酸化可使所需电功率降低 66%，提高了电化学处理的成本效益。该方法也可用于修复石油污染土壤。Wick 等[131]提出用电化学技术将一种可降解目标污染物的细菌注入缺乏活性微生物或细菌数量不足的污染区域，研究发现细菌在土壤中所需的驱动力由电渗流提供；同样，用电化学技术向缺乏营养底物的污染土壤注入营养底物，在适当的条件下，细菌在电渗透提供的驱动力下可与当地生物强化结合，将代谢活性细菌转移到石油污染点，进而降解石油污染物。谯梦丹等[132]针对含油污泥成分复杂和难降解的特点，采用电动与微生物技术联合处理含油污泥，探究电场强化微生物技术对含油污泥中石油烃的降解效率。从含油钻屑中筛选出两株石油烃降解菌 PCY、PCW，在室温条件下，将两株菌分别以每 100g2.5mL 的接种量加入含油污泥中，并施加电场处理 20 天。通过 16S rDNA 序列分析，鉴定菌株 PCY 属于假单胞菌属（$Pseudomonas$ sp.），菌株 PCW 属于克雷伯氏菌属（$Klebsiella$ sp.）。电场强化微生物组对石油烃的降解率达 31.25%，明显高于微生物组（7.45%）和电动组（14.18%）。结果表明在电场联合微生物处理含油污泥的过程中，电动和微生物协同作用于石油烃的降解。

Norio 等[133]提出的电化学方法刺激强化降解菌代谢是通电时在 Fe^{2+} 转化为 Fe^{3+} 的过程中，利用微气泡提供氧气，在为微生物生长提供电子供体和受体的同时，可以促进铁硫杆菌的生长，使石油污染物通过铁硫杆菌降解，降解率达到 95%。魏利等[134]在大庆某厂取样后，进行了电化学生物耦合深度处理技术的室内研究和现场试验，分别采用先电后菌、先菌后电、电菌同时、纯电处理和纯微生物处理 5 种工艺方法，不同工艺装置内部污泥中原油去除率如表 5-6 所示。

◆ 表5-6　不同工艺装置内部污泥中原油去除率

工艺装置	表层污泥原油去除率 /%	底层污泥原油去除率 /%
先电后菌	66.22	72.86
先菌后电	67.11	83.20
电菌同时	59.74	88.89
纯电处理	54.85	77.27
纯微生物处理	71.43	87.50

电化学生物耦合处理技术有以下特点：①有电场作用的装置，可以产生电热，可为微生物生长提供适宜的环境，利于污染物去除；②电菌同时处理方法更有利于为微生物生长提供适宜的 pH；③电菌同时处理表层污泥原油去除率为 59.74%，底层去除率为 88.89%，去除率比其他工艺高，具有很大利用价值；④温度、湿度严重影响石油的去除率，在处理过程中调整好温度、湿度，对去除率有很大的提升；⑤底层污泥的原油去除率都要高于表层。

电动力耦合技术通过在微生物处理落地油泥基础上施加一定的电场，以增加生物活性，通过耦合作用提高微生物对油污土壤中石油烃的降解速率。结合中试装置及高效复合降解菌种，姬伟等[135]在安塞油田首次开展了电动力耦合微生物降解落地油泥现场试验，结果表明通过在生物修复基础上施加电场，可将降油率提高 15% 以上，同时定期翻堆会进一步提高修复效果，添加表面活性剂处理，在电动力 - 微生物联合修复基础上将降油率再提高约 5%。

（3）微生物 - 植物联合修复技术　微生物 - 植物联合修复技术常见的有植物 - 真菌联合修复和植物 - 专性降解菌联合修复 2 种形式。植物 - 真菌联合修复中菌根是由真菌与植物根系组合的整体，其所需的碳水化合物可以从根部提取，同时，菌根也可以为植物根系提供营养和水分，在处理含重金属土壤时，菌根可以起到改善植物生长环境，减弱重金属毒害，促进植物生长的作用。植物 - 专性降解菌联合修复是在用植物修复土壤的同时，加入具有强降解能力的专性降解菌，微生物通过一系列化学反应将重金属转化成无毒或低毒的化合物，更有效地处理被含油污泥污染的土壤。刘继朝等[136]利用盆栽试验研究发现，单独添加筛选出的微生物对石油的降解率为 67.0%，棉花与微生物联合修复降解率达到 85.67%，棉花与微生物联合修复比微生物修复石油降解率提高了 18.67 个百分点。王京秀等[137]开展植物 - 微生物联合修复石油污染土壤室内试验，在修复过程中测定了土壤中细菌和固氮菌，以及碱解氮、速效磷和速效钾的浓度变化，同时采用电喷雾离子源傅里叶变换离子回旋共振质谱（ESIFT-ICR MS）考察了修复效果。结果表明，混合菌的降解效果最好，经过 150 天的温室降解，最高降解率达到 73.47%。ESIFT-ICR MS 分析结果表明，与空白加菌组相比，植物加菌组的 O1、O2 和 N1 类等化合物相对丰度都发生了明显变化，石油污染物得到一定程度的生物降解。邓振山等[138]采用微生物与植物联合修复技术对被石油污染的土壤进行盆栽试验，结果表明，植物单项修复和微生物单项修复对污染土壤的石油降解率分别为 44.18% 和 70.5%，而微生物和植物联合修复的降解率为 83.05%。综上可知，植物修复和微生物修复技术单独处理时降解率低于二者联合时的降解率，证明植物和微生物联合可提高对石油的降解率，说明植物和微生物的协同作用能达到对石油污染土壤的修复作用。闫波等[139]利用微生物和植物共同修复石油污染土壤，研究了国内外几种能够有效修复石油污染的植物、微生物品种，总结了植物品种应根据植物吸收、降解、转化土壤中的石油污染物程度来选取，如水稻根系、高丹草、苜蓿和牵牛花等；石油降解微生物的筛选时可随机选择几种微生物在石油污染土壤中进行培养，挑选出存活率高、降解率高的微生物。微生物品种一般选择石油污染区域的内源微生物，或者前人研究筛选出的优势品种，如节杆菌（*Arthrobacter* sp.）、芽孢杆菌（*Bacillus*）、柠檬酸杆菌（*Citrobacter*）和木糖氧化产碱菌（*Alcaligenes xylosoxidans*）等。

张丽等[140]通过生物修复石油污染盐碱土壤的现场试验，发现在添加缓释肥料的基础上，同时接种石油烃降解菌和种植碱蓬等措施能有效提高土壤氮、磷养分含量，促进异养菌及石油烃降解菌的繁殖，从而提高石油烃污染物的生物降解率。其中，添加缓释肥料、接种石油烃降解菌菌剂和种植碱蓬的联合修复体系对污染物的去除具有协同促进作用，表明微生物 - 植物共生体系可利用混合肥料释放出来的营养元素而快速生长，加快石油烃的降解。虽然联合修复时微生物菌株和植物受环境影响较大，进而影响修复效果，很难构建微生物 - 植物修复石油污染土壤的有效配伍，但由于该方法经济可行，因而受到大多数油田的青睐。

多环芳烃是含油污泥中主要的污染物之一，不仅会影响土壤的正常生态系统，还会破坏土壤的生长质量，当多环芳烃有机污染物进入到农田系统后，在动物体中积聚，通过食物链传递到人类的生活，严重威胁人类的身体健康。因此，我国将含油污泥列入了国家废弃物名单中，并对含油污泥的排放有着严格的控制。和晶亮[141]在微生物强化植物修复含油污泥污染的土壤实验中，选择耐用性强的高羊茅，设计以高羊茅为核心的含油污泥土壤修复技术。经过 120 天的植物 - 微生物联合修复与其他的处理方法相比，菌 S-B 与 D5A 强化植物修复处理的土壤总多环芳烃有所下降，下降最为明显的就是苯并（*a*）芘［B（*a*）P］含量，因为苯并（*a*）芘具有较强的致癌性，对人体有一定的伤害。不同类型的多环芳烃性质有所差异，通常情况下多环芳烃的溶解性会随着苯环数量的增加而发生变化，且毒性也会随之改变。B（*a*）P 是多环芳烃中毒性最强的一种物质，致癌性特别高，是我国明文规定优先控制的一种污染物之一。

为了得出强化植物修复含油污泥污染土壤的实验效果，对产表面活性剂的细菌进行了测试。产表面活性剂的菌为假单胞菌。在根际促生菌和表面活性剂的基础上，选择 D5A 与 S-B 进行试验，研究植物微生物联合作用下对受油泥污染的修复效果。试验证明，采用 S-B 和 D5A 效果良好。S-B 和 D5A 强化植物修复处理土壤中，多环芳烃的降解率达到了 60%，苯并（a）芘含量也得到了明显下降，苯并（a）芘含量降解率达到了 57.2%。试验表明，在高羊茅中加入 S-B 比加入 D5A 达到的降解率大。使用 S-B 进行处理比单独通过高羊茅进行处理差异显著，说明植物与微生物之间存在一种互利共存的关系。

（4）其他联合处理技术　高路军等[142]通过对某采出水处理站中气浮浮渣、过滤器反洗以及沉降罐和调节罐中产生污泥的质量组分、重金属含量和原油物性进行测试分析，含油污泥具有较高的回收价值，随后对油泥分离剂的工艺参数进行了优化，采用热洗＋微生物＋叠螺脱水技术处理后，泥中含油平均由 11366mg/kg 下降至 958mg/kg，平均去除率达到 91.58%。

张永波[143]利用电化学 - 微生物 - 植物联合处理工艺，在不产生二次污染的前提下，将含油污泥的含油率从 5% 降低到 2% 以下。

植物 - 专性降解菌联合修复是在用植物修复土壤的同时，加入具有强降解能力的专性降解菌，过一系列化学反应将重金属转化将石油烃降解为无害物质，更有效地处理被含油污泥污染的土壤。

第四节　微生物在含油废水处理中的应用

含油废水来源很广，一般石油工业中的采油、集输、炼油以及石油化工等的过程中都会产生含油废水。采油和集输的过程中，含油废水主要来源于带水原油的分离水、钻井时设备的冲洗水、井场周围的地面降水；炼油以及石油化工的过程中，含油废水主要来源于油水分离以及洗涤、冲洗设备的过程。含油废水成分复杂，含盐量较高，大部分有机污染物为苯类、酚类及杂环芳烃类物质，废水中油面的覆盖使水体丧失自净能力，破坏水中生态平衡，不仅危害人体健康，而且影响农作物的生产，甚至还有可能因为水体表面聚结油品燃烧而产生安全问题。

含油废水中的油类主要就是成分复杂的烃，因而石油烃的危害，更加剧了含油废水的危害。石油烃中含有多种有毒的物质，其毒性按烷烃、烯烃和芳香烃的顺序逐渐增加，现已确定，具有致癌、致畸、致突变潜在性的化学物质中，有许多就是石油开采、石油制品中所含有的物质。石油烃进入环境后，将对动植物、人类及生态环境产生直接的严重危害。石油烃使水体中植物体内的叶绿素及其他脂溶性色素在植物体外或细胞外溶解析出，使之无法进行光合作用而大量死亡，破坏水体生态系统的平衡。当水中石油烃浓度为 0.01mg/L 时，鱼类会在一天内出现油臭而降低食用价值；浓度为 20mg/L 时，鱼类不能生存。石油烃对强碱、强酸和氧化剂都有很强的稳定性，可以在水体中残存较长时间并被水生生物吸收，富集而进入食物链。石油烃进入人体，能溶解细胞膜，干扰酶系统，引起肝、肾等内脏发生病变，危害人体健康。石油烃不但对环境造成直接危害，而且还具有破坏生物的正常生活环境的作用。漂浮于水体表面的油影响空气 - 水体界面上氧的交换。同时，水体中的溶解油和浮化油在被水中好氧微生物氧化分解的过程中，也消耗了水中的溶解氧。上述两种因素的共同作用会使水体中氧的浓度增加值下降，致使鸟类和水生生物丧失生存条件。微生物在分解油类过程中会形成多种有毒物质，这些物质危害水生生物，使水生生物发生畸变并通过食物链进入人体。因石油污染而死亡的大量生物，经厌氧分解所形成的未知物及石油烃中的多环芳烃有可能诱发赤潮。

目前，气浮法是处理含油废水的主要方法，但该方法能耗高、絮凝剂用量多且占地面积大，其他方法如化学处理法、重力分离法等也存在成本较高、易造成二次污染、适用范围小等缺点。

生物法与物理或化学方法相比较具有成本低、投资小、效率高、无二次污染等特点。利用微生物使部分有机物作为营养物质被吸收转化成为微生物体内的有机成分或增殖成新的微生物，其余部分被微生物氧化分解成简单的无机或有机物如 CO_2、H_2O、CH_4 等，从而使废水得到净化。该法从微生物对氧的需求上可分为厌氧生物处理和好氧生物处理，从过程形式上可分为活性污泥法、氧化塘法和生物膜法。厌氧生物处理技术是处理有机污染和废水的有效手段，以其投资少、能耗低、可回收利用沼气能源、负荷高、产泥少、耐冲击负荷等诸多优点。20 世纪 70 年代以来，废水厌氧处理技术得到较快的发展，并出现了一批以升流式厌氧污泥床反应器（UASB）为代表的能滞留大量微生物固体的第二代厌氧反应器技术。活性污泥法技术包括絮凝、连续循环的微生物生长以及在有氧条件下的微生物与废水接触等过程，是依靠连续循环适应废水环境的微生物来实现的。通常起作用的微生物是一些能降解有机物的好氧、厌氧型细菌的混合菌群。这种技术在 20 世纪初的英国取得专利并得到不断发展和改进，其改进大多为在不同负荷下保证好氧条件。为了提高传氧能力，人们发明了不同的曝气方式，有逐步曝气、加速曝气、延时曝气、纯氧曝气、富氧曝气和深层曝气等。活性污泥工艺运用于含油废水的处理已被许多国家的炼油厂采用，处理效果一般比普通生物滤池高，运行费用低，但管理水平要求高。

氧化塘法是能够提供有机物好氧分解和厌氧分解的大型浅池，塘内有大量好氧、厌氧微生物和藻类。氧化塘一般采用水面自然复氧和藻类光合作用复氧，其运行情况随温度和季节的变化而变化。氧化塘要求污水能够静止停留几天到几个月，占地较多。

生物膜法中好氧微生物附着生长在固体载体或填料表面，形成胶质相连的生物膜。在处理过程中，废水中的有机物和溶解氧为生物膜所吸附，有机物不断分解除去，同时，生物膜本身也不断新陈代谢。生物膜法中的微生物是在载体的表面或载体孔隙的内部，由于生物膜的吸附作用，在其表面上会附着一层薄水层，水层内的有机物被生物膜中的微生物吸附，空气中的氧气也通过水层进入生物膜，膜内的微生物在氧的参与下将有机物进一步分解，使得水层中的有机物浓度大大低于流动水层，在传质推动力的作用下，流动层中的有机物不断向附着水层转移从而使流动水层在整体流动过程中，逐步得到净化。在反应过程中，随着微生物不断增殖，生物膜的厚度不断增加，当水层中溶解氧被膜表层的微生物所耗尽时，会在生物膜内层滋生出大量厌氧微生物，造成内层好氧微生物不断死亡、解体，降低生物膜与载体表面的吸附力，同时厌氧微生物代谢产生的 CO_2、H_2S、NH_3、CH_4 等气体溢出时也会对生物膜在载体表面的附着状况产生负面影响，从而使过厚的生物膜在本身重力及废水流动力的作用下脱落下来，生物膜上的线虫等的蠕动也会使生物膜松动、脱落。在膜脱落后的载体表面，又会开始新的生物膜的形成过程，这就是生物膜正常的更新过程。在生物膜法处理中，采用的反应器可划分为固定床和流化床两类。

随着微生物技术的发展，国内外学者对其在环境治理领域尤其是用微生物处理含油废水方面的研究越来越多，用微生物来处理含油废水具有经济、高效、无害等特点。

一、微生物处理含油废水的机理

微生物通过分泌特定的细胞外酶，使部分有机物（包括油类）作为营养物质为微生物所吸收，并且转化为微生物体内的有机成分或增殖成新的微生物，其余部分被生物氧化分解成简单的无机或有机物质，从而使含油废水得到净化。其中的细菌和真菌分别以其各自的方式处理含油废水。细菌通过细胞表面吸收废水中的有机物作为它的营养物质；真菌可以长出菌丝，穿入难以处理的石油类有机物，破坏其较弱的氢键，从而进一步分解有机物。芽孢杆菌和光合细菌主要以有氧呼吸的方式处理含油废水，将废水中的烃类有机物氧化分解为无污染的二氧化碳和水；但白腐菌和嗜盐菌是通过无氧呼吸分解废水中的石油类有机物，将废水中的油类有机物氧化分解为无污染的甲烷和二氧化碳。菌种与污染物间的作用有以下几点。

1. 直接作用

通过驯化、筛选、诱变、基因重组等技术得到以目标降解物为主要碳源和能源的微生物。比如微生物降解油脂过程中，微生物先产生表面活性物质，将油乳化分散，形成悬浮于水中的微小油滴，在表面活性物质的作用下，微生物细胞壁与油滴的界面张力降低，菌株吸附在油滴表面，形成由微生物 - 油滴 - 水组成并溶有表面活性物质的稳定的系统，然后油滴中的油可能进入菌体被吸收或积累。

2. 共代谢作用

多酶或多种微生物参与的共代谢机制是指对化合物的生物降解通常是分多步进行的，在这个过程中包括了多种酶和多种微生物，一种酶或微生物的产物可以成为另一种酶或微生物的底物。如以甲烷、芳香烃、氨、异戊二烯和丙烷为主要基质生长的一些菌可以产生一种氧化酶，这种酶可以共代谢三氯乙烯。

3. 酶的诱导

难降解有机物的降解过程实际是一系列的酶催化反应，有许多种酶的参与。其中许多酶属于诱导酶。研究人员通过对铜绿假单胞菌种烷烃代谢途径的研究，已经确定短链烷烃的微生物氧化作用是可以诱导的，并且在烷烃上生长可以同时诱导相应的酶、醛和脂肪酸的氧化降解活力。一种目标物的加入，微生物能够同时或几乎同时诱导几种酶的合成。诱导酶的产生是有机污染物可以彻底降解的关键。

4. 遗传物质转移作用

同种或不同种微生物之间的遗传物质的转移，增加了微生物代谢的多样性，也使一些新的性状能够在微生物群落之间转移。微生物对难降解有机物的降解能力也可以随着微生物降解基因在环境中的扩散而逐渐增强。一些研究者认为遗传物质在微生物种群间的转移使微生物对难降解有机物适应并驯化。

5. 微生物降解技术在含油废水污染治理中的发展方向

为了将微生物治理含油废水技术发展成为可靠且成熟的技术，研究工作者正在进行积极探索，目前这一领域的研究工作主要集中于以下几个方面。

（1）营养物质的添加　石油中的烃类是微生物可以利用的大量碳底物，但它只能提供碳源而不能提供氮和其他无机营养物，有些研究者发现加入氮和磷酸盐能直接而明显地促进受污染土壤中石油的生物降解作用。

（2）氧和温度的控制　油类物质的主要降解途径都需要单加氧酶、双加氧酶和分子氧的参与。虽然在厌氧条件下，部分石油烃也可发生加氢、水合而降解，但其降解速率较低。因此，在缺氧条件下，氧可能成为严重抑制微生物降解的主要因素。

温度可直接影响微生物的活性，一般烃降解菌都为中温菌，现在已从很宽的温度范围（<0℃和>70℃）分离到利用烃的微生物。此外，温度还影响到污染物的存在状态。温度较低时，长链烷烃和多环芳烃均以固态存在，溶解度极小，乳化程度低，限制了微生物的降解。

（3）同生菌群的作用　研究发现，混合培养菌群的降解效果明显优于单株培养菌，这种具有协同降解作用的微生物群体称为同生菌群（consortia）。但目前对于具有协同关系的菌株的筛选和组合还是一个随机的过程，缺乏有效的理论指导，其协同作用机制有待进一步研究。实际上已经有一些生物修复公司从污染的土壤和地下水或化工厂处理的废水中筛选出同生菌群。例如 Biotrol 公司使用明尼苏达大学的专利技术，用以黄杆菌（*Flavobactrium*）为主的同生菌群作为强化菌剂，成功地处理污染的土壤。随着这一技术在生物降解中的应用研究的深入，人们不再满足于传统的反应模式，开始引入一些新兴的生物工程技术，使这一领域的研究更加活跃。

（4）基因工程菌的开发　美国学者 A.M.Charkrabarty 把降解苯、甲苯、辛烷和樟脑的四种质粒组合在一起，构成新的细菌，具有降解脂肪烃、芳烃、萜和多环芳烃的多种功能。这种超级细菌降解石油的速度快，在几小时内能降解掉海上溢油的三分之二。其突出优点是比自然菌降解速度快、效率高。20 世纪 80 年代以来，越来越多的研究者在环保领域展开基因工程菌的开发，同时关于这种基因工程菌的生态安全性的争议也随之产生。

（5）油类物质可降解性及降解途径的研究　一方面从有机化合物本身的化学组成和结构上研究其影响生物降解的内在原因，另一方面研究有机物在各种微生物作用下的降解机理和途径，总结各种类型有机物生物降解难易的规律性，预测有机物及其不完全降解产物在环境中的滞留情况及其毒性，以便从政策上控制污染物的排放，同时开发更有效的生物降解技术，把有害物质在环境中的滞留量减到最少。烃类的生物降解方面已有研究结果表明：链烷烃、单环烷烃及苯能被有效地降解，而多环烷烃和芳烃常常滞留，对这类物质的强化降解目前仍在研究当中。

（6）降解含油废水的微生物研究　有关石油污染物的微生物降解研究长期以来一直是环境微生物学的热点。许多微生物都能降解石油污染物，已报道有 70 多个属 200 多种微生物。在水生生态系统中细菌和酵母是主要的石油烃降解菌。按照从水中分离微生物出现的频率多少分别有假单胞菌、无色杆菌、节杆菌、微球菌、诺卡氏菌、弧菌、不动杆菌、短杆菌、棒杆菌、黄杆菌、放线菌、芽孢杆菌、球衣菌、产碱菌、假丝酵母、红酵母等。土壤中的烃氧化菌主要为真菌，包括青霉、小克银汉霉、轮枝霉、白僵菌、假丝酵母、红冬孢酵母、红酵母、丝孢酵母等。土壤中的烃分解细菌主要为节杆菌和假单胞菌。一些蓝细菌和藻类也有降解石油烃的能力。环境中的自然微生物群落通常种群较多、数量较少，一旦受到石油污染物污染后形成的微生物群落是受石油污染物选择的群落，此时，能够以石油污染物为碳源和能源快速生长的微生物种群得以大量繁殖，形成种群少、数量多的特点。

二、单一菌处理及其应用现状

人们用微生物法处理含油废水，是从使用单一菌开始的。

1. 芽孢杆菌

芽孢杆菌具有耐高温、耐盐等性能，在适宜条件下能够迅速生长繁殖，吸收废水中的石油类物质，有效地降解废水中的污染物。张永波等[143]考察从含油污泥中筛选出的芽孢杆菌 KJ-10 作为絮凝剂处理炼厂含油废水的效果。结果表明，该絮凝剂具有较好的热稳定性，能够有效地去除废水中的悬浮物、有机物，在 90℃，10% 的接种量时，KJ-10 芽孢杆菌对石油类的絮凝率达到了 81%，但是随着温度的不断升高，该菌的稳定性会不断下降，絮凝效果也会随之下降。温洪宇等[144]考察从石油污染土壤中提取出的芽孢杆菌 C-2 对含油废水中化学需氧量（COD_{Cr}）和 5 日生化需氧量（BOD_5）的处理效果。结果表明，处理时间为 24h 时，COD_{Cr} 浓度由 405.13mg/L 降到 93.06mg/L，5 日生化需氧量（BOD_5）由 0.292mg/L 降到 0.030mg/L，可见，芽孢杆菌 C-2 降低了废水中的含油量。梁生康等[145]考察芽孢杆菌 O-28-2 降解油田采油废水的可行性。结果表明，利用芽孢杆菌 O-28-2 的耐温、耐盐性可以有效降解含油废水的污染物。朱文芳等[146]采用固定化微生物反应器考察芽孢杆菌对含油废水的处理效果。结果表明，废水中油浓度为 50mg/L 时，其降解率最高达到 80%，但若油浓度升高则降解率会明显下降。虽然芽孢杆菌在处理采油废水中起到了很大的作用，但其降解效率并不稳定，例如当温度升高时，KJ-10 的絮凝效率会明显下降，所以其稳定性仍有待提高，这将会是今后微生物处理含油废水的一个研究方向。

2. 光合细菌

光合细菌是一类具有原始光能合成体系的原核生物，只要有光的地方它就能进行正常的生理活动，因此它在处理有机废水中可以起到重大的作用。周洪波等[147]考察了从实验室废水中分离得到的光合细菌 PSB-O 对有机废水中 COD 的处理效果。结果表明，当稀释率达到 0.025/h 时，去除率最高值为 62.8%，该菌对废水中的 COD 有很强的降解能力。同帜等[148]考察了从炼焦废水中提取出的光合细菌 PSB 对有机物的降解效果。结果表明，在兼氧、半明半暗、溶解氧（DO）<1mg/L 的条件下该菌对有机物去除效率高于 90%，脱酚效率高于 96%，降解效果较好。虽然光合细菌对有机废水的处理效率很高，但都只能在某一特定条件下使用，所以光合细菌处理有机废水仍有一定的局限性。

3. 白腐菌

白腐菌是一类使木材呈白色腐朽的真菌，能够自主分泌胞外氧化酶并且改变自身所处环境，使其在自己创造的有利环境中利用分泌的氧化酶高效降解许多其他微生物不能降解的有机污染物。潘响亮等[149]考察了泥炭固定化反应器与白腐菌 *Phanerochaete. chrysosporium* 接种后对采油废水的处理效果，并与未接种的反应器进行了对比。结果表明，在相同条件下，随着两组反应器运行时间的增加，未接种反应器的 COD 和 BOD$_5$ 的去除率逐渐接近接种白腐菌 *P. chrysosporium* 的反应器 COD 和 BOD$_5$ 的去除率；在两组反应器同时运行四周后，白腐菌 *P. chrysosporium* 的反应器油去除率高达 89.94%，而另一组为 62.32%。苯胺废水是石油废水的一种，苯胺更是石油中的重要成分之一。赵志刚[150]采用正交试验法考察白腐菌对不同浓度的苯胺废水的处理效果。结果表明，在最优条件下（投菌浓度 0.27mL/mg，降解温度 35℃，降解 24h，pH 为 5），该菌对浓度为 6.48mg/L 的苯胺的降解率为 97.6%，而随着苯胺浓度的增加，降解率呈下降趋势。

4. 嗜盐菌

嗜盐菌又称作副溶血性弧菌，是生活在高盐度环境中的一类古细菌。它体内的嗜盐酶只有在高盐度区域才能具有活性，而微生物处理高盐度的产油废水正需要其具备这样的特性。根据这一特性，李维国[151]等人考察了盐场晒盐池中分离出的 YS-1 嗜盐菌株降解高盐有机废水中有机物的可行性。结果表明，处理时间为 120h 时，COD 去除率高达 98.1%，可见，利用该嗜盐菌株对高盐有机废水处理具有可行性且效果较好。周银芳[152]考察了泥水完全混合液对高含盐采油废水的处理效果。该泥水完全混合液采集于实验室条件下稳定的 SBR 反应器。结果表明，在较高盐度的情况下，处理时间为 5 天时，COD$_{Cr}$ 去除率高达 92.15%，处理效果比较好。以上嗜盐菌的嗜盐性都与环境中的盐度密切相关，如果降低环境中的盐度，就会导致其降解率下降，因此如何确定最佳盐度是未来的研究方向之一。

三、含油污泥中石油烃类污染物好氧降解机理的研究进展

自然环境中存在的石油烃降解菌包括细菌、放线菌、真菌、蓝细菌和藻类等。

1. 直链烷烃好氧降解机理的研究进展

目前，国际上认可的直链烷烃的降解机理主要包括单末端氧化、双末端氧化和次末端氧化等，但在不同的反应体系中，三者有着不同的主次作用。如一些假单胞菌或念珠菌主要通过双末端氧化产生胞外产物二羧基酸，而一些辅助氧化烷烃的芽孢杆菌或链霉菌主要通过次末端氧化使烷烃断链，许多霉菌则只可以通过次末端氧化降解烷烃。

（1）单末端氧化　直链烷烃在加氧酶、醇脱氢酶以及醛脱氢酶存在时，最末端的甲基会被氧化成脂肪酸，一部分脂肪酸进入 β- 氧化循环和三羧酸（TCA）循环，被氧化为 CO$_2$ 和 H$_2$O，剩余的脂肪酸作为合成微生物自身细胞物质的原料，被微

生物利用。过程如式（5-3）所示：

$$R—CH_2—CH_3 \xrightarrow{加氧酶} R—CH_2—CH_2OH$$
$$\xrightarrow{醇脱氢酶} R—CH_2—CHO \xrightarrow{醛脱氢酶} R—CH_2COOH$$
$$\xrightarrow{\beta\text{-}氧化循环} 乙酰\,CoA \xrightarrow{三羧酸循环} CO_2+H_2O \tag{5-3}$$

（2）双末端氧化 双末端氧化在直链烷烃碳链的两端同时发生。直链烷烃先通过单末端氧化生成脂肪酸，在 ω-羟基脂肪酸单加氧酶的作用下，发生 ω-碳末端羟基化，再被乙醇脱氢酶、乙醛脱氢酶氧化为羧基生成二羧基酸，进入 β-氧化循环后进行氧化分解。过程如式（5-4）所示：

$$H_3C—(CH_2)_n—COOH \xrightarrow{\omega\text{-}脂肪酸单加氧酶} HO—CH_2—(CH_2)_n—COOH$$
$$\xrightarrow{乙醇脱氢酶} O{=}CH—(CH_2)_n—COOH \xrightarrow{乙醛脱氢酶}$$
$$HOOC—(CH_2)_n—COOH \xrightarrow{\beta\text{-}氧化循环} CO_2+H_2O \tag{5-4}$$

（3）次末端氧化 直链烷烃的次末端甲基在单加氧酶的作用下被氧化成对应的仲醇，在乙醇脱氢酶、单加氧酶、酯酶的作用下，生成伯醇，伯醇再继续氧化为醛和羧酸，羧酸进入 β-氧化循环，进行进一步氧化分解。过程如式（5-5）所示：

$$R—CH_2—CH_2—CH_3 \xrightarrow{单加氧酶} R—CH_2—CH(OH)—CH_3$$
$$\xrightarrow{乙醇脱氢酶} R—CH_2—CO—CH_3 \xrightarrow{单加氧酶}$$
$$R—CH_2—O—CO—CH_3 \xrightarrow{酯酶}$$
$$R—CH_2—OH \longrightarrow RCHO \longrightarrow RCOOH \xrightarrow{\beta\text{-}氧化循环} CO_2+H_2O \tag{5-5}$$

2. 支链烷烃好氧降解机理的研究进展

支链烷烃离支链点最远，甲基在单加氧酶、醇脱氢酶和脱氢酶的作用下，被氧化生成支链脂肪酸，在脂肪酸 α 氧化、ω-氧化或 β-碱基的去除过程中，会被进一步降解。过程如式（5-6）所示：

$$H_3C—CH(CH_3)—(CH_2)_n—CH_3 \xrightarrow{单加氧酶} H_3C—CH(CH_3)—(CH_2)_n—CH_2OH$$
$$\xrightarrow{醇脱氢酶} H_3C—CH(CH_3)—(CH_2)_n—CHO \xrightarrow{醛脱氢酶}$$
$$H_3C—CH(CH_3)—(CH_2)_n—COOH \xrightarrow{\alpha\text{-}氧化 /\omega\text{ }氧化 / \beta\text{-}碱基去除} CO_2+H_2O \tag{5-6}$$

3. 环烷烃的好氧降解机理研究进展

环烷烃降解的关键是羟基化过程。环烷烃降解的转折点在于开环过程，开环后其降解速率和效率都会得到大幅度提升。过程如式（5-7）所示。

$$\text{环烷烃} \xrightarrow{\text{氧化酶}} \text{环酮} \xrightarrow{\text{氧化酶}} \text{HOOC—(CH}_2)_n\text{—COOH}$$

$$\xrightarrow{\text{酶}} \text{乙酰 CoA} \xrightarrow{\text{TCA 循环}} CO_2 + H_2O \tag{5-7}$$

4. 多环芳烃好氧降解机理的研究进展

多环芳烃（PAHs）相对较难降解，目前国际上认可的机理主要有以 PAHs 为唯一碳源和氮源的代谢机理、PAHs 共代谢机理、PAHs 好氧降解的中心代谢机理等。对于低分子量 PAHs，微生物一般以第一种方式降解，而四环及以上的高分子量 PAHs，则主要通过共代谢的方式来降解。

（1）以 PAHs 为唯一碳源和氮源的代谢机理　在有氧条件下，单加氧酶、双加氧酶可在苯环上形成 C—O 键，加氢酶则可使苯环上的 C—C 键断裂，以此减少苯环数。苯环被加氧酶和水解酶等氧化为儿茶酸、原儿茶酸和龙胆酸，儿茶酸1,2/3,4- 双加氧酶（1,2-CAT/3,4-CAT）、原儿茶酸 3,4- 双加氧酶（3,4-PCA）、龙胆酸 1,2- 双加氧酶（1,2-GDO），可分别使苯环开裂，生成琥珀酸、延胡索酸和丙酮酸。这些中间产物有一部分进入三羧酸循环，剩余部分被微生物用来合成其自身生物量。其过程如图 5-8 所示。

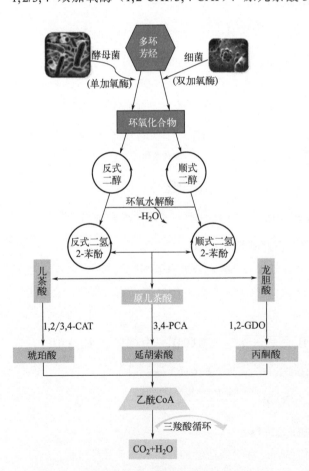

图 5-8　好氧菌以 PAHs 为唯一碳源和氮源的代谢机理

（2）PAHs 的共代谢机理　高分子量 PAHs 结构比较复杂和稳定，不易被微生物降解。但当体系中存在苯、甲苯、水杨酸、萘、菲等类似基质时，微生物可在它们的诱导下产生加氧酶，同时也可以增强加氧酶的活性。此时微生物以这些基质作为生长基质进行生长繁殖，以高分子量 PAHs 作为次要基质和非生长基质，促进其氧化降解，也可直接在体系中添加可产生降解酶的微生物来降解高分子量 PAHs。

PAHs 的共代谢机制大致分为 3 种：①通过"生长基质"和"非生长基质"共酶降解；②利用可直接产生降解酶的微生物降解；③微生物利用存在竞争关系的"生长基质"或"非生长基质"产生碳源或能源，来降解 PAHs。

（3）PAHs 好氧降解的中心代谢机理　好氧条件下 PAHs 的降解分为 3 种：①双加氧酶将底物氧化为顺式二羟基化合物，再经一系列反应生成儿茶酚类，最终代谢成为 CO_2 和 H_2O；②个别分枝杆菌属的细菌和大部分非木质素降解真菌在线粒体单加氧酶 P450 的作用下，将多环芳烃氧化为环氧化合物，最终代谢成为 CO_2 和 H_2O；③通过真菌中的木质素酶系将 PAHs 降解生成醌类化合物，实现 PAHs 的氧化降解。通过上述途径，不同的 PAHs 化合物可被降解为邻苯二酸、原儿茶酸和龙胆酸等。目前含油污泥中高分子量 PAHs 的降解效率低下，关键在于苯环开环过程。此外，类似苯、甲苯等诱导微生物产生加氧酶和加氢酶的机制，也有待深入探究。

四、混合菌处理及其应用现状

随着废水种类的多样化、成分的复杂化，单一菌的使用已不能达到很好地处理含油废水的效果，加之环境保护的需要，也对含油废水的处理效果提出了更高的要求，所以研究学者就致力于混合菌处理废水的研究，期望得到更好的效果，将生物处理含油废水推向了一个更高的发展空间。安淼等[153]考察了混合菌株对氯苯酚降解的可行性。结果表明，该混合菌株对氯苯酚废水有降解能力。吕文洲等[154]考察了酵母菌混合菌对石油废水的处理效果。结果表明，COD 去除率高达 87% ～ 97.3%，效果较好。白洁等[155]考察了混合菌 B4 对石油类废水的降解效率。结果表明，在 0.5% 的含油量的无机盐液体培养基中，处理 7 天后，柴油的去除率高达 90.4%。李伟光等[156]考察了将 39 株除油工程菌以任意组合方式组成的混合菌对含油废水的除油效果的影响。结果表明，在最佳条件下（温度为 30℃，pH 为7，DO 为 615mg/L，培养时间为 48h，油浓度小于 50mg/L），全混合菌的除油率最高，为 85%，双株菌和多株菌的除油效果明显低于全混合菌。魏呐等[157]考察了混合菌株（2 株好氧嗜盐菌与 2 株兼性厌氧嗜盐菌）对采油废水的降解效率。结果表明，废水中 COD 的浓度由 3800mg/L 降低到 100mg/L，降解效率高达 97.37，降解效果较好。张波等[158]考察了复合嗜盐菌剂对高盐有机废水生化处理的强化作用。结果表明，总有机碳（TOC）的去除效果由 50% 升高到 70%，复合菌剂对高盐有机废水的处理有强化作用。以上混合菌株对石油类废水都显示出较高的降解效率，但如果改变其温度和 pH 值，它们的降解效率会有不同程度的降低，所以如何使其降解率不受外界环境的影响是未来研究的方向之一。

五、获得高效降解菌的两个主要途径

1. 自然界筛选

对于自然界固有的化合物，一般都能找到相应的降解菌种。但对于人类工业合成的一些化合物，它们的结构不易被自然界固有的微生物酶系识别，需要用目标污染物来驯化、诱导产生相应的酶系，筛选得到高效菌种，这种方法耗时长。从自然界筛选菌种的过程多以目标物为单一基质来驯化而后分离得到的。一般筛选的过程为：选择环境→分离适应性菌株→选择降解菌株→选择高效菌株。

2. 构造基因降解菌

当从自然界筛选的菌株对污染物的降解效果达不到要求时，可以借助现代分子生物技术，将一些特性基因转移到微生物体内，构造基因降解菌。降解质粒的发现，特别是质粒转移和基因工程构建特殊菌的成功，为有机化合物的生物降解开拓了广阔的前景。

构造基因降解菌的方法有三个：①降解性质粒的体外重组。它综合采用了生物化学和微生物学的现代技术和手段，在细胞体外对生物大分子遗传物质进行剪切和加工，将不同亲本重新连接，转移到受体细胞中，使细胞获得新的性状。②质粒分子育种。它是在有选择压力的条件下，在恒化器内长期混合培养改造菌株的过程。③原生质体融合技术。它是基于微生物间的共生和互生的关系发展起来的。

六、微生物降解含油废水的影响因素

1. 石油烃的性质与物理状态

石油烃的化学组分对含油废水的治理效果影响比较大。在条件相同的情况下，微生物对不同种类石油烃的降解能力是不同的。石油烃的可以分为四类：烷烃（直链烷烃、支链烷烃和环烷烃）、芳烃（苯、甲苯、萘、蒽、菲等）、树脂（嘧啶、喹啉、咔唑、亚砜和氨基化合物等）和沥青质（苯酚、脂肪酸、酮、酯、卟啉等）。

微生物对含油废水的降解率与石油烃的物理状态也有较大关系，烃类的可溶性和分散程度直接影响微生物能接触到的石油烃的表面积。在水体系中，油滴分散在水中的表面积越大，微生物对烃的利用率越高。油-水界面面积的增加，不仅可以使石油烃更易到达微生物内部，而且进入水体的乳化液滴使氧和营养物更易被微生物获得，从而促进微生物对石油烃的降解。效果较好的乳化使石油烃形成微小液滴，类似于溶解烃，这种情况下石油烃更易被微生物降解。如多环芳烃，研究发现只有溶于水相的那部分才能为胞内代谢所利用，而通过共溶剂和表面活性剂的添加可以减少或消除这方面的限制。某些烃降解微生物产生乳化剂，乳化剂促进了石油烃在水体系中的分散。就微生物降解石油烃而言，油的分散应能促进微生物对石油烃的降解。

2. 微生物的影响

能降解石油烃类化合物的微生物很多，分属于细菌、放线菌、霉菌、酵母等。降解石油烃的微生物主要是细菌和真菌，细菌在海洋生态系统中占主导地位，而真菌更多在淡水和陆地生态系统中。降解原油的微生物大量地存在于污染地区，在受油污染的水和底部沉积物中，其数量可达 $10^2 \sim 10^8$ 个 /mL，比未受污染地区高出 $1 \sim 2$ 个数量级。降解石油烃类化合物的细菌主要有无色杆菌属、不动杆菌属、产碱杆菌属、节杆菌属、微杆菌属、芽孢杆菌属、黄杆菌属、棒杆菌属、微球菌属、假单胞菌属、分枝杆菌属等；真菌有金色担子菌属、假丝酵母属、红酵母属、掷孢酵母属、曲霉属、毛霉属、镰刀菌属、青霉属、木霉属、被孢霉属等。

3. 环境因素

（1）温度　石油烃的物理状态、化学组成会随着温度的变化而变化，尤其是温度会对微生物可接触到的石油烃的表面积的大小以及挥发后供微生物降解的石油烃组成产生影响，同时温度也会影响微生物本身的代谢活性。微生物对石油烃的降解是通过酶的催化作用完成，而酶的活性只有在一定的温度范围内才能得以发挥。

（2）营养物质　微生物对石油烃的降解需要氮、磷、镁、铁等营养物质的参与才能顺利进行，作为微生物能源 / 碳源的烃类足够多时，营养物的供给是否充分将直接影响微生物对烃类的降解活动。营养物质的缺乏会影响微生物对石油烃的降解率。

（3）氧气　氧气对大多数有机物的生物降解都非常重要。微生物对石油烃的降解分为有氧和厌氧两种类型。一般而言，在有氧条件下的微生物对石油烃的降解率比在厌氧条件下的降解率高得多。一方面油是碳氢化合物，几乎不含氧原子，所以比其他有机物的还原程度都高，其氧化时化学需氧量也高。另一方面，氧是组成细胞的主要元素，细菌、酵母菌、霉菌的细胞干物质的含氧量分别为 30.52%、31.1%、40.16%。在石油烃微生物降解过程中需要有分子态的氧作为呼吸链电子传递系统末端的电子受体，同时氧还直接参与一些生物反应。

（4）pH 值　pH 值是一个影响微生物生长的重要环境因素，pH 值的变化可导致蛋白质、核酸等生物大分子所带电荷发生变化，从而导致微生物细胞吸收营养物质的能力发生改变。石油烃类的微生物降解一般处于中性 pH 值，极端的 pH 值环境不利于微生物的生长。

七、微生物在含油废水处理中的应用

1. 非固定化微生物在含油废水处理中的应用

陈炫佑等[159]选取油污处理厂长期受油污污染的土壤进行富集化培养，并以柴油石油烃为唯一碳源分别对稀释 10^5、10^6、10^7 倍数的样液进行筛选、驯化、检验后得到对柴油石油烃具有分解作用的石油降解菌。在 30℃，酸碱度适中的环境下，以柴油石油烃为唯一碳源进行培养得到的菌液稀释倍数较少时对石油烃的降解能力更强，当石油烃浓度达到 1000mg/kg 时菌液降解能力可达到 70%。在大型容器中对该细菌扩大化培养，扩大化培养以后发现在 20℃左右室温以及敞口的条件下石油降解菌的降解作用可以使含油废水中的石油烃浓度显著下降。

刘其友等[160]采用吡啶筛选法得到微生物絮凝剂产生菌株 B-6-1，其絮凝率达到 92.5%；将其用于含油废水的处理，对微生物絮凝剂投加量、废水 pH 值、废水温度及辅助金属离子的类型等影响因素进行了研究。确定微生物絮凝剂的最佳絮凝条件为：微生物絮凝剂投加量 0.33mL/L，废水 pH 值 9.0，废水温度 35℃，添加辅助金属离子 Ca^{2+}。

2. 固定化微生物在含油废水处理中的应用

微生物固定化方法是指通过化学和物理的方法将游离的细胞或微生物加以固定，使之成为不溶于水但仍具有高生物活性的技术。微生物经固定化后，对有毒物质的承受能力及对有机物的降解能力都有明显的提高。

（1）微生物固定化载体　用于微生物固定化的载体应该对微生物细胞无毒，机械强度高，使用寿命长，具备一定的容量，价格低廉，性能稳定，不易被生物降解，固定化过程简单，常温下易于成型，生化及热力学稳定性好，基质通透性好，沉淀分离性好，具有惰性，不能干扰微生物的功能。目前，采用的载体材料主要分为天然高分子多糖类和合成高分子化合物两大类。其中天然高分子多糖类具有固定化成型方便，对微生物毒性小，传质性能好，固定化密度高等优点，但强度较低。常见的有琼脂、海藻酸钠、卡拉胶等。而合成高分子化合物抗微生物分解性好，机械强度高，化学稳定性好。常用的有聚丙烯酰胺和聚乙烯醇等。

王广金等[161]提出了一种采用多孔微囊载体固定化微生物的新方法，同时采用溶胶 - 凝胶相转化法，成功地制备出了适合于固定微生物的具有指状通孔结构的膜微囊载体。该载体球形度好，外观直径约为 2mm，微囊载体内外表面粗糙，具有较大的孔容和孔表面积。实验表明，利用这种多孔膜微囊载体，微生物细胞不仅能在微囊载体表面，而且能在微囊内部球形空间内生长，微生物聚集密度大，所以这种微囊载体有很大的应用价值。

（2）微生物固定化方法

① 吸附法　吸附法又称载体结合法，是依据带电的微生物细胞和载体之间的静电作用，使微生物细胞固定的方法，可分为物理吸附法和离子吸附法两种。前者使用具有高度吸附能力的硅胶、活性炭、多孔玻璃、石英砂和纤维素等吸附剂将细胞吸附到表面上使之固定化。吸附法操作简单，反应条件温和，载体可以反复利用，结合微生物量有限，反应稳定性和反复使用性差。鉴于此，往往采用引入疏水和亲水的配位体后制成载体衍生物。亲水的配位体制成载体衍生物的根据是在解离状态下可因静电引力（即离子键合作用）而固着于带有相异电荷的离子交换剂上，如 DEAE-纤维素、DEAE-Sephadex、CM-纤维素等。

② 交联固定法　交联固定法是利用两个或两个以上的功能基团，直接与细胞或酶表面的反应基团（如氨基、羟基、巯基、咪唑基）发生反应，使其彼此交联形成网状结构的固定化细胞或酶。常用的交联剂有戊二醛、甲苯二异氰酸酯等。由于此法靠化学结合的方式将细胞或酶固定化，反应比较激烈，所以在多数情况下较脆弱。而且适用于此类固定化的交联剂大多比较昂贵，这就限制了该方法的广泛应用。

③ 包埋固定法　包埋固定法是将微生物细胞包埋在半透明的聚合物或膜内，或使微生物细胞扩散进入多孔性的载体内部的方法。载体的孔道或凝胶膜可以让小分子底物和反应代谢物自由出入，微生物细胞却不能移动。包埋法操作简单，能保持多酶系统，对微生物细胞的活性影响也比较小，目前对其的应用和研究是最常用也是最广泛的。但是包埋材料常常会在一定程度上阻碍底物和氧的扩散，影响水处理的效果。

常用的包埋固定化材料有聚乙烯醇、聚丙烯胺、聚乙二醇、琼脂、光固化树脂、海藻酸钙、角叉菜胶和聚丙二醇等。

④ 共价结合法　共价结合法是细胞表面上官能团和固相支持物表面的反应基团形成化学共价键连接，从而固定微生物。该方法的有固定化微生物稳定性好，不易脱落的优点，缺点是该方法限制了微生物的活性，反应激烈，操作与控制复杂困难。常用于共价结合法的功能基团有氨基、羧基、巯基、羟基、酚基等。韩辉等[162]将巨大芽孢杆菌胞外青霉素酰化酶通过共价键结合到聚合物载体 Eupergit C 颗粒的环氧基团上，成功地获得了高活力的固定化青霉素酰化酶。

⑤ 无载体固定法　无载体固定化方法又称为细胞间自交联固定法。这种固定化方法是一种全新的概念，是通过严格控制处理过程中的影响因素和生物处理反应器的运载负荷，根据一些微生物能自絮凝产生颗粒的性质，让微生物产生自固定。此法一般不需使用人工载体或包埋剂，所需固定化时间长且受环境因素的影响

大。这种方法与以往的一些固定化方法具有显著的优势，在环境工程中的污水处理领域得到了广泛的应用。属于微生物自身固定化过程包括升流式厌氧污泥床反应器（UASB）和厌氧折流板反应器（ABR）中颗粒污泥的形成。

郭召海等[163]通过包埋固定法固定除油菌，选用聚乙烯醇-海藻酸钠复配作为包埋固定化载体材料，处理含油废水。连续批次除油实验结果表明，在25～40℃，固液比1：10，水力停留时间（HRT）为6h的条件下，进水油含量20～50mg/L时，乳化油去除率可达85%～90%，出水油含量低于5mg/L。徐新阳针对含油废水的特点，从土壤和活性污泥中，筛选驯化得到四株对油类物质具有高效降解去除能力的细菌。通过对几种固定化工艺的比较，确定采用改进的PVA-NaAlg共固定工艺。凝胶剂的组成为聚乙烯醇（PVA）10.5%，海藻酸钠（NaAlg）0.5%，活性炭3%及微量生长素。经过64h的运行使用，测试的结果表明4种菌株的固定化颗粒对含油污水中COD_{Cr}的去除率分别为62%、65%、68.5%和66.5%，明显高于游离菌对COD_{Cr}的去除率。李伟光等[164]对含油废水的处理，是采用人工固定化生物活性炭的方法，其对油的去除效率在80%～95%之间，COD平均去除率达到53%，并且出水中油质量浓度小于5mg/L。试验结果表明该固定化工艺对污染物的去除效果明显高于颗粒活性炭和传统的二级气浮工艺。朱文芳等[165]从炼油厂污水处理曝气池中分离、筛选得到对含油废水具有高效降解能力的工程菌，并将其固定在颗粒活性炭上，组装成固定化微生物反应柱。实验结果表明，在相同pH值条件下，通过采用固定化技术后，除油率比细胞游离时提高20%，并且微生物在固定化之后，对pH值及其变化的耐受力明显增强。

陶虎春等[166]研究了使用聚乙烯醇（PVA）在核桃壳粒上固定除油菌群这一固定方法的除油效果。结果表明采用PVA包埋核桃壳粒固定菌群去除含油废水效果良好。运行36h后，除油率可达60.58%，48h可达84.85%，60h高达90.93%。田艳敏[167]分别采用聚乙烯醇和海藻酸钠包埋法对产表面活性剂菌Bbai-1进行包埋固定，通过对比实验，确定了最佳的包埋载体和最佳条件，并证明该方法使油类物质的去除率明显提高。邵娟等用秸秆做载体固定嗜碱芽孢杆菌（*Bacillus alcalophilus*）SG降解原油，油类物质去除率可达73.88%，高于只投加菌液或者菌液与秸秆的混合物的油类物质去除率。Anal Chavan等[168]将石油降解菌，洋葱伯克霍尔德氏菌（*Burkholderia cepacia*）和耐油的光能自养微生物联合菌运用于生物转盘工艺中，处理高浓度含柴油有机废水，在HRT为21h的条件下持续运作，出水剩余柴油量仅为0.003%。Alejandro等[169]在实验室研究规模上研究了由虾废弃物作为烃类物质降解菌株的载体材料，从而进行了固定化烃降解菌株对原油污染的海水生物修复的潜力测试。从15天的原油去除率来看，固定化降解菌株对原油污染的处理是成功的。

刘俊良等[170]研究了以聚乙烯醇与海藻酸钠以及聚丙烯酰胺（PAM）与海藻酸钠为材料制成的固定化微生物小球对水中石油的降解效果。结果表明：在七天的培养实验中，以 PVA 为主要材料制成的固定化微生物小球对石油的降解率为80.09%；以 PAM 为主要材料对石油的降解率为74.4%。以聚乙烯醇与海藻酸钠制成的微生物小球对石油的降解效果要优于聚丙烯酰胺与海藻酸钠。

包木太等[171]采用海藻酸钠固定化包埋活性炭与菌 *Brevibacillus parabrevis* Bbai-1，制备海藻酸钠 - 活性炭固定化微球。通过活性炭吸附前后的菌浓变化，测定了 25℃时活性炭对 Bbai-1 的最大吸附量。采用正交试验优化了影响海藻酸钠 - 活性炭固定化微球的物理性质和微生物活性的 4 个主要因素（海藻酸钠浓度、活性炭含量、种子菌液浓度和交联时间），确定了固定化微球的最佳制备条件：海藻酸钠浓度为 3.5%，活性炭含量为 0.7%，种子菌液浓度为 $6×10^7$CFU/mL，交联时间为 24h。并在 25℃，原油含量为 0.2%，固定化微球与含油培养基的体积比为 3∶20时，以游离菌作对比，考察了固定化微球降解原油的最佳 pH 和盐度。结果表明，固定化菌在 pH6 ～ 9，盐度为 1.5% ～ 3.5% 时，原油降解率可达 50% 以上，比游离菌提高了 20%，且具有较高的盐度适应能力和较宽的 pH 适应范围。

第五节　微生物在油藏硫化氢产生中的作用

原油中的硫化合物在地下经微生物分解等原因会产生硫化氢（H_2S），而原油在开采过程中含有少量水，硫化氢溶解其中会腐蚀钢铁，缩短管道和储罐的使用寿命。另外，在运输过程中的逸出不仅产生危险，而且将导致后续原油处理工艺中的催化剂中毒等。因此，在原油储运之前，原油中的 H_2S 必须被脱除至安全浓度。

一、油气田开发生产中硫化氢的危害

硫化氢在标准状况下为无色易燃的酸性气体，极低浓度时有硫黄气味，而较低浓度下呈臭鸡蛋味，有剧毒（LC_{50}=444mg/L），能溶于水，易溶于醇类、石油溶剂和原油。燃点为 292℃，属于易燃的危险化学品，和空气混合后形成的混合物易发生爆炸，如遇到明火或高热则容易引起燃烧和爆炸。当空气中硫化氢含量低于 20mg/L 时眼睛有灼热感，呼吸道受到刺激，在该浓度下人体在露天环境中工作 8h 不会对人体造成严重危害，这也是我国的行业规定的标准值；当硫化氢含量为 20 ～ 100mg/L 时，人在此环境中则会出现头痛、晕眩、恶心、昏睡等慢性中毒症状；而当硫化氢含量超过 100mg/L 时，则会对人体产生不可逆转的损伤或是延迟性影响。同时硫化氢可以和许多金属物质发生各种化学反应，对金属产生氢脆破坏，包括了氢鼓泡和氢致开裂、硫化物应力腐蚀开裂和电化学失重腐蚀，可能会导致井下的套管突发断裂，井口的部分装置失灵以及许多地面仪表的破裂爆炸等，严重时极有可能会引发井喷以及较为重大的着火事故等。

二、硫化氢产生的机理研究

油田开发生产过程中所含的硫化氢成因大致可分为三类：第一类是有机质热裂解，即油藏中不稳定的含硫化合物在过热地层中（120～160℃）发生热裂解生成水、碳残渣及硫化氢；第二类为硫酸盐热化学还原，主要由地层中含有的硫酸盐岩，在高温条件下与烃类或有机质发生化学还原反应生成硫化氢，该类成因生成的硫化氢含量较高；第三类为微生物成因，主要是硫酸盐还原菌的代谢产物，硫酸盐及油田水中的 SO_4^{2-} 在厌氧条件下，通过油田生产设施或地层中滋生的 SRB 生物活动还原作用生成。通过对油田油藏储层物性、地层温度条件、SRB 培养试验及平台自身流程处理工艺特点等综合分析，最终得出平台同时存在原生硫化氢及次生硫化氢，即油田伴生气中自带的和 SRB 微生物活动所致。

陈烨[172]对长庆油田集输系统硫化氢形成研究指出，油井井口中硫酸盐还原菌的数量非常少，在 10^3～10^4 个 /100mL 之间，但是，在集输站点内硫酸盐还原菌的数量急剧增加，数量在 10^5～10^6 个 /100mL 之间，是井口硫酸盐还原菌数量的 38～500 倍。说明在石油集输过程中滋生了大量的硫酸盐还原菌。通过对采油一厂、二厂、三厂共六条典型石油集输系统水相、原油中的细菌提取总 DNA，采用分子生物学方法分析了采油一厂、二厂和采油三厂部分油井及石油集输过程中，油、水中分布的主要微生物群落，主要存在 15 种主要微生物种属，其中 5 种为硫酸盐还原菌，占 33%，是系统中的主要微生物群落，并成功地从石油集输系统中分离到三株硫酸盐还原菌——脱硫弧菌、脱硫单胞菌、脱硫肠状菌。上述结果明确了石油集输系统硫化氢气体的生成是系统中不断滋生和繁殖的硫酸盐还原菌作用的结果，随着系统流程延长，系统中总 S 含量和 SO_4^{2-} 含量逐渐减少，伴随着系统中硫化氢含量、SRB 数量逐渐增加。

石油集输系统中，硫化氢气体产生主要是来自硫酸盐还原菌的生物代谢作用。硫酸盐还原菌生物代谢过程又可以分为以下几个阶段：分解阶段、电子转移阶段和氧化阶段。最终把石油集输系统中的硫化物氧化成硫化氢。

硫酸盐还原菌有以下几种分类：氧化氢的硫酸盐还原菌（HSRB）、氧化乙酸的硫酸盐还原菌（ASRB）、氧化较高级脂肪酸的硫酸盐还原菌（FASRB）、氧化芳香族化合物的硫酸盐还原菌（PSRB）。

三、各油田硫化氢成因

1. 长庆油田硫化氢的成因[173]

（1）地质成因。黄土高原陇东地区属于华北地台构造，广泛分布着寒武系、中下奥陶系地层，后期沉积了石炭二叠系、中新生代地层，是我国面积最大的黄土层。由于陇东地区特殊的黄土地貌，原油采出水的矿物质含量高，SRB、TGB 等细菌在丰富矿物质的滋养下迅速繁殖，会分解原油中的硫化物，产生硫化氢，而开采出的天然气自身就含有大量硫化氢气体，这些硫化氢加剧接触设备的腐蚀甚至破漏。同时采出水中大量的矿物质和金属离子本身对接触设备也有一定的腐蚀作用。

（2）生物成因。在植物的吸收作用和微生物的配合反应之下直接形成少量的含硫有机化合物，该方式生成的硫化物含量很少。生物成因导致的硫化氢主要是以原油及其采出水中含有的许多植物或动物的尸体碎片在微生物作用下腐败分解产生。这些生物细胞内的含硫有机化合物在微生物的作用下会发生腐败和分解，而腐败作用是在生物代谢形成含硫的有机化合物之后，当同化还原反应的环境发生改变，对同化还原反应的进行不利时，生物体内的含硫有机化合物就会发生化学分解，从而生成硫化氢气体。

（3）无机化学成因。无机化学成因形成的硫化氢除少部分来自于原油中含有的含硫矿物质在高温或者高压条件下分解以外，其主要来自于硫酸盐的热化学反应，硫酸盐的热化学反应也称为 TSR 反应。硫酸盐是硫酸根离子和部分金属阳离子组成的可溶于水的电解质，在自然界中可以和硫酸根离子结合的金属阳离子多达二十余种，这些金属阳离子和硫酸根离子结合形成不同价态的硫酸盐。而原油中含有的硫化氢形成的主要原因是具有较高地层温度地区的原油及大量采出水中含有丰富的有机化合物和烃类物质，同时含有大量硫酸盐。有机化合物和烃类物质在 $100 \sim 140℃$ 与硫酸盐发生反应生成了硫化氢和二氧化碳。

该原因生成的硫化氢在原油中含量较高，但是对反应条件的要求较为苛刻，必须在高温、含有大量硫酸盐以及丰富的有机化合物或烃类物质的条件下才能发生。

（4）有机化学成因。有机化学成因主要是通过硫醇或者硫醚反应生成。硫醇是包含巯基官能团（—SH）的一类非芳香化合物，从结构上来说可以当作是羟基中的氧原子被硫原子取代后形成的有机化合物，分子式为 RSH，在常温常压下除甲硫醇以外均为液体或固体状态。低级的硫醇具有一定的毒性和难闻的气味，酸性比醇强具有强还原性，易被氧化，弱氧化剂就可以将硫醇氧化为硫化氢。

硫醚是一种具有刺激性气味的液体，从结构上说可以当作是醚分子中的氧原子被硫原子取代后形成的有机化合物，分子式为 RSR'。低级硫醚有难闻的气味。在含有环烷基的原油中所含的硫醚通常为环状结构，而在普通含硫原油中，硫醚通常是链状结构。在加热条件下硫醚会分解产生硫化氢气体。

2. 榆树林油田硫化氢的成因[174]

榆树林油田位于松辽盆地北部中央凹陷地区、三肇凹陷东部斜坡地带，原油物性差，自然产能低，属特低渗透油田。自 2007 年开展 CO_2 驱油现场试验以来，随着开发井数的增多，采油井和地面管线的 H_2S 问题逐渐突出，严重影响了生产作业的正常进行。油田开发过程中 H_2S 的成因可分为 3 种：①硫酸盐还原菌对硫酸盐还原代谢（bacterial sulfate reduction，BSR）；②硫化物质热裂解（thermal decomposition of sulfides，TDS）及硫酸盐热化学还原（thermochemical sulfate reduction，TSR）；③火山喷发形成 H_2S 气藏的无机成因。榆树林油田在开采初期未出现 H_2S，无机成因可能性不大。目前，普遍认为热化学成因是稠油热采 H_2S 生成的主要原因。辽河油田齐 40 块进行的 H_2S 成因实验模拟研究表明，原油中 TDS 反应是 H_2S 的主要来源，其次是 TSR 反应。Orr 等研究表明，SO_4^{2-} 和烃类气体在较高温度下发生 TSR 反应生成 H_2S 气体。Goldhaber 等采用稳定硫同位素法证实了 TSR 反应生成的 H_2S 中的硫来源于 SO_4^{2-}。综上研究表明，现有的热化学反应都是针对稠油油田研究的，并没有针对低渗透油田 H_2S 成因的研究。为了有效地防控 H_2S 带来的安全风险，开展榆树林油田 H_2S 产生原因实验研究，弄清各类型井和地面管线的 H_2S 产生原因与条件，曹广胜等对榆树林油田检测数据进行分析，从理论上研究 H_2S 产生的可能原因，然后采用室内实验研究的方法，分别进行了热化学还原实验和硫酸盐还原菌培养实验。研究结果如下。

（1）榆树林油田气驱井产生的 H_2S 主要来源于地层条件下发生的硫酸盐热化学还原作用，其反应过程分为 3 部分：

① 原油脱羧产生 CO

② $CO+H_2O \longrightarrow CO_2+H_2 \uparrow$

③ $MgSO_4+4H_2+CO_2 \longrightarrow H_2S+MgCO_3+3H_2O$

另外，注入的 CO_2 气源中含有少量的 H_2S。因为在气驱井从地层到井口这段管线中含水很少，故硫酸盐还原菌不是气驱井产生 H_2S 的主要原因。

（2）榆树林油田水驱井产生的 H_2S 来源于地层条件下发生的硫酸盐热化学还原作用和油管中的硫酸盐还原菌异化还原作用，且 H_2S 是在地面至地下 1400m 深度范围产生的，主要集中在 800～1000m 深度，对应温度范围为 40～50℃。硫酸盐还原菌多为附着型，沉积吸附于油管壁。

（3）榆树林油田联合站 H_2S 的产生是因为附着于管壁和罐壁的硫酸盐还原菌，其最适宜的生长温度为 40～50℃，70℃以上时硫酸盐还原菌的生长受到抑制。集输系统中的 CO_2 不能作为碳源为硫酸盐还原菌供能，且大部分 CO_2 溶解于原油中，水中溶解的 CO_2 对集输系统的 pH 值改变不大，基本不会对硫酸盐还原菌的生长产生影响。

3. 海上油田硫化氢成因

自 20 世纪 80 年代开始，我国开始大规模开发海洋石油。海洋石油开发是一种高技术、高投入、高风险的系统工程。因此，中国海洋石油集团有限公司（中海油）各单位各级领导非常重视对安全风险的管理和防控。H_2S 是海洋石油开发过程中重要的潜在风险之一。经验表明，当 H_2S 浓度达到 700mg/L 以上时，中毒者会出现窒息、呼吸和心跳停止等情况；如果 H_2S 浓度达到 2000mg/L 以上，一口气就可能使中毒者死亡，很难抢救。海上油田作业人员非常集中，为了保证油田作业人员的身体健康和生命安全，国家相关部门先后出台了有关油气开发过程中对 H_2S 进行防控的相关规定和要求。H_2S 是一种酸性腐蚀性气体，在有水的条件下会对生产设备和集输管线造成腐蚀。H_2S 导致的最重要的腐蚀风险是硫化物应力腐蚀开裂，另外也会由于在金属表面发生电化学反应而导致失重腐蚀。失重腐蚀最为常见，会使钢材产生蚀坑、斑点或大面积脱落，造成设备变薄、穿孔或强度减弱等问题。一般情况下，H_2S 与 CO_2 常常共存于油气中，二者引起的腐蚀存在竞争和协同效应，腐蚀类型随材质、H_2S/CO_2 分压之比和温度等条件变化而趋于复杂。研究发现，在气相 H_2S 含量低于 500mg/L 且 pH 小于 5，金属表面没有碳酸盐或硫化物沉积膜的条件下，即使微量的 H_2S 也会使 CO_2 腐蚀速率明显大幅降低。在湿 H_2S 环境中，H_2S 对钢材造成的主要腐蚀形态是氢鼓泡、氢致开裂、硫化物应力腐蚀开裂和应力导向氢致开裂等。其中硫化物应力腐蚀开裂风险最为严重，一旦发生管线突然断裂，会导致油气泄漏，造成海洋生态环境污染和重大经济损失，后果非常严重。因此，高含 H_2S 油气田的生产设备和集输管线设计必须按照相关国际标准进行选材，采取适当措施降低 H_2S 含量或进行腐蚀防护。

H_2S 对地层的危害主要在于其堵塞地层，影响油气开采。H_2S 溶解于水中，会生成 HS^- 和 S^{2-}，硫离子则会与 Fe^{2+} 反应生成 FeS 等难溶物，H_2S 还会与硫单质反应形成多硫化物，上述难溶物沉积均会堵塞地层孔隙。地层堵塞较为严重时，必须进行酸化解堵作业，以保障油气生产。

H_2S 对生态环境的直接危害主要有两个方面，一是对油田作业环境的危害，主要是对人的健康危害；二是其毒性和酸性对油藏生态环境的危害，会使大量有益微生物的生长受到抑制，进而可能会影响油气开采。H_2S 对生态环境的危害还在于其间接影响，一是对海底油气集输管线的应力腐蚀危害，一旦发生应力腐蚀开裂，会导致油气泄漏，对海洋生态环境造成无法挽回的重大损失；二是含大量含 H_2S 天然气不断燃烧会产生大量的二氧化硫（SO_2），对大气造成污染，并形成酸雨危害。

油田开采的原油可以按照含硫量分为超低硫原油、低硫原油、含硫原油和高硫原油四类，含硫越高，油品越差。H_2S 是油中含硫的重要来源。我国对天然气中的

H_2S 含量也制定了相关标准，规定民用天然气中 H_2S 含量不得超过 $20mg/m^3$。油田含硫油气外输不仅面临腐蚀风险，还会给下游炼化企业增加操作风险和炼化成本，因此必须进行脱硫处理。油气脱硫方法有很多，大致可以分为物理法、化学法和生物法三大类，其中物理吸附法多用于天然气脱硫，而化学法多用于原油脱硫。

目前，渤海湾几个海上油田已经发现有 H_2S 的存在。H_2S 的成因机理大致分为三大类：生物成因（生物降解、微生物硫酸盐还原）、热化学成因（热分解、硫酸盐热化学还原）和火山喷发成因，其中前两种成因较为常见。一般地，生物成因多是油田长期注水使硫酸盐还原菌大量繁殖所致，SRB 代谢过程以硫酸盐为底物将其转化为 H_2S，此类 H_2S 一般称为次生 H_2S。而热化学还原成因 H_2S 主要是硫酸盐与有机物或烃类在高温下（一般大于 150℃）发生作用，将硫酸盐矿物还原生成 H_2S 和二氧化碳，此类成因 H_2S 一般产生于油气成藏或储集阶段，因此也称为原生 H_2S。渤海湾盆地各油田储集层多为碎屑岩，根据戴金星院士多年研究结果，碎屑岩地层中原生 H_2S 含量很低甚至没有。碎屑岩一般埋藏较浅，不具备硫酸盐热化学还原反应的温度条件，而较低的温度较适宜微生物的生长繁殖。在海洋石油开发过程中为了保持地层压力，采取了注水开发方式，注水中含有不同水平的硫酸盐，加之油藏本身大量的有机物，为 SRB 代谢提供了丰富的营养。根据天津亿利科能源科技发展股份有限公司检测结果，渤海湾已经有几个油田生产水中 SRB 数量达到 $10 \sim 10^5$ 个 $/mL$，证实渤海湾海上油田 H_2S 多为生物成因。针对埕北油田生物成因 H_2S，中海油有限天津分公司和天津亿利科能源科技发展股份有限公司共同研究开展了 H_2S 治理工作。治理方法为定期对 SRB 进行杀菌处理，同时连续加注 H_2S 抑制剂，直接抑制 SRB 代谢过程，并通过激活有益微生物竞争性抑制 SRB 代谢底物，有效降低了埕北油田 H_2S 含量，保障了油田持续安全生产。

渤海油田伴生气硫化氢质量分数持续升高，通过对该油田不同层位流体性质、储层岩石组成、微生物生长情况进行分析，确定硫化氢成因为生物成因。由于硫化氢来源于硫酸盐热化学还原反应的可能较小，生物成因的必要条件包括：硫酸盐还原菌的存在、适宜的温度、富含有机化合物和烃类等营养源、厌氧环境、硫酸盐的存在、pH5 $\sim$ 9、矿化度 $10000 \sim 50000mg/L$。该海上油田油井产出液中硫酸盐还原菌浓度为 $0 \sim 25$ 个 $/mL$；储层温度在 $56 \sim 84$℃，符合硫酸盐还原菌生长环境；油田存在非常充足的硫酸盐还原菌生长所需的有机化合物和烃类；储层为封闭性较好的厌氧环境；馆陶组油井和东营组油井的硫酸盐含量较高；产出液 pH 为 $6.5 \sim 8.0$；产出液矿化度在 $10000 \sim 20000mg/L$。因此，渤海某油田储层满足生物成因所需的充足条件，该油田硫化氢主要是由储层中硫酸盐还原菌产生。在微生物作用下含硫化合物在还原环境下生成的硫化氢和原油降解生成的硫化氢。

生物硫化氢成因的控制因素包括：①硫酸盐还原菌，渤海 S 油田水质调查报告显示注入水中 SRB 量为 $2.4 \times 10^3 \sim 2.1 \times 10^6$ 个 /mL，远超出注水水质控制标准 25 个 /mL。②营养供给，S 油田存在非常充足的为硫酸盐还原菌提供营养所需的有机化合物和烃类。③生存环境。S 油田水源井和油井为厌氧环境，符合硫酸盐还原菌的生存环境。④硫酸盐含量。硫酸盐既是参加反应的物质，同时较高硫酸盐的存在，可以抑制甲烷菌的生长，保证硫酸盐还原菌的生长和发育。S 油田地层水中存在大量的溶解形式的硫酸盐。⑤酸碱度。统计了 619 井次的水分析数据，S 油田地层水 pH 主要集中在 6 ~ 8，符合微生物生存的酸碱度要求。⑥地产水矿化度为 10000mg/L ~ 50000mg/L 时对硫化氢的生成最为有利，S 油田地层水矿化度在 3175 ~ 22969mg/L 之间，位于最有利区间内。⑦ SRB 最适温度一般 30℃左右，可在 −5 ~ 75℃条件下生存，并能很快适应新的温度环境，具有芽孢的菌种可以耐受 80℃甚至更高温度。S 油田储层最高温度 65℃，未超出 SRB 的生存环境温度。通过上述七个方面的分析，S 油田具有生物成因生成硫化氢的条件。

四、硫化氢治理技术

1. 内源控制技术

内源控制技术，就是针对硫化氢产生的根源进行控制，从源头上切断硫化氢气体的产生。由于难以有效降低硫酸盐的数量，只有通过降低硫酸盐还原菌的数量，破坏硫化氢气体产生的链条，从而防治其在系统中富集。就石油集输系统而言，硫化氢气体的内源控制技术就是针对现气体的形成机制进行控制。由前面的讨论和前期研究结果可以知道，石油集输系统中硫化氢气体的形成主要是由于系统中不断滋生的硫酸盐还原菌的生物代谢造成的，因此，内源控制技术主要针对的是控制系统中的硫酸盐还原菌滋生，降低系统中微生物数量主要是硫酸盐还原菌的数量，从而防止系统中硫酸盐还原菌滋生并利用系统中的硫酸根产生硫化氢气体。

根据硫酸盐还原菌的生长习性及其生理特点，集输系统中的气体的内源控制技术主要有以下四种途径。

（1）改变微生物存在环境 总结油田中硫化氢气体产生形成的机理可以知道，石油集输系统中硫化氢气体的形成是由系统中不断累积的硫酸盐还原菌和体系中的硫酸根的相互作用而产生引起的，而硫酸盐还原菌只有在合适的环境条件下才能生长繁殖，通过改变环境的物理条件可控制硫化氢的形成。生物反应中，各种生物因子和非生物因子的改变都会直接影响的适应能力，决定硫酸盐还原菌生长和活性，也决定了生态演替过程中对不同种群的选择，比较重要的生态因子有 pH 值、温度、抑制剂、溶解氧和重金属等，据此可以采取相应的措施抑制的生长，从而有效降低硫化氢的产生量。

① 提高系统的 pH 值　集输系统中添加苛性钠与气体起作用可形成碱性盐，也就是硫化钠和水。随着苛性钠的添加，pH 值的增加，以硫化氢表示的含硫百分数低到一个很低的水平，当 pH 值为 9 时，可降至 0.6%。显然这种反应是可逆的。也就是说硫化氢用苛性钠处理后，一部分硫化氢变成硫化钠而溶于钻井液的水中，这是无害的。加进去的苛性钠越多就有更多的硫化氢变成相应的硫化钠。然而，如果苛性钠是不连续地添加或者遇到了更多的硫化氢，硫化钠就会从溶液里脱出成为危险的硫化氢气体。如果 pH 值降低，越来越多的硫化氢将从溶液里脱出。当遇到硫化氢时，就得强制性地保持钻井液的高 pH 值。

② 增加氧化还原电位　兼性厌氧和好氧细菌都可以利用水中的溶解氧，细菌的代谢和生长速率很大程度上取决于溶液中溶解氧的浓度。溶解氧的浓度是细菌存活的一个重要的条件。在好氧和兼性厌氧细菌体内均含有一套能够破坏某些氧衍生物毒性的酶系。严格厌氧的硫酸盐还原菌需要在一个严格的厌氧环境下才能生存，而且要求相对较低的氧化还原电位，一般认为氧化还原电位值在 $-100mV$ 以下硫酸盐还原菌才生长。当系统氧化还原电位高于 $-100mV$ 时，硫酸盐还原菌就难以生存，生物法制硫化氢就不能够产生。因此，可以通过增加氧化电位来抑制 SRB 的生长。硝酸盐还原的中间产物 NO 和 N_2O，都会相应增加环境的氧化还原电位，可以长时间地抑制硫酸还原菌的活性，抑制硫化物的产生。

③ 增加溶解氧　一般认为 SRB 是绝对厌氧菌，所以氧气也会对 SRB 的生长会产生很大的影响，且其生长的氧化还原电位应该低于 $-100mV$。以此为依据，油田系统中曾采用短时曝气法来杀灭注水中的 SRB。

④ 升高温度　温度很大程度上决定 SRB 的代谢活性和生长速度。在油田中 SRB 最适宜生长的温度为 $20\sim40℃$，在 $80\sim90℃$ 也能生存，在 $100℃$ 时不能生存。因此，周期性人为注入热水（$100℃$）可以杀死油田中的 SRB。

⑤ 提高矿化度　盐浓度过高会引起细胞组织的脱水死亡。含盐量对 SRB 的影响体现在通过水中渗透压的变化影响细菌物质运输的过程。环境中的含盐量小于 0.818% 时，SRB 正常生长；环境中的含盐量为 0.972%～2.280% 时，SRB 可以在沉积相中生长；环境中的含盐量大于 2.54% 时，SRB 的生长完全受到抑制。所以在不腐蚀石油集输管道条件下，向环境中注入高矿化度水或者氯化钠溶液可以抑制 SRB 的生长。

⑥ 硫化物的影响　一般认为废水中 SO_4^{2-} 是无毒的，但是在 SRB 的作用下，产生代谢产物如 S^{2-}、硫化氢和亚硫酸盐等，它们会对许多细菌的生长都有抑制作用。硫化氢的浓度对 SRB 的活性起着重要的影响，当硫化氢的浓度为 $40\sim50mg/L$ 时，硫酸盐还原菌的活性就会完全受到抑制。

⑦ 乙酸（HAc）　反应中未离解的乙酸，是抑制 SRB 细胞生长的一种物质。在

还原反应初期，硫化氢的抑制作用小于 HAc 的抑制作用。因为此时 pH 值较低，低 HAc 浓度对 SRB 起最主要的影响，而低硫化氢浓度对其抑制作用不是很明显。随着反应时间的进行，pH 值增加，硫化氢抑制作用将起主要作用，在 pH 值为中性时，SRB 主要受到体系硫化氢生成的影响，这时 HAc 的影响程度较小。

⑧ 紫外线照射和超声波处理　在普通的日光下，SRB 的活性也会受到完全抑制。紫外线具有很好的杀菌作用，对 SRB 的活性抑制更强，利用紫外线照射可以使石油集输系统的 SRB 的数量大大降低。一般紫外线灯在 260nm 波长附近时辐射最强，核酸能够吸收这个波段的波长。紫外线照射一段时间可以破坏 SRB 的蛋白质结构，有效降低 SRB 的数量。同时，如果超声波处理时，声波频率达到 $90 \sim 200kHz/s$ 及其以上时，细菌就会受到强烈冲击，使 SRB 被破坏，从而达到杀死 SRB 的目的。

⑨ 抑制剂　可作为硫酸盐还原反应的抑制剂物质主要有两种。其中一种是过渡金属，其抑制作用与流态密切相关，间歇流时对 SRB 有良好的选择性抑制作用，而连续流时其抑制作用是非选择性的；另一种是类似 SO_4^{2-} 结构的基团，如 CrO_4^{2-}、SeO_4^{2-}、$B_4O_7^{2-}$、WO_4^{2-}、MoO_4^{2-} 等，它们空间结构相同，其机理是可以通过空间替换代替 SO_4^{2-}，从而防止硫酸盐还原菌活性酶的产生。

（2）改变营养条件　改变微生物的营养条件，主要有切断碳源、氮源和取消硫酸根的供给。在这三种方法中，由于石油中的有机化合物可以作为微生物生命活动的碳源，完全切断碳源在集输系统中不可能也不现实。而氮源来源有水中的氨氮和石油中的含氮有机化合物，去除微生物生命活动中的氮源也相当困难。硫酸根是微生物活动过程中形成 H_2S 气体的主要硫源，因此，控制硫酸根在系统中的含量是降低硫化氢气体生成的主要措施，但是也很困难。

（3）杀菌　杀菌方法被广泛使用的一种方法，是最简单而有效的控制 SRB 生长的方法。其主要途径是通过投加杀菌剂杀死石油集输中 SRB 或抑制 SRB 的生长繁殖。目前常用的杀菌剂按其功能和组成主要分为两大类，即氧化型杀菌剂和非氧化型杀菌剂。

① 氧化型杀菌剂　主要包括臭氧、氯气、三氯异氰脲酸、稳定性二氧化氯、次氯酸钠、溴素、溴氯二甲基海因、溴氯甲乙基海因等。这类杀菌剂可以通过与细菌体内的代谢酶发生氧化作用，从而杀死细菌。也可以将氧化型杀菌剂与非氧化型杀菌剂配合使用来提高杀菌效率，降低处理成本的情况。

近年来，氧化型杀菌剂主要向安全高效的方向发展，如极强的杀菌能力，抑菌时间长，对皮肤无刺激，长期使用不会产生抗药性，抗有机物干扰，对金属无腐蚀作用，加入后无泡沫，易溶于水，可降解，环保且对环境无污染。但是氧化型杀菌剂的使用剂量较大，且现场使用效果不是很理想，有时甚至会污染环境，因此其推广应用也受到限制。

② 非氧化型杀菌剂 目前，国内大多数油田所使用的大部分是非氧化型杀菌剂，根据其作用基团及作用机理，通常可分为季铵盐类、酚类、季磷盐类、醛类、杂环化合物类、含氰基化合物类和复配型几类。

油田杀菌剂一般很少单独使用，都是和其他药剂复合使用，将两种或两种以上的杀菌剂与表面活性剂、溶剂复配，利用协同效应来提高杀菌效率。

（4）生物控制 生物控制法就是利用生物竞争抑制（bio-competitive exclusion，BCX）作用，通过微生物群的替代，以减少有害微生物的数量或去除有害的代谢产物。就油田而言，希望替代微生物能够产生天然气、聚合物、表面活性剂，防止和除去硫化物的同时提高油层采收率。

2. 外源控制技术

当石油集输系统中已经产生了硫化氢气体，为了防止设备的腐蚀及保证工作人员的人身安全，必须采取合理控制硫化氢的措施。硫化氢控制技术主要可分为两大类：第一类为石化、造纸、水处理等工业生产中产生的硫化氢的治理，治理的目的主要是保障作业人员的人身安全及避免污染环境；第二类为矿物石油、天然气、煤炭、石膏等开采过程中的硫化氢治理，主要目的是降低硫化氢浓度，减少对设备的腐蚀危害，从而来保证生产人员作业安全。

上述两种作用方式其实质是对已经产生的硫化氢进行处理，也是一种被动处理方式，采用的技术实际上是硫化氢气体的控制技术，不能从本质上解决硫化氢产生的根源，因此，一般将这种后处理方式称之为硫化氢气体的外源控制技术。

（1）物理法 主要有物理吸收法和膜分离法。物理吸收法就是利用物理吸收溶剂来实现对硫化氢气体的选择吸附。主要的方法有加压水洗法、活性炭法、分子筛法、碳酸丙烯酯法、冷甲醇法、环丁砜法和聚乙二醇二甲醚法等。膜分离法是一种利用气体中不同组分通过特制薄膜的速率差异来实现脱硫的。其主要优点是操作过程简单、能源消耗少、操作费用低、方便灵活、对环境无污染等。因此，可以说膜分离法在控制硫化氢气体方面具有广阔的发展前景。

（2）化学法

① 化学溶剂吸收法 化学溶剂吸收法是一种利用硫化氢与弱碱之间发生的可逆反应来脱除硫化氢，吸收液通常是弱碱性水溶液。较适合于操作压力较低或者是原料气中烃含量较高的场合。常见的化学溶剂吸收法主要包括有碳酸盐法、胺法、氨法等。化学吸收溶剂常采用常压加热修复再生来重复利用，假如采用分流再生可以大大降低再生的能耗，这种方法最节能。就物理吸收法而言，化学溶剂吸收法使用更多，因为化学溶剂吸收定量硫化氢所需接触阶段数比物理溶剂要少，而化学溶剂去除的程度却比物理溶剂要高。

② 化学沉淀法 硫化氢是二元弱酸，可以水解电离出硫离子，可以与很多金属离子生成难溶络合物，溶度积都很小，如 Ks_p（CuS）$=6.0×10^{-36}$，Ks_p（ZnS）$=1.6×10^{-24}$，Ks_p（FeS）$=6.0×10^{-18}$，Ks_p（NiS）$=3.0×10^{-19}$。

在石油集输系统中加入上述金属离子的盐或氧化物，与电离出来硫离子作用生成难溶化合物除去硫化氢。如果石油集输系统中伴生气体中含有硫化氢，可以使石油集输系统中伴生气体也就是硫化氢通过含金属离子的水溶液，硫化氢气体与盐水溶液作用而沉淀脱去硫化氢。常用的物质有硫酸铜、氧化锌、醋酸锌、碳酸亚铜、碱式碳酸锌、氧化铁、氧化亚铁和碱式碳酸镍等。

③ 克劳斯法 克劳斯法是最早应用的一种方法。在克劳斯燃烧炉内尾气中大部分被氧化，与进气发生反应生成单质。在脱硫过程中可根据气体流量的高低分别采用直流克劳斯法、分流克劳斯法、直接氧化克劳斯法。硫的总回收率可达到94%～96%。该方法应用较为广泛。

④ 氧化法 氧化法净化硫化氢气体，就是把硫化氢氧化为单质硫。有干法和湿法两种，在气相中进行的过程称之为干法氧化，反之在液相中进行的过程就是湿法氧化。采用的氧化剂通常有二氧化氯、氧气、氯气、双氧水、氯酸盐、臭氧等氧化性极强的物质。

（3）生物法 生物法是利用固定在多孔滤料上的微生物代谢硫化氢污染物。滤料被装填在生物滤塔中，在生物塔中形成滤床，气流通过滤床时，污染物质会从气流中转移到生物膜层上，进而被微生物代谢。

此外，随着科技的进步，硫化氢治理的种类也越来越多样化，有了很多新的方法，如介质阻挡放电低温等离子体技术、纳米光催化技术等。这些新方法仍在不断发展完善之中。随着人们环保意识和观念的逐渐增强，开发高效无次生污染的硫化氢治理技术已经成为研究的热门。多种治理方法的组合运用和新的治理方法的研究是今后研究的重要方向。

五、同步脱硫反硝化在硫化氢治理中的应用

同步脱硫反硝化工艺是一种通过噬硫细菌代谢硫离子，或通过反硝化细菌抑制硫酸盐还原菌滋生从而实现硫化氢气体去除的工艺。针对油田集输系统中硫化氢来源于生物代谢，其具有危害严重、分布广泛等问题，赵楠[175]研究了同步脱硫反硝化技术及其在油田中的应用，为实现油田以硫化氢气体为主的恶臭环境清洁治理与可持续发展提供理论与技术支持。其建立了两级 UASB 串联的同步脱硫反硝化工艺体系，其中一级反应器通过硫酸盐还原菌代谢产生硫化氢气体，以模拟油田实际生产工艺情况；而二级反应器在亚硝酸钠存在条件下通过反硝化细菌抑制

硫化氢的次生，从而实现同步脱硫反硝化抑制硫化氢的目的。研究表明，该工艺可在 80 天内成功启动。反应器启动成功后，一级反应器硫化氢转化率和二级反应器硫化氢去除率均可提高至 90% 以上。与此同时，一级反应器内硫酸盐还原菌可迅速达到 810000CFU/mL，二级反应器内反硝化细菌浓度也相应提升至 800000CFU/mL 左右，SRB 细菌数量不断减少，并降低至 100CFU/mL。在反应器启动过程中，一级反应器和二级反应器污泥形态均发生变化，由最初的絮状污泥演化形成颗粒状污泥；二级反应器污泥也从最开始黑色，逐渐变成乳白色。结果表明颗粒污泥在一级反应器和二级反应器中的运行效果均优于絮状污泥。一级反应器形成颗粒污泥的主要因素为硫酸根离子浓度，而二级反应器形成颗粒污泥的主要因素有亚硝酸钠投加量和回流流量。在一级反应器硫酸根浓度大于 1500mg/L，二级反应器亚硝酸钠投加量大于 40g，回流流量大于 60L/h 下，系统中污泥粒径最大，此时一级反应器粒径可达到 600μm，二级反应器可达到 140μm。在该粒径直径下同步脱硫反硝化的运行效果最好。进一步对系统颗粒污泥粉碎并提纯，发现一级反应器硫酸盐还原菌主要为脱硫杆菌，伴有少量的球状细菌；而二级反应器内反硝化细菌为异养细菌，其形态表现为等边三角形，边长为 4.58μm。将反应器培养出的同步脱硫反硝化二级颗粒污泥进行生物包埋以强化生物效果，并应用于现场。实验表明，生物包埋小球离开系统可存活 3 天左右，并于投入集输系统的 18 天后可以将反硝化细菌含量从最初 1100CFU/mL 提升至 800000CFU/mL 左右，并能将硫化氢浓度从初的 150mg/m³ 降低至 10mg/m³，达到《工作场所有害因素职业接触限值》（GBZ 2.1—2007）的要求。由此可证明同步脱硫反硝化在油田硫化氢治理中的可行性。

六、反硝化细菌治理硫化氢技术的应用

李岩等[176]研究了采用反硝化细菌（DNB）抑制硫酸盐还原工艺，降低石油集输系统中 H_2S 浓度的本源微生物治理 H_2S 模式。该工艺在实验中采用两级 UASB 反应器串联来实现。实验表明：在一级反应器成功启动后，其水中的 S^{2-} 浓度达到 120mg/L，SO_4^{2-} 的浓度为 200mg/L，硫酸盐转化率可达 75% 以上；二级 UASB 启动以后，出水 S^{2-} 降低至 200mg/L 以下，去除率约 83%。进一步实验表明 SO_4^{2-}/NO_2^- 质量浓度比、氧化还原电位（ORP）均会对 SRB 产生抑制作用。研究结果对石油集输系统中 H_2S 气体的控制具有参考价值，该技术在长庆油田现场实验，能使油井 H_2S 浓度平均降幅达到 87%，有效降低了长庆油田安全风险。

王堂彪等[177]通过建立两个 UASB 反应器（UASB-1 和 UASB-2），其中 UASB-1 模拟石油集输系统中硫酸盐还原菌的生存环境，强化系统中硫酸盐还原

菌的滋生，使其不断产生硫化氢气体。该系统液体随后进入后续 UASB-2 厌氧反应器，其主要作用是在其中形成反硝化作用的环境条件，以控制石油输集系统中不断滋生的硫酸盐还原菌，从而达到控制硫化氢气体的目的。实验结果表明，硫酸盐还原菌的最佳氧化还原电位为 $-370 \sim -300\text{mV}$，而反硝化细菌的最佳 ORP 为 $-150\text{mV} \sim -50\text{mV}$。向系统中加入亚硝酸盐可以迅速增加反应器中的 ORP 值，并且为反硝化细菌提供充足的氮源。当系统中的 $w(\text{SO}_4^{2-}):w(\text{NO}_2^-)=8:1.2$ 时，抑制效果最佳，可以将硫化氢的产生降低至 10%。运用 16S rDNA 基因克隆 - 变性梯度凝胶电泳分析方法研究了系统中微生物种属的变化情况。结果表明，反硝化细菌能够有效抑制系统中硫酸盐还原菌繁殖，系统中 3 种典型硫酸盐还原菌（脱硫弧菌、脱硫肠状菌、脱硫单胞菌）逐渐消失，同时反硝化细菌的种属和数量都显著增加。基于室内实验结果和理论分析，针对长庆油田采油四厂艾家湾作业区集输系统中硫化氢气体较高的问题，采用生物抑制技术对该系统中 H_2S 进行了处理。结果表明，采用单井反硝化生物抑制可以使集输系统沉降罐、污水罐中 H_2S 气体浓度由最初的 268mg/m^3 降低至《工作场所有害因素职业接触限值》（GBZ 2.1—2007）要求的 10mg/m^3 以下。在实验周期内，系统中的反硝化细菌的数量随加药时间的延长逐渐增加，从最初的 3000CFU/100mL 增加至 600000CFU /100mL，而此时系统内的 ORP 值由硫酸盐还原菌生存的最佳微环境（$-370 \sim -300\text{mV}$）升高至反硝化细菌生存的最佳微环境（$-100 \sim -50\text{mV}$）。对加入亚硝酸盐后的微生物种群进行测序发现，反硝化微生物种群和数量有很大发展，其中反硝化微生物主要有耐盐芽孢杆菌、产碱假单胞菌和奈瑟菌。其研究完善了集输系统中 H_2S 生物抑制技术研究，证实了该处理技术与实施工艺的可行性。

第六节　微生物在聚合物黏损中的作用

从 20 世纪的 40 年代开始，石油的开采过程基本包括三个阶段。第一阶段就是指一次采油，是指利用油藏天然能量开采的过程，原油靠地层的压力喷发而出，采收率为 5% ～ 15%；第二阶段为二次采油，是指采用外部补充储层能量（如注水）提高采油率，在自喷后期，可以将水由水井注入以保证地层压力的稳定，其采收率为 30% ～ 45%；在二次采油之后，油藏中还存有大量的原油，针对这部分原油的开采进入了第三阶段，即三次采油阶段。

三次采油是指油田在利用天然能量进行开采和传统的用人工增补能量（注水、注气）的基础之上，运用物理、化学、生物的新技术进行尾矿采油的开发方式。这种驱油方式主要是通过注入化学物质、蒸汽、气（混合相）或微生物等，从而改变驱替相和油水界面性质或者原油的物理性质。目前，我国大部分油田已进入三次采油阶段，三次采油的特点是向油层注入水以外的其他驱油剂来开采石油，目的是进一步提高原油的采收率，所以也被称为是提高采收率技术。

当今世界三次采油技术主要包括四种：微生物采油、气驱、热力驱以及化学驱。其中，化学驱又可分为表面活性剂驱、碱水驱、聚合物驱和复配的三元复合驱。

三元复合驱是一种新的三次采油技术，是一种多元组分复合的驱油体系，简称ASP，其主要成分就是碱、表面活性剂、聚合物。这种三元复合驱技术经过大庆油田的现场试验效果明显，在显著降低了驱油成本的同时，还能够达到较好的原油采收率。三元复合驱是我国三次采油提高采收率研究的主攻方向。由于我国的陆相沉积油田不同于国外海相沉积油田，比如，油藏的非均质性较大，水油流度比较高，所以化学驱更适合于我国的油田。

自 20 世纪 60 年代以来，大庆油田就开始不断加强有关三次采油的基础科学研究以及其相关的现场试验。大庆油田产出的石蜡基原油酸值较低，所以表面活性剂驱难以作为三次采油的主要驱油技术，对此，聚合物驱成为 20 世纪 80 年代初大庆油田三次采油的主要发展技术手段。随着科技的不断进步，20 世纪 90 年代初，大庆油田又进行了三元复合驱技术的研发。在此基础上，大庆油田的聚合物驱技术和三元复合驱技术又通过"七五""八五"及"九五"以来的诸多国家重点项目进行科技攻关，都取得了突破性的进展，特别是聚合物驱技术，已经成为大庆油田"高水平、高效益、可持续发展"的重要保障之一。

现阶段，三次采油已经成为我国的大部分油田的主要采油手段之一，而 ASP 三元复合驱三次采油技术已成为有效提高原油采收率的重要方法之一。聚丙烯酰胺类物质是构成聚合物的主要成分，其中包括阳离子聚丙烯酰胺（CPAM）、聚丙烯酰胺（PAM）和部分水解聚丙烯酰胺（HPAM），其主要应用于油田化学品、选矿、造纸和水处理，而其中以在三次采油领域消耗量最大。聚合物驱油技术对我国油藏的物化环境有较强的适应性，经过多年的研究，矿场试验也已取得全面成功，至今该技术已在油田进行工业化推广应用，并取得了较好的驱油效果。

聚合物驱油是通过在注入水中加入一定量相对分子质量高的聚合物，增加注入水的黏度，改善水油流度比。注入的聚合物溶液具有较高的黏度，通过油层后具有较高的残余阻力系数以及黏弹效应等。黏度越高，残余阻力系数越大，驱替相的流度就越小，驱替相与被驱替相的流度比就越小，聚合物驱扩大油层宏观和微观波及效率的作用就越大，采收率提高值就越高。随着油田工业化聚合物驱规模的逐年扩大，聚合物驱的清水用量也越来越大，同时产生大量的采出液。以大庆油田为例，在现有注采系统条件下，每年需要增加约 6.0×10^7 t 采出液。为了有效利用采出水，减少含聚污水排放，工业生产实践中多采用"清配污稀"方式循环利用油田采出水用于配制 HPAM 溶液，即采用清水配制 HPAM 母液，然后用经过处理的采出水将 HPAM 母液稀释到使用浓度后再注入地层。

目前，聚合物驱已形成了较为完善的配套工艺技术，但遇到的问题也逐渐增多，其中聚合物溶液黏度的稳定性一直是影响聚合物驱的关键问题。溶解氧、钙、镁等金属离子、矿化度及 pH 值等因素是影响聚合物溶液黏度稳定性的重要因素，在工业应用过程中，保持 HPAM 溶液黏度对于聚合物驱采油具有重要意义。

为了检验微生物对聚合物黏度的影响程度，选择 6 种不同类型的细菌（分别是腐生菌、硫酸盐还原菌、铁细菌、反硝化细菌、不动杆菌和假单胞菌）、2 种类型的聚合物（抗盐聚合物和普通聚合物）、3 种聚合物浓度（1600mg/L、2000mg/L、2400mg/L）、高矿化度（加 NaCl4g/L）和低矿化度（普通）以及有氧和无氧状态下进行检测。共计 144 个样品。

使用相应的液体培养基分别在合适条件下富集腐生菌、硫酸盐还原菌、铁细菌、反硝化细菌、不动杆菌和假单胞菌，使细菌密度达到 $10^6 \sim 10^8$ 个 /mL。大庆师范学院课题组对各类菌对聚合物黏度影响进行了研究。

一、腐生菌 (TGB) 对聚合物黏度的影响

1. 腐生菌对普通聚合物黏度的影响

如表 5-7 所示，在好氧条件下腐生菌对不同浓度的普通聚合物黏度影响较大，黏度下降较为显著；加盐降低了聚合物黏度。

◆ 表 5-7 好氧条件下 TGB 对普通聚合物黏度的影响

聚合物浓度	正常时黏度 /mPa·s				加盐（4g/L）时黏度 /mPa·s			
	0h	24h	48h	72h	0h	24h	48h	72h
1600mg/L	174	54	46	28	136	47	45	26
2000mg/L	255	81	76	52	159	79	66	45
2400mg/L	365	91	82	62	320	89	79	57

如表 5-8 所示，与好氧条件下相比，在厌氧条件下腐生菌对不同浓度的普通聚合物黏度影响较小；加盐降低了聚合物黏度。

◆ 表5-8 厌氧条件下 TGB 对普通聚合物黏度的影响

聚合物浓度	正常时黏度 /mPa · s				加盐（4g/L）时黏度 /mPa · s			
	0h	24h	48h	72h	0h	24h	48h	72h
1600mg/L	174	86	92	105	136	66	71	82
2000mg/L	255	143	168	169	159	65	83	92
2400mg/L	365	174	182	196	320	134	156	162

2. 腐生菌对抗盐聚合物黏度的影响

如表 5-9 所示，与普通聚合物相似，在好氧条件下腐生菌对不同浓度的抗盐聚合物黏度影响较大，黏度下降较为显著；加盐降低了聚合物黏度。

◆ 表5-9 好氧条件下 TGB 对抗盐聚合物黏度的影响

聚合物浓度	正常时黏度 /mPa · s				加盐（4g/L）时黏度 /mPa · s			
	0h	24h	48h	72h	0h	24h	48h	72h
1600mg/L	218	77	54	49	149	66	58	41
2000mg/L	294	101	69	65	212	85	66	46
2400mg/L	395	156	149	107	339	120	84	80

如表 5-10 所示，与好氧条件下相比，在厌氧条件下腐生菌对不同浓度的抗盐聚合物黏度影响较小；加盐降低了聚合物黏度。

◆ 表5-10 厌氧条件下 TGB 对抗盐聚合物黏度的影响

聚合物浓度	正常时黏度 /mPa · s				加盐（4g/L）时黏度 /mPa · s			
	0h	24h	48h	72h	0h	24h	48h	72h
1600mg/L	218	98	107	122	149	86	91	106
2000mg/L	294	159	165	169	212	95	96	99
2400mg/L	395	212	221	229	339	169	178	182

二、硫酸盐还原菌（SRB）对聚合物黏度的影响

1. 硫酸盐还原菌对普通聚合物黏度的影响

如表 5-11 所示，在好氧条件下硫酸盐还原菌对不同浓度的普通聚合物黏度影响较小，黏度下降不明显；加盐在一定程度上降低了聚合物黏度。

◆ 表 5-11　好氧条件下 SRB 对普通聚合物黏度的影响

聚合物浓度	正常时黏度 /mPa·s				加盐（4g/L）时黏度 /mPa·s			
	0h	24h	48h	72h	0h	24h	48h	72h
1600mg/L	174	79	85	106	136	70	84	89
2000mg/L	255	81	119	126	159	79	98	109
2400mg/L	365	176	202	220	320	140	144	188

如表 5-12 所示，与好氧条件下相比，在厌氧条件下硫酸盐还原菌对不同浓度的普通聚合物黏度影响较大，黏度降低较为显著；加盐显著降低了聚合物黏度。

◆ 表 5-12　厌氧条件下 SRB 对普通聚合物黏度的影响

聚合物浓度	正常时黏度 /mPa·s				加盐（4g/L）时黏度 /mPa·s			
	0h	24h	48h	72h	0h	24h	48h	72h
1600mg/L	174	69	62	58	136	45	38	25
2000mg/L	255	92	88	70	159	56	50	33
2400mg/L	365	126	108	94	320	86	74	66

2. 硫酸盐还原菌对抗盐聚合物黏度的影响

如表 5-13 所示，在好氧条件下，硫酸盐还原菌对不同浓度的抗盐聚合物黏度影响较小，黏度下降不明显；加盐在一定程度上降低了聚合物黏度。

◆ 表 5-13　好氧条件下 SRB 对抗盐聚合物黏度的影响

聚合物浓度	正常时黏度 /mPa·s				加盐（4g/L）时黏度 /mPa·s			
	0h	24h	48h	72h	0h	24h	48h	72h
1600mg/L	218	84	89	131	149	74	86	92
2000mg/L	294	95	102	157	212	90	106	129
2400mg/L	395	205	255	265	339	185	198	204

如表 5-14 所示，与好氧条件下相比，在厌氧条件下硫酸盐还原菌对不同浓度的抗盐聚合物黏度影响较大；加盐显著降低了聚合物黏度。

◆ 表5-14　厌氧条件下 SRB 对抗盐聚合物黏度的影响

聚合物浓度	正常时黏度 /mPa·s				加盐（4g/L）时黏度 /mPa·s			
	0h	24h	48h	72h	0h	24h	48h	72h
1600mg/L	218	89	84	76	149	64	61	57
2000mg/L	294	130	123	115	212	76	70	65
2400mg/L	395	152	145	139	339	106	92	87

3. 铁细菌 (IB) 对聚合物黏度的影响

（1）铁细菌对普通聚合物黏度的影响

如表 5-15 所示，在好氧条件下铁细菌对不同浓度的普通聚合物黏度影响较大，黏度下降极为显著；加盐降低了聚合物黏度。

◆ 表5-15　好氧条件下 IB 对普通聚合物黏度的影响

聚合物浓度	正常时黏度 /mPa·s				加盐（4g/L）时黏度 /mPa·s			
	0h	24h	48h	72h	0h	24h	48h	72h
1600mg/L	174	57	40	35	136	60	32	25
2000mg/L	255	70	66	60	159	69	58	43
2400mg/L	365	110	105	92	320	78	64	57

如表 5-16 所示，与好氧条件下相比，在厌氧条件下铁细菌对不同浓度的普通聚合物黏度影响同样较大；加盐也有所降低聚合物黏度。

◆ 表5-16　厌氧条件下 IB 对普通聚合物黏度的影响

聚合物浓度	正常时黏度 /mPa·s				加盐（4g/L）时黏度 /mPa·s			
	0h	24h	48h	72h	0h	24h	48h	72h
1600mg/L	174	39	33	21	136	27	22	16
2000mg/L	255	41	39	23	159	32	23	18
2400mg/L	365	47	41	29	320	38	31	24

（2）铁细菌对抗盐聚合物黏度的影响

如表 5-17 所示，与普通聚合物相似，在好氧条件下铁细菌对不同浓度的抗盐聚合物黏度影响较大；加盐降低了聚合物黏度。

◆ 表 5-17　好氧条件下 IB 对抗盐聚合物黏度的影响

聚合物浓度	正常时黏度 /mPa·s				加盐（4g/L）时黏度 /mPa·s			
	0h	24h	48h	72h	0h	24h	48h	72h
1600mg/L	218	71	60	47	149	60	46	38
2000mg/L	294	83	79	70	212	68	49	53
2400mg/L	395	159	136	132	339	96	85	68

如表 5-18 所示，与好氧条件下相比，在厌氧条件下铁细菌对不同浓度的抗盐聚合物黏度影响较大；加盐显著降低了聚合物黏度。

◆ 表 5-18　厌氧条件下 IB 对抗盐聚合物黏度的影响

聚合物浓度	正常时黏度 /mPa·s				加盐（4g/L）时黏度 /mPa·s			
	0h	24h	48h	72h	0h	24h	48h	72h
1600mg/L	218	56	47	44	149	38	25	19
2000mg/L	294	75	73	61	212	40	29	23
2400mg/L	395	89	83	79	339	79	71	65

4. 反硝化细菌 (DNB) 对聚合物黏度的影响

（1）反硝化细菌对普通聚合物黏度的影响

如表 5-19 所示，在好氧条件下反硝化细菌对不同浓度的普通聚合物黏度影响较小；加盐在一定程度上降低了聚合物黏度。

◆ 表 5-19　好氧条件下 DNB 对普通聚合物黏度的影响

聚合物浓度	正常时黏度 /mPa·s				加盐（4g/L）时黏度 /mPa·s			
	0h	24h	48h	72h	0h	24h	48h	72h
1600mg/L	174	126	122	121	136	96	89	92
2000mg/L	255	189	187	188	159	132	126	122
2400mg/L	365	219	214	216	320	192	188	184

如表 5-20 所示，与好氧条件下相比，在厌氧条件下反硝化细菌对不同浓度的普通聚合物黏度影响同样较小；加盐在一定程度上降低了聚合物黏度。

◆ 表 5-20 厌氧条件下 DNB 对普通聚合物黏度的影响

聚合物浓度	正常时黏度 /mPa·s				加盐（4g/L）时黏度 /mPa·s			
	0h	24h	48h	72h	0h	24h	48h	72h
1600mg/L	174	132	124	116	136	104	92	89
2000mg/L	255	178	173	167	159	138	126	122
2400mg/L	365	216	212	207	320	196	184	182

（2）反硝化细菌对抗盐聚合物黏度的影响

如表 5-21 所示，与普通聚合物相似，在好氧条件下反硝化细菌对不同浓度的抗盐聚合物黏度影响较小；加盐降低了聚合物黏度。

◆ 表 5-21 好氧条件下 DNB 对抗盐聚合物黏度的影响

聚合物浓度	正常时黏度 /mPa·s				加盐（4g/L）时黏度 /mPa·s			
	0h	24h	48h	72h	0h	24h	48h	72h
1600mg/L	218	189	184	181	149	118	114	113
2000mg/L	294	195	202	197	212	146	139	134
2400mg/L	395	235	232	228	339	214	198	194

如表 5-22 所示，与好氧条件下相比，在厌氧条件下反硝化细菌对不同浓度的抗盐聚合物黏度影响较小；加盐在一定程度上降低了聚合物黏度。

◆ 表 5-22 厌氧条件下 DNB 对抗盐聚合物黏度的影响

聚合物浓度	正常时黏度 /mPa·s				加盐（4g/L）时黏度 /mPa·s			
	0h	24h	48h	72h	0h	24h	48h	72h
1600mg/L	218	189	182	176	149	124	112	104
2000mg/L	294	206	196	184	212	163.	155	146
2400mg/L	395	236	232	227	339	212	198	193

5. 不动杆菌对聚合物黏度的影响

（1）不动杆菌对普通聚合物黏度的影响

如表 5-23 所示，在好氧条件下不动杆菌对不同浓度的普通聚合物黏度影响较大；加盐在一定程度上降低了聚合物黏度。

◆ 表 5-23　好氧条件下不动杆菌对普通聚合物黏度的影响

聚合物浓度	正常时黏度 /mPa·s				加盐（4g/L）时黏度 /mPa·s			
	0h	24h	48h	72h	0h	24h	48h	72h
1600mg/L	174	85	74	68	136	67	62	56
2000mg/L	255	105	96	94	159	79	72	69
2400mg/L	365	122	114	112	320	101	92	90

如表 5-24 所示，与好氧条件下相比，在厌氧条件下不动杆菌对不同浓度的普通聚合物黏度影响不显著；加盐在一定程度上降低了聚合物黏度。

◆ 表 5-24　厌氧条件下不动杆菌对普通聚合物黏度的影响

聚合物浓度	正常时黏度 /mPa·s				加盐（4g/L）时黏度 /mPa·s			
	0h	24h	48h	72h	0h	24h	48h	72h
1600mg/L	174	97	92	90	136	82	76	72
2000mg/L	255	124	116	112	159	104	96	92
2400mg/L	365	162	158	156	320	136	124	119

（2）不动杆菌对抗盐聚合物黏度的影响

如表 5-25 所示，与普通聚合物相似，在好氧条件下不动杆菌对不同浓度的抗盐聚合物黏度影响较大；加盐在一定程度上降低了聚合物黏度。

◆ 表 5-25　好氧条件下不动杆菌对抗盐聚合物黏度的影响

聚合物浓度	正常时黏度 /mPa·s				加盐（4g/L）时黏度 /mPa·s			
	0h	24h	48h	72h	0h	24h	48h	72h
1600mg/L	218	97	84	82	149	76	68	62
2000mg/L	294	116	109	102	212	85	78	74
2400mg/L	395	145	136	129	339	124	115	113

如表 5-26 所示，与好氧条件下相比，在厌氧条件下不动杆菌对不同浓度的抗盐聚合物黏度影响较小；加盐在一定程度上降低了聚合物黏度。

◆ 表 5-26 厌氧条件下不动杆菌对抗盐聚合物黏度的影响

聚合物浓度	正常时黏度 /mPa·s				加盐（4g/L）时黏度 /mPa·s			
	0h	24h	48h	72h	0h	24h	48h	72h
1600mg/L	218	109	102	100	149	91	86	83
2000mg/L	294	132	126	122	212	119	113	110
2400mg/L	395	154	144	141	339	139	132	130

6. 假单胞菌对聚合物黏度的影响

（1）假单胞菌对普通聚合物黏度的影响

如表 5-27 所示，在好氧条件下假单胞菌对不同浓度的普通聚合物黏度影响较大；加盐在一定程度上降低了聚合物黏度。

◆ 表 5-27 好氧条件下假单胞菌对普通聚合物黏度的影响

聚合物浓度	正常时黏度 /mPa·s				加盐（4g/L）时黏度 /mPa·s			
	0h	24h	48h	72h	0h	24h	48h	72h
1600mg/L	174	57	52	46	136	52	43	39
2000mg/L	255	72	65	62	159	64	54	48
2400mg/L	365	107	96	91	320	78	72	64

如表 5-28 所示，与好氧条件下相比，在厌氧条件下假单胞菌对不同浓度的普通聚合物黏度影响也较大；加盐在一定程度上降低了聚合物黏度。

◆ 表 5-28 厌氧条件下假单胞菌对普通聚合物黏度的影响

聚合物浓度	正常时黏度 /mPa·s				加盐（4g/L）时黏度 /mPa·s			
	0h	24h	48h	72h	0h	24h	48h	72h
1600mg/L	174	79	73	71	136	69	61	59
2000mg/L	255	107	106	101	159	82	78	76
2400mg/L	365	121	114	109	320	104	98	94

（2）假单胞菌对抗盐聚合物黏度的影响

如表 5-29 所示，与普通聚合物相似，在好氧条件下假单胞菌对不同浓度的抗盐聚合物黏度影响较大；加盐在一定程度上降低了聚合物黏度。

◆ 表 5-29　好氧条件下假单胞菌对抗盐聚合物黏度的影响

聚合物浓度	正常时黏度 /mPa·s				加盐（4g/L）时黏度 /mPa·s			
	0h	24h	48h	72h	0h	24h	48h	72h
1600mg/L	218	72	67	64	149	62	58	55
2000mg/L	294	86	79	75	212	74	71	68
2400mg/L	395	122	117	112	339	111	104	102

如表 5-30 所示，与好氧条件下相比，在厌氧条件下不动杆菌对不同浓度的抗盐聚合物黏度影响也较大；加盐在一定程度上降低了聚合物黏度。

◆ 表 5-30　厌氧条件下假单胞菌对抗盐聚合物黏度的影响

聚合物浓度	正常时黏度 /mPa·s				加盐（4g/L）时黏度 /mPa·s			
	0h	24h	48h	72h	0h	24h	48h	72h
1600mg/L	218	96	89	85	149	81	76	72
2000mg/L	294	124	115	112	212	104	100	99
2400mg/L	395	142	136	133	339	129	122	119

参考文献

[1] Magdaliniuk S，Block J C，Leyvalc，et al. Biodegradation of naphthalene in montmorillonite polyacryamide suspensions [J]. Water Sci Technol，1995，31（1）：85-94.

[2] 李宜强，沈传海，景贵成，等. 微生物降解 HPAM 的机理及其应用 [J]. 石油勘探与开发，2006，33（6）：738-743.

[3] Kunichika N，Shinichi K. Isolation of polyacrylamide-degrading bacteria [J]. J Ferment Bioengng，1995，80（4）：418-420.

[4] Kay-Shoemake J L，Watwood M E，Sojka R E，et al. Polyacrylmideas a substrate for microbial amidase in culture and soil [J]. Soil Biol Biochem，1998，30（13）：1647-1654.

[5] Kay-Shoemake J L，Watwood M E，Lentz R D，et al. Polyacrylmide as an organic nitrogen source for soil microorganisms with potential effects on inorganic soil nitrogen in agricultural soil [J]. Soil Biol Biochem，1998，30（8/9）：1045-1052.

[6] Grula M M，Huang M，Sewell G.Interactions of certain polyacrylamides with soil bacteria [J]. Soil Sci，1994，158（4）：291-300.

［7］Abdelmagid H M，Tabatabai M A.Decomposition of acrylamide in soils［J］.J Environ Quality，1982，11（4）：701-704.

［8］Sutherland G R J，Haselbach J. Biodegradation of crosslinked acrylic polymers by a white-rot fungus［J］. Environ Sci Pollution Res，1997，4（1）：16-20.

［9］黄峰，范汉香，董泽华，等. 硫酸盐还原菌对水解聚丙烯酰胺的生物降解性研究［J］. 石油炼制与化工，1999，30（1）：33-36.

［10］程林波，张鸿涛. 废水中聚丙烯酰胺的生物降解试验研究初探［J］. 环境保护，2004，1：20-23.

［11］李蔚，刘如林，梁凤来，等. 一株聚丙烯酰胺降解菌降解聚丙烯酰胺及原油性能研究［J］. 环境科学学报，2004，24（6）：1116-1121.

［12］韩昌福，郑爱芳，李大平. 聚丙烯酰胺生物降解研究［J］. 环境科学，2006，27（1）：151-153.

［13］孙晓君，王志平，刘莉莉，等. 油田驱采出水中聚丙烯酰胺在 SBR 中的生物降解特性研究［J］. 化学与生物工程，2005，（2）：16-17.

［14］魏利，马放. 一株聚丙烯酰胺降解菌的分离鉴定及其生物降解［J］. 华东理工大学学报（自然科学版），2007，33（1）：57-60.

［15］佘跃惠，周玲革，舒福昌，等. 七株聚丙烯酰胺降解菌对 PAM 的降解性能评价［J］. 生物技术，2005，15（5）：63-66.

［16］惠云博. 生物法处理含聚污水［J］. 油气田地面工程，2012.31（2）：74.

［17］周佩庆，高鹏. 生物法处理油田生产污水应用研究［J］. 环境工程，2014，32（S1）：263-266.

［18］周佩庆，高鹏. 生物法处理油田生产污水应用研究报告［J］. 环境工程，2014，32（S1）：259-262+251.

［19］魏泽刚. 生物法处理含聚污水效果分析［J］. 中国石油和化工标准与质量，2011，31（7）：85.

［20］路坤桥，马帅，邵才南，等. 七区油藏含聚污水微生物综合处理中试［J］. 内蒙古石油化工，2015，41（03）：32-33.

［21］史显波，杨春光，严伟，等. 管线钢的微生物腐蚀［J］. 中国腐蚀与防护学报，2019，39（1）：9-17.

［22］Zhang M，Wang H，Han X. Preparation of metal-resistant immobilized sulfate reducing bacteria beads for acid mine drainage treatment［J］. Chemosphere，2016，154：215-223.

［23］Smith W L，Gadd G M. Reduction and precipitation of chromate by mixed culture sulphate-reducing bacterial biofilms［J］. Journal of Applied Microbiology，2000，88（6）：983-991.

［24］Yuan S，Liang B，Zhao Y，et al. Surface chemistry and corrosion behaviour of 304 stainless steel in simulated seawater containing inorganic sulphide and sulphate-reducing bacteria［J］. Corrosion Science，2013，74：353-366.

［25］Chen X，Wang G F，Gao F J，et al. Effects of sulphate-reducing bacteria on crevice corrosion in X70 pipeline steel under disbonded coatings［J］. Corros. Sci.，2015，101：1.

［26］Alabbas F M，Williamson C，Bhola S M，et al. Influence of sulfate reducing bacterial biofilm on corrosion behavior of low-alloy，high-strength steel（API-5L X80）［J］. Int. Biodeter. Biodegr.，2013，78：34.

［27］Wu T Q，Xu J，Yan M C，et al. Synergistic effect of sulfate-reducing bacteria and elastic stress on corrosion of X80 steel in soil solution［J］. Corros. Sci.，2014，83：38.

［28］Kuang F，Wang J，Yan L，et al. Effects of sulfate-reducing bacteria on the corrosion behavior of carbon steel［J］. Electrochim. Acta，2007，52：6084.

［29］Lee J S，Ray R I. The influence of marine biofilms on corrosion：A concise review［J］. Electrochim. Acta，2008，54：2.

［30］Javed M，Neil W，Stoddart P，et al. Influence of carbon steel grade on the initial attachment of bacteria and microbiologically influenced corrosion［J］. Biofouling，2016，32：109.

［31］Okabe S，Odagiri M，Ito T，et al. Succession of sulfur-oxidizing bacteria in the microbial community on corroding concrete in sewer systems［J］. Applied and Environmental Microbiology，2007，73（3）：971-

980.

［32］Wang H，Ju L K，Castaneda H，et al. Corrosion of carbon steel C1010 in the presence of iron oxidizing bacteria Acidithiobacillus ferrooxidans［J］. Corrosion Science，2014，89：250-257.

［33］Sowards J W，Mansfield E. Corrosion of copper and steel alloys in a simulated underground storage-tank sump environment containing acid-producing bacteria［J］. Corrosion Science，2014，87：460-471.

［34］Beech I B，Smith J R，Steele A，et al. The use of atomic force microscopy for studying interactions of bacterial biofilms with surfaces［J］. Colloids and Surfaces B：Biointerfaces，2002，23（2）：231-247.

［35］上海钢研究所. 海洋用钢腐蚀研究［M］. 上海：上海科技出版社，1978.

［36］Iverson W P. Microbes play a considerable role incorrosion［J］. Proc conf Biol corrosion，1985，32（10）：327-330.

［37］Von Wolzogen Kukr A，Van der Vlugt S，Van Gietijzerals. Electro biochemich Process Manscrobe Gronden Water［J］. Corrosion，1984，18（6）：147.

［38］郭稚弧，楚喜丽，齐公台，等. 碳钢在油田现场土壤中的腐蚀研究［J］. 腐蚀与防护，1999，（5）：24-26.

［39］King R A. Study on mechansim of microbiology corrosion［J］. Nature，1971，233（5）：491.

［40］Booth G H. Cathodic characteristics of mild steel in suspensions of sulfate-reducing bacteria［J］.Corros Sci，1968（8）：583-600.

［41］King R A. Corrosion of mild steel by iron sulfides［J］. Br Corr J，1973，（8）：137.

［42］郭稚弧. 硫酸盐还原菌导致的碳钢厌氧腐蚀［J］. 油田化学，1988，5（4）：319.

［43］Iveson W P. Direct evidence for the cathodic depolarization theory of bacterial corrosion［J］. Science，1966，151：986.

［44］Pope D H，Alan Morris E. Some experiences with microbiologically influenced corrosion of pipelines［J］. Materials Performance，1995，34（5）：23-28.

［45］King R A. Study on mechanism of microbiology corrosion［J］. Nature，1971，233（5）：491-492.

［46］滕琳，陈旭. 海洋环境中金属电偶腐蚀研究进展［J］. 中国腐蚀与防护学报，2022，42（04）：531-539.

［47］Bremmer P J，Geesey G G，Drake B. Elucidating corrosion phenomena related to biofilms on metals surface using atomic force microscopy［J］. Corr Microbiol，1992，24：223.

［48］Steele A，Goddard D T，Beech I B. Atomic for cemicroscopy study of micro biological influenced corrosion SRB biofilms on steel surface［J］. Int BiodeteriorBiodegrad，1994，34：35.

［49］Beech I B.Biofilm formation on mild steel coupons by pseudomonas and desulfovibrio［J］. Biofouling，1993，7（2）：129.

［50］Xu Li Chong，Herbert H P，Chan Kwong-Yu. Atomic force microscopy study of microbiological influenced corrosion［J］. J of the Electrochemical Society，1999，146（12）：4455-4460.

［51］杜向前，段继周，翟晓凡. 铁还原细菌 Shewanella algae 生物膜对 316L 不锈钢腐蚀行为的影响［J］. 中国腐蚀与防护学报，2013，33（5）：363-370.

［52］黄怀炜. 油田集输管线微生物（SRB/TGB）腐蚀实验研究［D］. 北京：中国石油大学，2020.

［53］张一梦，郑泽旭，段继周. 海洋中石油烃类降解与微生物腐蚀关系研究［J］. 表面技术，2019，48（7）：211-219.

［54］Gaylarde C C，Bento F M，Kelley. Microbial contamination of stored hydrocarbon fuels and its control［J］. Rev microbiol，1999，30（1）：1-10.

［55］王正泉. 华南某成品油管道沉积物中微生物腐蚀行为研究［D］. 青岛：中国科学院海洋研究所，2020.

［56］Liu H，Fu C，Gu T，et al. Corrosion behavior of carbon steel in the presence of sulfate reducing bacteria and iron oxidizing bacteria cultured in oilfield produced water［J］. Corrosion Science，2015，100：484-495.

［57］Xu D，Gu T. Carbon source starvation triggered more aggressive corrosion against carbon steel by the Desulfovibrio vulgaris biofilm［J］. International Biodeterioration & Biodegradation，2014，91：74-81.

[58] Power C A, Grand C L, Ismail N, et al. A valid ELISPOT assay for enumeration of ex vivo, antigen-specific, IFNγ-producing T cells [J]. Journal of immunological methods, 1999, 227 (1-2): 99-107.

[59] 宗月, 谢飞, 吴明, 等. 硫酸盐还原菌腐蚀影响因素及防腐技术的研究进展 [J]. 表面技术, 2016, 45 (03): 24-30, 95.

[60] Zuo R, Wood T K. Inhibiting mild steel corrosion from sulfate-reducing and iron-oxidizing bacteria using gramicidin-S-producing biofilms [J]. Applied Microbiology and Biotechnology, 2004, 65 (6): 747-753.

[61] Yang F, Shi B, Bai Y, et al. Effect of sulfate on the transformation of corrosion scale composition and bacterial community in cast iron water distribution pipes [J]. Water research, 2014, 59: 46-57.

[62] 罗丽, 刘永军, 王晓昌. 石油集输系统中硫酸盐还原菌的分布和多样性 [J]. 环境科学, 2010, 31 (9): 2160-2165.

[63] 娄云天, 何盛宇, 陈旭东, 等. 海洋环境中油气管道的微生物腐蚀研究进展 [J]. 表面技术, 2022, 51 (5): 129-138.

[64] Spark I, Patey I, Duncan B, et al. The Effects of Indigenous and Introduced Microbes on Deeply Buried Hydrocarbon Reservoirs, North Sea [J]. Clay Minerals, 2000, 35 (1): 5-12.

[65] Bhupathiraju V K, Mcinerney M J, Woese C R, et al. Haloanaerobium Kushneri Sp. Nov., an Obligately Halophilic, Anaerobic Bacterium from an Oil Brine [J]. International Journal of Systematic Bacteriology, 1999, 49 Pt 3: 953-960.

[66] Rengpipat S, Langworthy T A, Zeikus J G. Halobacteroides Acetoethylicus Sp. Nov., a New Obliga, tely Anaerobic Halophile Isolated from Deep Subsurface Hypersaline Environments [J]. Systematic and Applied Microbiology, 1988, 11 (1): 28-35.

[67] Zhou Lei, Lu Yu-wei, Wang Da-wei, et al. Microbial Community Composition and Diversity in Production Water of a High-Temperature Offshore Oil Reservoir Assessed by DNA- and RNA-Based Analyses [J]. Inter, national Biodeterioration & Biodegradation, 2020, 151: 104970.

[68] Kato S, Yumoto I, Kamagata Y. Isolation of Acetogenic Bacteria that Induce Biocorrosion by Utilizing Metallic Iron as the Sole Electron Donor [J]. Applied and Environmental Microbiology, 2015, 81 (1): 67-73.

[69] Pillay C, Lin J. Metal corrosion by aerobic bacteria isolated from stimulated corrosion systems : effects of additional nitrate sources [J]. International Biodeterioration & Biodegradation, 2013, 83: 158-165.

[70] 庄文, 初立业, 邵宏波. 油田采出液中硝酸盐还原菌的分离培养及对硫酸盐还原菌的抑制研究 [J]. 生态学报, 2011, 31 (2): 281-288.

[71] 杨德玉, 张颖, 史荣久, 等. 硝酸盐抑制油田采出水中硫酸盐还原菌活性研究 [J]. 环境科学. 2014, 35 (1): 319-326.

[72] Sandbeck K A, Hitzman D O. Proceeding of the fifth international conference on MEOR and related biotechnology for solving environmental problems [Z]. Bryand : United States Department of Energy, 1995: 311-319.

[73] 刘宏芳, 汪梅芳, 许立铭. 硫酸盐还原菌腐蚀的微生物防治研究进展 [J]. 腐蚀科学与防护技术, 2003, 15 (3): 161-163.

[74] 乔丽艳, 叶坚, 刘万丰, 等. 反硝化技术在油田的应用 [J]. 石油规划设计, 2014, 25 (1): 21-22.

[75] 张冰, 张雨, 牛永超, 等. 油田地面系统反硝化药剂配方的研制 [J]. 油气田地面工程, 2017, 36 (4): 27-28.

[76] Jayaraman A, Hallock P J, Carson R M, et al. Inhibiting sulfate-reducing bacteria in biofilms on steel with antimicrobial peptides generated in situ [J]. 1999, 52 (2): 267-275.

[77] Örnek D, Jayaraman A, Syrett B, et al. Pitting corrosion inhibition of aluminum 2024 by Bacillus biofilms secreting polyaspartate or γ-polyglutamate [J]. Applied Microbiology and Biotechnology, 2002, 58 (5): 651-657.

[78] 盖洁超，张胜，吴鹏. 煤层气井酸洗中聚天冬氨酸的缓蚀效果研究 [J]. 石油化工应用，2018，37（12）：61-63.

[79] 李春梅，谷宁，崔荣静，等. 聚天冬氨酸在盐酸中对碳钢的缓蚀作用研究 [J]. 河北师范大学学报（自然科学版）：自然科学版，2004，6：602-604.

[80] Zhao D D, Sun R X, Chen K Z. Influence of different chelating agents on corrosion performance of microstructured hydroxyapatite coatings on AZ91D magnesium alloy [J]. Journal of Wuhan University of Technology-Materials Science Edition，2017，32（1）：179-185.

[81] 郑红艾，张大全，邢婕. HCl 溶液中氨基酸类化合物对铜的缓蚀作用 [J]. 腐蚀与防护，2007，28（12）：607-609.

[82] 张哲，李秀莹，田宁郴，等. 组氨酸衍生物自组装膜的缓蚀性能 [J]. 腐蚀与防护，2016，37（9）：701-706+734.

[83] Goni L K M O, Mazumder M A J, Ali S A, et al. Biogenic amino acid methionine-based corrosion inhibitors of mild steel in acidic media [J]. International Journal of Minerals Metallurgy and Materials，2019，26（4）：467-482.

[84] Abdel-Fatah H T M, Abdel-Samad H S, Hassan A A M, et al. Effect of variation of the structure of amino acids on inhibition of the corrosion of low-alloy steel in ammoniated citric acid solutions [J]. Research on Chemical Intermediates，2014，40（4）：1675-1690.

[85] Dehdab M, Shahraki M, Habibi-Khorassani S M. Theoretical study of inhibition efficiencies of some amino acids on corrosion of carbon steel in acidic media: green corrosion inhibitors[J]. Amino Acids，2016，48（1）：291-306.

[86] 王强，周桃玉. 组氨酸席夫碱的合成及其对碳钢的缓蚀性能 [J]. 材料保护，2015，48（2）：33-36.

[87] 黄开宏，周坤，芮玉兰，等. 色氨酸复配缓蚀剂对碳钢在硫酸中的缓蚀性能 [J]. 表面技术，2012，（5）：33-37.

[88] 刘培慧，高立新，张大全. 铜表面苯丙氨酸和色氨酸复合自组装膜的缓蚀性能研究 [J]. 中国腐蚀与防护学报，2012，32（2）：163-167.

[89] 赵勇，郭瑞光，牛林清，等. DTAB 和甘氨酸对钢铁表面氟铁酸盐转化膜耐蚀性的影响 [J]. 表面技术，2014，43（3）：15-19+30.

[90] Korenblum E, Sebastian G V, Paiva M M, et al. Action of antimicrobial substances produced by different oil reservoir Bacillus strains against biofilm formation [J]. Applied Microbiology and Biotechnology，2008，79（1）：97-103.

[91] Chongdar S, Gunasekaran G, Kumar P. Corrosion inhibition of mild steel by aerobic biofilm [J]. Electrochimica Acta，2005，50（24）：4655-4665.

[92] Dong Z H, Liu T, Liu H F. Influence of EPS isolated from thermophilic sulphate-reducing bacteria on carbon steel corrosion [J]. Biofouling : The Journal of Bio adhesion and Biofilm Research，2011，27（5）：487-495.

[93] 许萍，魏智刚，王婧，等. 罗伊氏乳杆菌胞外聚合物抑制碳钢腐蚀行为 [J]. 表面技术，2016，43（3）：134-140.

[94] Blanca E, Agata J W, Iaryna D, et al. Influence of extracellular polymeric substances（EPS）from Pseudomonas NCIMB 2021 on the corrosion behaviour of 70Cu–30Ni alloy in seawater [J]. Journal of Electroanalytical Chemistry，2015，737：184-197.

[95] Gubner R, Beech I B. The effect of extracellular polymeric substances on the attachment of Pseudomonas NCIMB 2021 to AISI 304 and 316 stainless steel [J]. Biofouling : The Journal of Bio adhesion and Biofilm Research，2000，15（1-/3）：25-36.

[96] 宋秀霞. 硫酸还原菌和海藻希瓦氏细菌对锌牺牲阳极材料的腐蚀影响研究 [D]. 上海：上海海洋大学，2012.

［97］张倩. 碳钢和不锈钢的硫代谢细菌腐蚀行为的研究［D］. 青岛：中国科学院海洋研究所，2013.

［98］Little B，Ray R. A perspective on corrosion inhibition by biofilms［J］. Corrosion，2002，58（5）：424-428.

［99］王蕾，屈庆，李蕾. 芽孢杆菌属微生物腐蚀研究进展［J］. 全面腐蚀控制，2013，27（10）：55-60.

［100］Dagbert C，Meylheuc T，Bellon-Fontaine M N. Corrosion behaviour of AISI 304 stainless steel in presence of a biosurfactant produced by Pseudomonas fluorescens［J］. Electrochimica Acta，2006，51（24）：5221-5227.

［101］Mathews E R，Barnett D，Petrovski S，et al. Reviewing microbial electrical systems and bacteriophage biocontrol as targeted novel treatments for reducing hydrogen sulfide emissions in urban sewer systems［J］. Reviews in Environmental Science and Bio/Technology，2018，17（4）：749-764.

［102］Xu Da-ke，LI Ying-chao，SONG Feng-mei，et al. Laboratory Investigation of Microbiologically Influenced Corrosion of C1018 Carbon Steel by Nitrate Reducing Bacterium Bacillus Licheniformis［J］. Corrosion Science，2013，77：385-390.

［103］Volkland H P，Harms H，Muller B，et al. Bacterial phosphating of mild（unalloyed）steel［J］. Applied and Environmental Microbiology，2000，66（10）：4389-4395.

［104］Schooley R T，Biswas B，Gill J J，et al. Development and Use of Personalized Bacteriophage Based Therapeutic Cocktails to Treat a Patient with a Disseminated Resistant Acinetobacter Baumannii Infection［J］. Antimicrobial Agents and Chemotherapy，2017，61（10）：e00954-e00917.

［105］Forti F，Roach D R，Cafora M，et al. Design of a Broad-Range Bacteriophage Cocktail that Reduces Pseudomonas Aeruginosa Biofilms and Treats Acute Infections in Two Animal Models［J］. Antimicrobial Agents and Chemotherapy，2018，62（6）：e02573-e02517.

［106］Yang Yu-hui，Shen Wei，Zhong Qiu，et al. Development of a Bacteriophage Cocktail to Constrain the Emergence of Phage-Resistant Pseudomonas Aeruginosa［J］. Frontiers in Microbiology，2020，11：327.

［107］朱增炎，李成保. 培育土壤中硫化细菌和硫酸盐还原细菌的消长特征初探［J］. 环境化学，1992，11（5）：33-38.

［108］Castaneda H，Benetton X D. SRB-biofilm Influence in Active Corrosion Sites Formed at the Steel Electrolyte Interface When Exposed to Artificial Seawater Conditions［J］. Corrosion Science，2008，50：1169-1183

［109］张龙，屈撑囤，史文政. 含油污泥微生物处置技术的研究现状及展望［J］. 化工技术与开发，2021，50（12）：44-50.

［110］Morgan D S，Novoa J I，Halff A H. Oil Sludge Solidification Using Cement Kiln Dust［J］. Journal Environ. Eng，1984，110：5（935）.

［111］李利民，唐善法，付美龙，等. 含油污泥的固化处理技术研究［J］. 精细石油化工进展，2005（10）：41-42+46.

［112］岳泉，唐善法，王汉菊. 含油污泥固化处理技术研究［J］. 精细石油化工进展，2007（12）：51-52.

［113］胡耀强，张宁生，屈撑囤，等. 含油污泥固化处理后油的迁移研究［J］. 油气田环境保护，2006，4，22-24.

［114］祁嘉铭. 含油污泥无害化处理研究展望［J］. 科技创新与应用，2013，（21）：123.

［115］陈忠喜. 大庆油田含油污水及含油污泥生化 / 物化处理技术研究［D］. 哈尔滨：哈尔滨工业大学，2006.

［116］朱彤. 石油污染水及土壤的微生物强化处理研究［D］. 北京：中国地质大学，2021.

［117］艾贤军. 耐盐石油降解菌的筛选、鉴定及其在土壤修复中的应用［D］. 北京：北京石油化工学院，2020.

［118］李彦超，李爱芬，陈勇，等. 含油污泥无害资源化处理技术研究［J］. 油气田环境保护，2008，18（2）：25-28.

［119］许增德，张建，祝威，等. 微生物降解油田含油污泥中烃类污染物的研究［J］. 江苏环境科技，2005，

18（4）：9-11.

［120］付茜. 含油污泥堆肥式处理剂的研究［J］. 油气田环境保护，2014，24（4）：23-24.

［121］宋绍富. 含油污泥微生物堆制处理研究［J］. 西安石油大学学报（自然科学版），2011，26（03）：98-100.

［122］徐开慧，哈斯其美格，张传涛，等. 堆肥强化微生物法处理含油污泥的现场试验［J］. 环境污染与防治，2021，43（2）：178-181.

［123］闫毓霞. 利用土著微生物修复胜利油田含油污泥的工业实验［J］. 石油与天然气化工，2008，37（3）：255-258.

［124］毛怀新，张海玲，杨琴. 陇东油田井场油泥微生物处理应用［J］. 油气田环境保护，2012，22（5）：8-10.

［125］李斌，张随望，黎成. 安塞油田含油污泥井场微生物降解处理技术研究［J］. 石油天然气学报（江汉石油学院学报），2009，31（3）：354-356.

［126］顾岱鸿，慕立俊，李斌. 微生物处理含油污泥主要影响因素研究［J］. 环境工程，2010，28（3）：99-101.

［127］梁宏宝，张全娟，陈洪涛. 含油污泥联合处理技术的应用现状与展望［J］. 环境工程技术学报，2010，10（1）：118-125.

［128］薄涛，白健. 油田含油污泥中烃类污染物的微生物降解［J］. 山东环境，2003，12（4）：45-46.

［129］罗翔，冯贵洋，华苏东，等：微生物和固化剂协同作用对含油污泥固化性能的影响［J］. 水泥工程，2021，（4）：76-79.

［130］Maini G，Sharman A K. An integrated method incorporating sulfur-oxidizing bacteria and electrokinetics to enhance［J］. Environmental Science and Technology，2000，34（6）：1081.

［131］Wick L Y，Mattle P A，Wattiau P，et al. Electrokinetic transport of PAH-degrading bacteria in model aquifers and soil［J］. Environmental Science and Technology，2004，38（17）：4596-4602.

［132］谯梦丹，马丽丽，杨冰，等. 电动-微生物协同处理含油污泥［J］. 应用化工，2022，51（05）：1368-1372.

［133］Norio M，Satoshi N，Naoya O，et al. Extension of logarithmic growth of Thiobacillus ferrooxidans by potential controlled electrochemical reduction of Fe（Ⅲ）［J］. Biotechnology and Bioengineering，1999，64（6）：716-721.

［134］魏利，李春颖，唐述山. 油田含油污泥生物-电化学耦合深度处理技术及其应用研究［M］. 北京：科学出版社，2016.

［135］姬伟，朱恒，姜伟光，等. 电动力耦合微生物处理落地油泥技术及应用［J］. 油气田环境保护，2021，31（2）：36-39.

［136］刘继朝，崔岩山，张燕平，等. 植物与微生物对石油污染土壤修复的影响［J］. 生态与农村环境学报，2009，25（2）：80-83.

［137］王京秀，张志勇，万云洋，等. 植物-微生物联合修复石油污染土壤的实验研究［J］. 环境工程学报，2014（8）：3454-3460.

［138］邓振山，王阿芝，孙志宏，等. 利用植物-根际菌协同作用修复石油污染土壤［J］. 西北大学学报（自然科学版），2014（2）：241-247.

［139］闫波，韩霁昌，蔡苗，等. 石油污染土壤的生物修复技术研究进展［J］. 广东化工，2016，43（16）：285-286.

［140］张丽，王毅霖，周平，等. 石油烃降解菌-盐生植物联合修复石油污染盐碱土壤研究［J］. 中国海洋大学学报（自然科学版），2018，48（增刊1）：57-63.

［141］和晶亮. 植物-微生物联合修复含油污泥污染土壤中的多环芳烃分析［J］. 科技视界，2018（30）：103-104.

［142］高路军，芦程，杨金惠. 热洗＋微生物＋叠螺脱水技术在含油污泥处理中的应用研究［J］. 技术应用，2018，8（9）：15-19.

[143] 张永波. 电化学 - 微生物 - 植物联合处理工艺修复低浓度含油污泥的研究 [J]. 节能与环保, 2022 (04)：69-70.

[144] 温洪宇, 廖银章. 二株细菌处理石油废水的比较研究 [J]. 淮北煤炭师范学院学报, 2004 (12), 25 (4)：58-61.

[145] 梁生康, 王修林, 汪卫东, 等. 高效石油降解菌的筛选及其在油田废水深度处理中的应用 [J]. 化工环保, 2004, 24 (1)：41-45.

[146] 朱文芳, 李伟光, 吕炳南, 等. 固定化除油工程菌处理含油废水研究 [J]. 中国给水排水, 2003, 19 (11)：39-40.

[147] 周洪波, 刘飞飞, 邱冠周. 一株光合细菌的分离鉴定及污水处理能力研究 [J]. 生态环境, 2006, 15 (5)：901-904.

[148] 同帜, 李海红, 崔双科. 优势光合细菌处理有机废水的研究 [J]. 陕西科技大学学报, 2005 (7), 23 (3)：28-31.

[149] 潘响亮, 王建龙, 张道勇, 等. 白腐真菌 Phanerochaete chrysosporium 在处理采油废水中的应用 [J]. 水处理技术, 2005 (2), 31 (2)：1-3.

[150] 赵志刚. 白腐真菌降解苯胺废水试验研究 [J]. 中国农村水利水电, 2010, (9)：36-38.

[151] 李维国, 徐仲, 张大伟, 等. 嗜盐菌对高盐有机废水处理的强化作用 [J], 2009, 36 (4)：610-615.

[152] 周银芳. SBR 工艺处理高含盐采油废水 [D]. 西安：长安大学, 2010.

[153] 安淼, 周琪, 李晖. 混合菌降解氯苯酚类化合物 [J]. 工业水处理, 2003 (8), 23 (8)：23-25.

[154] 吕文洲, 刘英, 黄亦真, 等. 酵母菌处理高浓度含油废水的研究 [J]. 工业水处理, 2004 (1), 24 (1)：16-20.

[155] 白洁, 崔爱玲, 吕艳华. 石油降解菌对石油烃的降解能力及影响因素研究 [J]. 海洋湖沼通报, 2007, (3)：41-47.

[156] 李伟光, 朱文芳, 吕炳楠. 混合菌培养降解含油废水的研究 [J]. 给水排水, 2003, 29 (11)：42-45.

[157] 魏呐, 王祥河, 李风凯, 等. 复合高效微生物处理高含盐石油开采废水 [J]. 城市环境与城市生态, 2003, 16 (6)：10-12.

[158] 张波, 李捍东, 郭笃发, 等. 复合嗜盐菌剂强化处理高盐有机废水的中试研究 [J]. 中国给水排水, 2008, 24 (17)：16-19.

[159] 陈炫佑, 银洋洋, 陈恒, 等. 微生物处理含油废水技术研究 [J]. 广州化工, 2013, 41 (9)：113-114+143.

[160] 刘其友, 张云波, 赵朝成, 等. 微生物絮凝剂产生菌的筛选及其对含油废水的处理研究 [J]. 化学与生物工程, 2010, 27 (8)：80-82.

[161] 王广金, 褚良银, 陈文梅, 等. 微生物固定化聚醚砜微囊载体的制备及其性能研究 [J], 四川大学学报（自然科学版）, 2005, 37 (3)：47-50.

[162] 韩辉, 徐冠珠. 颗粒状固定化青霉素酰化酶的研究 [J]. 微生物学报, 2001, 41 (2)：204.

[163] 郭召海, 孙阳昭, 张昱. 包埋固定化微生物法处理含油废水研究 [J]. 环境污染治理技术与设备, 2006, 7 (1)：89-93.

[164] 李伟光, 李欣, 朱文芳. 固定化生物活性炭处理含油废水的试验研究 [J]. 哈尔滨商业大学学报, 2004, 20 (2)：187-190.

[165] 朱文芳, 李伟光. 微生物固定化技术处理含油废水的研究 [J]. 工业水处理, 2007, 27 (10)：44-46.

[166] 陶虎春, 贾德利, 陆洪宇, 等. 聚乙烯醇核桃壳复合固定菌群的除油效能研究 [J]. 东北农业大学学报, 2005, 36 (4)：455-458.

[167] 田艳敏. 产表面活性剂菌 Bbai-1 包埋固定化及其在含油污水处理中的应用 [D]. 青岛：中国海洋大学, 2012.

[168] Anal Chavan, Suparna Mukherji. Treatment of hydrocarbon-rich wastewater using oil degrading bacteria and

phototrophic microorganisms in rotating biological contactor：Effect of N：P ratio［J］. Journal of Hazardous Materials，2008，154（1-3）：63-72.

［169］Alejandro R. Gentili，María A. Cubitto，Marcela Ferrero，et al. Bioremediation of crude oil polluted seawater by a hydrocarbon degrading bacterial strain immobilized on chitin and chitosan flakes［J］. International Biodeterioration & Biodegradation，2006，57（4）：222-228.

［170］刘俊良，刘欣雨，梁天宇. 微生物固定化法降解含油废水研究［J］. 西北民族大学学报（自然科学版），2016，37（3）：16-19.

［171］包木太，田艳敏，陈庆国. 海藻酸钠包埋固定化微生物处理含油废水研究［J］. 环境科学与技术，2012，35（2）：167-172.

［172］陈烨. 石油集输系统中硫化氢气体生物抑制技术研究［D］. 西安：西安建筑科技大学，2010.

［173］卿嫦，门昊，潘怡如. 长庆油田中硫化氢形成原因和处理方法浅析［J］. 石化技术. 2020，（10）：210-211.

［174］曹广胜，王大业，杨婷媛. 榆树林油田硫化氢产生原因与防护措施实验研究［J］. 化学工程师，2020，（8）：38-42.

［175］赵楠. 油田集输系统 H_2S 治理的同步脱硫反硝化技术研究［D］. 西安：西安建筑科技大学，2013.

［176］李岩，张璇，张海玲，等. 反硝化细菌抑制石油集输系统硫化氢治理技术［J］. 油气田环境保护，2013，23（3）：34-36.

［177］王堂彪，金鹏康，周立辉，等. 反硝化细菌抑制石油集输系统中硫酸盐还原菌试验研究［J］. 安全与环境学报，2012，12（1）：48-52.